装备科技译著出版基金

多智能体协同
强化学习方法
Multi-Agent Coordination
A Reinforcement Learning Approach

［印度］阿鲁普·库马尔·萨杜（Arup Kumar Sadhu）著
［印度］阿米特·科纳尔（Amit Konar）

黄江涛　章胜　周琳　周攀　朱喆　译

国防工业出版社

·北京·

著作权合同登记　图字:01-2022-4914号

图书在版编目(CIP)数据

多智能体协同:强化学习方法/(印)阿鲁普·库马尔·萨杜(Arup Kumar Sadhu),(印)阿米特·科纳尔(Amit Konar)著;黄江涛等译.—北京:国防工业出版社,2024.3(2025.2重印)

书名原文:Multi-Agent Coordination:A Reinforcement Learning Approach

ISBN 978-7-118-12989-2

Ⅰ.①多… Ⅱ.①阿… ②阿… ③黄… Ⅲ.①机器学习-研究 Ⅳ.①TP181

中国国家版本馆 CIP 数据核字(2024)第 045642 号

Title: Multi-Agent Coordination: A Reinforcement Learning Approach by Arup Kumar Sadhu and Amit Konar
ISBN: 978-1-119-69903-3
Copyright © 2021 John Wiley & Sons, Inc.
All Rights Reserved. This translation published under license with the original publisher John Wiley & Sons, Inc.
No part of this book may be reproduced in any form without the written permission of the original copyrights holder.
Copies of this book sold without a Wiley sticker on the cover are unauthorized and illegal.

本书简体中文字版专有翻译出版权由 John Wiley & Sons, Inc. 公司授予国防工业出版社。
未经许可,不得以任何手段和形式复制或抄袭本书内容。
本书封底贴有 Wiley 防伪标签,无标签者不得销售。
版权所有,侵权必究。

※

国防工业出版社出版发行

(北京市海淀区紫竹院南路23号　邮政编码100048)
雅迪云印(天津)科技有限公司印刷
新华书店经售

*

开本 710×1000　1/16　插页 3　印张 16½　字数 290 千字
2025 年 2 月第 1 版第 2 次印刷　印数 1501—3000 册　定价 118.00 元

(本书如有印装错误,我社负责调换)

国防书店:(010)88540777　　书店传真:(010)88540776
发行业务:(010)88540717　　发行传真:(010)88540762

译著编委会

主　编　黄江涛
副主编　章　胜　周　琳　周　攀　朱　喆
编　委　（按姓氏笔画排序）
　　　　　王　斑　刘　刚　杜　昕　李晓瑜　何　扬
　　　　　何　澳　宋井宽　呼卫军　季玉龙　周晓雨
　　　　　胡芳芳　高金梅

前　　言

　　协同是生物体的基本特征,因为它们单个个体往往能力有限,需要通过集体努力才能实现共同目标。自然界中有大量有趣的生物体协同的例子,比如蚂蚁搬运食物,单只蚂蚁只能携带少量食物,但蚁群却能向巢穴搬运大量食物。同时,单只蚂蚁通过跟随位于它前面的同类所散发出的信息素进行运动,并不断优化路径,这也是十分有趣的现象,实际上蚁群算法就是受此启发而提出。再者如蜜蜂之间的分工协作,巢中的蜂王通过舞蹈和肢体运动引导工蜂到特定的方向收集食物资源,等等。这些自然现象揭示了生物体利用它们的集体智慧和协作,来实现复杂目标的能力。

　　协同和规划是多智能体系统(Multi-Agent System,MAS)领域中密切相关的概念术语。规划指确定从给定位置到达目标位置的运动策略,协同则指智能体之间通过密切交互以生成可行的动作行为策略。因此,协同是解决多智能体系统中复杂现实问题的重要手段。多智能体协同任务通常可以分为三种类型:合作型任务、竞争型任务和混合型任务。顾名思义,合作型任务是指智能体间为实现复杂的共同目标并提高综合性能而相互协作的任务,受限于单智能体的软硬件资源或时间/能源等条件,这些任务对单个智能体难以实现。不同于合作型任务,竞争型任务中两组智能体的目标互相冲突。典型的竞争型任务如机器人足球比赛,双方球队都想通过实现己方进球,并防守对方进球以赢得比赛。混合型任务中则同时包括合作与竞争关系,同样在足球比赛中,两支球队之间的竞争与同一支球队内的合作,二者并存。通常多智能体系统的协同是指合作,即智能体间通过相互协作以完成复杂的任务、实现共同的目标。本书主要研究多机器人智能体系统中的合作问题。

　　近年来,将机器学习应用于多智能体合作型问题成为研究热点,学者们对此开展了大量的研究。机器学习的主要优点是可以根据机器人的感知信息生成相应的动作规划。对于单智能体学习,从交互感知信息中进行动作规划的学习相对简单;然而,对于多智能体学习,其他智能体状态的改变会成为当前智能体学习中的额外输入,因此学习会相对困难。在过去的20年中,学者们采用了多种机器学习方法和进化算法来处理多智能体问题,其中最简单的是监督学习方法,该方法需要完备、详细的感知输入与动作输出作为标签数据。通常研究者会通过他们处理此类问题的经验,或通过直接测量感知信息和动作决策来提供这些数据。由于需要大量的训练数据,该种方法有时会给工程人员带来极大不便,因为在实践中研究人员会发现他们难以在包含机器人感知到动作映射的数据集中进行有效的取舍。

由于监督学习对训练数据的数量及质量要求高,同时,过大的计算量不便于处理动态交互问题,因此,研究人员逐渐将目光转向强化学习(Reinforcement Learning, RL)技术。在强化学习中,我们不需要准备训练数据集,而是引入专门的评价机制向智能体反馈当前动作可能带来的奖励或惩罚信息。智能体通过获得近似的奖励或惩罚反馈,可以及时调整并改进它们与环境的交互策略以便应用于未来的规划。因此,基于强化学习,智能体能更好地掌握环境的动态性质。在多智能体场景中,每个智能体都在与环境交互,强化学习需要在智能体的联合状态/动作空间中进行学习,从而做出最有利的动作规划以优化其回报。

进化算法(Evolutionary Algorithm, EA)是一类高鲁棒和广泛适用的全局优化方法,具有自组织、自适应、自学习的特性,能够不受问题性质的限制,有效地处理传统优化算法难以解决的复杂问题(如NP难优化问题)。进化算法不是一种具体的算法,而是一类"算法簇",包括遗传算法(Genetic Algorithms, GA)、遗传规划(Genetic Programming, GP)、进化策略(Evolution Strategies, ES)和进化规划(Evolution Programming, EP)四种典型方法,其广泛适用性受制于"天下没有免费午餐"定理(No Free Lunch Theorem, NFLT),即所有可能的优化问题中,任意两种传统进化算法的有效性是相同的。比如对于某一类优化问题,A算法的性能优于B算法,但是也会存在另一类优化问题,使得B算法的性能优于A算法。NFLT决定了难以设计出能够高效解决所有问题的通用进化算法,因此实践中需要针对特定问题,将进化算法与其他优化策略、机器学习技术和启发式技术结合,从而改进算法性能。

在基于进化算法的计算范式中,"杂交"是指将两个或多个进化算法中的有益特征加以整合从而产生新的混合进化算法。相对于特定应用或常规基准测试问题,混合进化算法在准确性和复杂性方面都将胜过之前的原始算法。因此,通过"杂交"改进进化算法是克服原始进化算法局限性的关键。

因此，除了强化学习外，混合式进化算法也是一种在复杂环境中实现多智能体协同的有效方法。在多智能体系统协同问题中，进化算法的主要目标是最大限度地减少智能体遍历所有潜在规划路径所花费的时间（如计算机器人行进路线长度的时间）。换言之，智能体通过规划其局部运动路径，在时间最短的前提下从给定位置转移到下一个位置（子目标），同时避免与障碍物或设定区域的边界发生碰撞。优化算法在每一步局部规划中，不断迭代移动一小段距离。因此，机器人通过循环往复执行局域规划序列中的系列动作，直至抵达目标位置。现已有大量关于混合进化算法的研究文献可供参考。

研究文献中提供了一些多智能体学习的算法，每种算法都有一定的特点与适用范围。在这些算法中，不少文献报道了关于多智能体Q学习（Multi-Agent Q Learning, MAQL）的工作，关于MAQL算法的下述进展尤其值得关注。Claus和Boutilier使用两种强化学习策略来解决协同问题，第一种称为独立学习者（Independent Learner, IL），它在学习中只考虑自己的状态及行为，忽略其他智能体动作带来的影响。第二种称为联合动作学习者（Joint Action Learner, JAL），这种方式在联合动作空间中考虑包括自己在内的所有智能体学习。Littman提出了一种团队多智能体Q学习（Team Multi-Agent Q Learning, TMAQL）算法，智能体利用联合的状态-动作信息更新其状态值，但与JAL不同的是，其中没有用到其他智能体的奖励信息，而是通过获取下一个状态可取动作中的最大动作值来估计下一个状态智能体的值函数。Ville提出了一种非对称Q学习（Asymmetric-Q Learning, AQL）算法，其中领导类智能体管理所有智能体的动作值信息表，而追随类智能体不能获得所有智能体的动作值信息，只能最大化自己的回报。在AQL中，尽管可能存在混合策略下的纳什均衡（Nash Equilibrium, NE），但智能体通常只能达到纯策略下的纳什均衡。Hu和Wellman通过考虑使用纳什均衡的其他智能体的动态信息，将Littman的最小化Q学习扩展到了一般的非零和随机博弈问题，他们还提供了算法收敛性的证明：即在存在多个纳什均衡的情况下，算法将会最佳地选择其中一个。Littman提出了针对一般非零和博弈的敌友Q学习（Friend-or-Foe Q-learning, FFQ）算法。在该算法中，智能体将其他智能体或视为朋友，或视为敌人。与现有的基于纳什均衡的学习方法相比，FQL算法可以提供更强大的收敛性保证。Greenwald和Hall提出了利用关联均衡（Correlated Equilibrium, CE）的相关Q学习（Correlated Q Learning, CQL）方法，来泛化纳什Q学习（Nash Q-Learning, NQL）方法和FQL方法。上述MAQL方法在实践中取得了较好的效果，但仍存在性能瓶颈，包括适应联合状态-动作空间中动作值Q表的策略更新,以及智能体数量增加引发的维数灾难(Curse of Dimensionality)。许多研究者围绕解决MAQL中维数灾难问题开展研究。Jelle和Nikos提出了稀疏协同Q学习(Sparse Cooperative Q Learning, SCQL)方法,其通过确定在一个联合状态下智能体之间的协同需求,来对多智能体联合状态-动作空间进行稀疏表示。此时智能体仅在少数几个联合状态下进行协同。因此,每个智能体都要管理两个状态值表:一个是未协同联合状态下的单体动作价值表;另一个是协同联合状态下的联合动作价值表。对于未协同的情形,全局动作值通过各个智能体动作值相加来评估。Zinkevich发展了一种基于神经网络的方法,来实现对多智能体协同状态空间的泛化表示。通过这种泛化,智能体(此处为机器人)可以从传感器收集最少的信息,来避免与障碍物或其他机器人发生碰撞。Reinaldo等提出了一种新颖的启发式算法,来加速TMAQL算法的收敛。

在MAQL的研究文献中,智能体的动作会收敛到纳什均衡点或相关均衡点。基于均衡理论的MAQL算法因其在给定的联合状态下确定最优策略(均衡)的能力而得以广泛应用。Hu等确定了不同联合状态下存在相似的均衡现象,他们引入均衡转移(Equilibrium Transfer)的概念以加速基于均衡的MAQL算法的收敛性能。在均衡转移中,智能体将重复利用具有极小转移损失的先前均衡点。最近,Zhang等尝试了降低NQL方法中动作价值表维度的研究,通过将智能体动作值存储在单体状态联合动作空间而非联合状态-动作空间,来实现降维的目的。

在最优化MAQL方法的研究中,探索/利用(exploration/exploitation)机制的平衡是学习中的一个重要问题,已有许多经典的平衡策略,如贪婪搜索、玻耳兹曼策略。贪婪搜索算法虽然得到广泛应用,但其参数调整比较耗时。在玻耳兹曼策略中,通过调整参数(如温度)并利用在给定状态下选取动作对应的动作值,来控制行为的选择概率。例如,若将温度参数值设为无穷大则对应纯探索,若将参数值设为零则意味着只进行利用而无探索。玻耳兹曼策略中参数设置对学习速率有较大影响,在许多文献中观察到若玻耳兹曼策略中参数取值恰当,智能体能获得更好的性能。然而,上述两种选择策略均不适用于选择多智能体的联合动作,因为多智能体在一个共同的联合状态-动作下提供的联合状态值互不相同。目前多智能体学习中,针对研究在联合状态时如何选择联合动作的文献资料很少,本书尝试在这里做些总结和呈现。

本书共6章。第1章介绍了用于解决复杂现实问题的多智能体协同算法,包括利用强化学习、博弈论、动态规划以及进化算法的机器人箱/杆携运任务、飞行器编队控制问题以及多机器人足球比赛。本章将对强化学习现有的文献进行详尽的综述，并概述进化优化计算在多智能体协同中的应用。本章前半部分介绍采用进化优化算法的多智能体协同、针对合作/竞争的强化学习，以及它们在静态和动态博弈问题中的应用。后半部分概述了协同任务中评估算法性能的指标参数，用以对学习和规划算法的性能指标进行比较。

第2章提出了基于学习的规划算法，具体通过扩展传统的 MAQL（包括 NQL 和 CQL）算法以进行多机器人智能体系统的协同和规划。扩展是基于两个有趣的性质来实现，第一个特性用于团队目标（所有机器人智能体都获得成功）的探索，第二个特性与给定的联合状态下联合动作的选择有关。团队目标的探索是通过允许智能体等待其各自的目标状态，直至其余智能体同步或异步地探索其各自的目标来实现。联合动作选择是经典 MAQL 方法中的关键问题，本章通过选择所有智能体首选联合动作的交集予以确定。如果交集为空，则随机选择其他动作或按照经验选择动作。与处理同类问题的其他算法相比，本章所提出的学习型和基于学习型规划算法具有更快的收敛速度和更优的计算复杂度。

第3章表明智能体可能在多种类型均衡（纳什均衡或相关均衡）存在的情况下选择次优均衡。智能体需要适应这样的策略，从而可以在学习和规划的每个步骤中选择最佳均衡。为了解决多种类型问题之间最佳均衡选择的难题，第3章发展了基于均衡理论的 MAQL 算法，提出了一种新颖的、用于多智能体协同的一致性 Q 学习（Consensus Q-Learning, CoQL）方法，研究表明联合动作的一致性满足协同型纯策略纳什均衡和纯策略相关均衡的最优条件。本章通过多机器人携杆问题对 CoQL 规划算法进行了验证，实验结果显示了提出的 CoQL 算法相对于传统算法具有更高的平均奖励。

第4章提出了一种不同于 CQL 方法、计算多智能体协同问题相关均衡的方法，它在联合状态-动作空间动作值表中调整所有智能体的综合奖励，然后在规划阶段将这些奖励用于相关均衡的计算。本章提出了两种多智能体 Q 学习算法，包括算法Ⅰ和算法Ⅱ。如果单个智能体学习的成功可以使整个系统学习成功，则使用算法Ⅰ；如果单个智能体学习的成功依赖于其他智能体的学习，并且任务的完成要求所有智能体同时学习成功，则使用算法Ⅱ。研究表明所提出的算法和传统的 CQL 方法获得的相关均衡是相同的。为将探索限制在可行的联合状态中，本章还提出了该算法的约束版本，并开展了复杂性分析和实验，验证了算法在仿真平台和实际平台上多机器人规划任务中的良好性能。

第5章将萤火虫算法(Firefly Algorithm, FA)和帝国竞争算法(Imperialist Competitive Algorithm, ICA)进行了融合,发展了帝国竞争萤火虫算法(Imperialist Competitive Firefly Algorithm, ICFA)。萤火虫算法中萤火虫的运动动力学被嵌入到基于社会政治进化的元启发式帝国竞争算法中,该算法被用于确定两个机器人携杆问题中,从给定的起始位置到目标位置的时间最佳路径,其中目标处于静态障碍物之中。该方法通过候选解在搜索空间中的位置修改随机游走策略,可以有效地平衡探索与利用机制。本章研究了ICFA方法的优越性,将计算时间和结果准确性作为指标进行考核,在多机器人实时携杆问题中验证了算法的有效性。

第6章对前面几章的分析、实验和仿真结果进行总结,并根据未来的研究趋势分析本书相关工作的应用前景。

总的来说,该书旨在开发与传统算法相比,具有更小计算负担和更少存储需求的多智能体协同算法。本书的新颖性、独创性和适用性,如下所述:

第1章介绍了多智能体系统协同的基础理论与知识。

第2章给出了两个有用的性质来满足同时实现团队目标与个体目标探索的前提下,加快TMAQL方法的学习速度。第一个特性从多智能体系统团队目标探索的角度提高效率,通过每个智能体为团队目标状态转换积累高的即时奖励,从而增大促使目标状态转换的动作价值表中参数的取值。相较基于TMAQL的规划,这样计算的动作值为多智能体系统提供了额外的好处,它可以在规划过程中识别出可达到团队目标的联合动作,而TMAQL可能会意外停止。第二个特性是通过确定多智能体系统首选的联合动作,来加速TMAQL方法的收敛。当智能体在一个紧密协作的系统中同步动作时,确定首选的联合动作对于达到团队目标非常重要。在收敛速度和计算复杂度方面,第2章中提出的算法优越性在理论上和实验上都得到了验证。

第3章提出了新颖的CoQL方法用以解决均衡选择问题。如果在一个联合状态下存在多个均衡,则采用调整一致性状态下的动作值函数的手段。通过分析可以看出,在联合状态下达到一致性状态既是协同型纯策略下的纳什均衡,也是纯策略下的相关均衡。实验结果表明,与纳什均衡或相关均衡相比,智能体在达到一致性状态时所获得的平均回报更多。

第4章从一个新的维度改进了传统的CQL方法。在传统的CQL方法中,在学习和规划阶段都需要对相关均衡进行评估。本章中对相关均衡的计算部分是在学习过程中进行的,其余则在规划阶段进行,因此仅需进行一次相关均衡的计算。分析表明通过所提出的方法获得的相关均衡与传统 CQL 算法获得的相关均衡相同，但是计算成本却小得多。这是因为传统 CQL 方法中相关均衡的计算需要在多智能体联合状态–动作空间中枚举相应数量的状态动作价值表，而本章方法只需在联合状态–动作空间中使用单个状态动作价值表来估计相关均衡。时间和空间复杂度分析也验证了新方法具有更高的效率。本章根据具体问题提出了两种计算方案：一种用于松耦合的多智能体系统，另一种用于紧耦合的多智能体系统。本章同样考虑特定问题中的约束，避免在学习阶段对不可行状态空间进行探索，减少规划阶段的计算时间复杂度。最后在多机器人智能体平台（Khepera 环境）中对本章提出的技术和概念进行了验证。

第 5 章发展了 ICFA 进化方法并将其用于解决多机器人携杆问题。ICFA 将萤火虫算法中萤火虫的运动与帝国竞争算法中局部探索能力进行融合。在传统的 ICA 方法中，不断发展的殖民地国家并不借鉴另一个更强大殖民地国家的经验。但是，在 ICFA 方法中，每个殖民地都试图通过跟随萤火虫算法中萤火虫的运动来改善其社会政治属性，从而促进其所属帝国的发展。为了进一步改善混合算法的性能，ICFA 算法根据萤火虫在搜索空间中的相对位置，调节每个萤火虫随机运动的步长，采用探索力驱动技术，可以使探索不限于搜索空间中的局部区域。此外，本章还提出了一种新方法来估计帝国合并阈值，相较于传统的帝国竞争算法不仅效果更好，而且不会带来更多的计算开销。仿真和实验结果都验证了 ICFA 方法的优越性。

第 6 章总结了本书，并进一步指出了多智能体协同技术未来的研究方向。

Arup Kumar Sadhu
Amit Konar
印度加尔各答 Jadavpur 大学
电子与通信工程系
人工智能实验室与控制工程实验室

致　谢

作者衷心感谢加尔各答 Jadavpur 大学副校长 Surnajan Das 教授、Chiranjib Bhattacharjee 教授和前副校长 Pradip Kumar Ghosh 博士,感谢他们为本书撰写提供了一个美丽而又活跃的学术环境和实验环境。作者还要感谢 Jadavpur 大学电子与通信工程系院长 Sheli Sinha Chaudhuri 教授,感谢他在本书撰写中给予的技术指导和精神支持。特别感谢作者先前出版物的审稿人,你们的建议极大地完善了本书的内容。

作者感谢他们的家人对本书顺利撰写提供的方方面面的支持。第一作者 Arup Kumar Sadhu 要感谢他的父母:Prabhat Kumar Sadhu 先生和 Purnima Sadhu 夫人。谢谢他们给予的支持和鼓励,没有他们的支持、关爱与帮助,就不可能完成这本书。第一作者还要谢谢他的姐姐 Sucheta Sadhu 博士和 Mithu Sadhu 夫人,你们从小就养育了他,并是他一生的灵感之源。第二作者 Amit Konar 感谢他的家人在本书撰写过程中为他分担了许多家庭责任。

作者还要感谢 Jadavpur 大学 AI 实验室的学生、同事和其他合作者,以及他们在本书撰写中提供的帮助和支持。最后,作者感谢所有为本书撰写、出版给予帮助的人们,你们对本书的完成做出了直接或间接的贡献。

Arup Kumar Sadhu
Amit Konar
印度加尔各答 Jadavpur 大学
电子与通信工程系
人工智能实验室
2020 年 4 月 12 日

目 录

第1章 基于强化学习与进化算法的多智能体协同 …………………… 1
   1.1 本章概述 ………………………………………………… 1
   1.2 单智能体运动规划 ……………………………………… 3
   1.3 多智能体规划和协同 …………………………………… 21
   1.4 智能优化协同算法 ……………………………………… 80
   1.5 本章小结 ………………………………………………… 91
   参考文献 ……………………………………………………… 91

第2章 提高多智能体协同任务规划Q学习算法的收敛速度 …………… 100
   2.1 本章概述 ………………………………………………… 100
   2.2 相关研究综述 …………………………………………… 104
   2.3 基础知识 ………………………………………………… 105
   2.4 改进的多智能体Q学习算法 …………………………… 110
   2.5 FCMQL算法及其收敛性分析 ………………………… 115
   2.6 基于FCMQL算法的多智能体协同规划 ……………… 117
   2.7 实验与结果 ……………………………………………… 119
   2.8 结论 ……………………………………………………… 126
   2.9 本章小结 ………………………………………………… 127
   参考文献 ……………………………………………………… 145

第3章 多智能体协同规划的一致性Q学习算法 ……………………… 150
   3.1 本章概述 ………………………………………………… 150
   3.2 基础知识 ………………………………………………… 151
   3.3 一致性理论 ……………………………………………… 154

3.4 基于一致性理论的 CoQL 算法 ············ 155
3.5 实验与结果 ············ 158
3.6 结论 ············ 161
3.7 本章小结 ············ 161
参考文献 ············ 161

第 4 章 合作 Q 学习多智能体规划中相关均衡的高效计算方法 ············ 164

4.1 本章概述 ············ 164
4.2 单智能体 Q 学习和基于均衡的 MAQL 算法 ············ 167
4.3 改进的合作 MAQL 和规划方法 ············ 168
4.4 复杂度分析 ············ 186
4.5 仿真及实验结果 ············ 191
4.6 结论 ············ 201
4.7 本章小结 ············ 202
参考文献 ············ 203

第 5 章 改进帝国竞争算法及在智能体携杆问题中的应用 ············ 207

5.1 本章概述 ············ 207
5.2 多智能体携杆问题 ············ 211
5.3 帝国竞争算法 ············ 214
5.4 萤火虫算法 ············ 217
5.5 帝国竞争萤火虫算法 ············ 218
5.6 仿真结果 ············ 222
5.7 计算仿真及实验 ············ 232
5.8 结论 ············ 236
5.9 本章小结 ············ 238
参考文献 ············ 241

第 6 章 总结与展望 ············ 246

6.1 全书总结 ············ 246
6.2 未来研究展望 ············ 247

第1章　基于强化学习与进化算法的多智能体协同

本章对基于强化学习(Reinforcement Learning,RL)和进化算法(Evolutionary Algorithm,EA)的多智能体协同技术进行概述。机器人(智能体)是一种可编程的智能器件,可以像人类一样完成复杂的工作并进行决策。移动是现代智能体必备的能力,移动智能体通过感知-行动循环感知周围环境,规划前往目的地的路径。协同是现代智能体面临的重要问题。近年来,研究人员对在真实复杂环境中的多智能体协同问题非常关注,这些问题包括基于RL算法、博弈论(Game theory,GT)、动态规划(Dynamic Programming,DP)和/或进化优化(Evolutionary Optimization,EO)的箱/杆携运、编队控制和多机器人智能体足球比赛。本章详细调研了现有强化学习文献并简要综述了EO算法,探讨了这些算法在多智能体协同中扮演的角色。介绍了基于合作程度、信息共享程度、交互程度等几种多智能体协同的分类方法。探讨了在多智能体协同中采用EO、RL算法进行多智能体合作或竞争,采用这些算法的组合进行静态或动态博弈的效果。本章的后半部分介绍了几种评价多智能体协同算法表现的指标。定义了两种基本的评价指标,一种用于评价学习算法的表现,另一种用于评价规划算法的表现。最后总结了本章内容并对未来应用进行了展望。

1.1　本章概述

机器人是一种用于模仿生物的功能[1]的可编程智能操作机,机器人可以有效完成复杂和/或重复性的工作。根据运动能力,机器人可以分为固定机器人和移动机器人。根据运动类型,机器人可以分为轮式/腿式机器人、带翼/飞行机器人及水下机器人,其中水下机器人的运动由水的推力控制。本章仅讨论轮式机器人。

智能体是现代机器人技术中的常用术语[1]。智能体是一种帮助机器人完成特定目标的程序或硬件。与人类相似,当问题的复杂度增加时,智能体需要利用集体智慧完成目标。本书研究了可以感知并采取合理行动的智能体的集体行为。在一些情景中,智能体可以采用通信网络、手势/姿势或携带特定标志与团队成员分享感知和/或决策信息。

通信在智能体制订计划时发挥重要作用。然而,通信的时间代价较高,通常不在实际问题中使用。本书尝试通过学习智能体的行为模式,以避免在实时规划中进行通信[1]。

规划算法领域文献丰富[2-29]。Nilsson 等在斯坦福人工智能实验室开发了一种基于推理的早期智能体规划算法,该算法后来被应用于斯坦福研究所问题解决机(Stanford Research Institute Problem Solver,STRIPS)[30-32]。1980 年年末到 1990 年年初,出现了包括 A–star(A*)[31-32]、Voronoi 图[33]、四叉树和有势场法等[34]几种规划算法。这些算法均基于静态环境假设。1990 年初,Michalewicz 的一篇著名论文将遗传算法及可局部适应的变异算子引入动态规划。1990—2000 年间,随着监督/无监督神经网络在规划算法中的使用,规划算法发生了重大变化[32]。神经网络算法在静态和动态环境中均有良好表现,特别是在动态环境中,神经网络算法可以通过预测运动的方向和速度避免碰撞。然而,由于学习经验有限,神经网络算法无法处理存在动态障碍的规划问题。90 年代初,Sutton 提出了 RL 算法[35],该算法采用半监督学习帮助智能体认识环境。本章主要讨论多智能体强化学习(Multi–Agent Reinforcement Learning,MARL)算法。

规划和协同是多智能体学习[30]中两个关系密切的术语。规划用于决定实现目标的步骤,协同指智能体通过合理互动完成它们各自的短期/长期目标。显然,完成规划给出的步骤时需要智能体间进行协同。在集中式规划中,中心管理者会像处理自己的状态一样处理所有智能体的状态,综合考虑所有智能体的状态、动作及目标生成规划,因此集中式规划不需要通信。但是集中式规划非常耗时且可能出现单点故障,不适用于智能体数量较多的实时规划问题。在分布式规划中,每个智能体规划下一步时需要与其他智能体协同。

协同可以大致分为合作[36]和竞争[37]两类。顾名思义,合作需要智能体携手合作以完成团队的共同目标。而在竞争中,一个团队的成功将导致对手的失败。例如,在智能体足球中,队友间以合作的方式通力配合,而每队以击败对手的方式竞争胜利。

研究人员采用多种模型和工具对智能体间的合作和竞争进行模拟。其中 RL[38-45]、GT[38-45]、DP[46-47]、EO[48-56]算法,及一些其他方法[6,15-28,57-59]需要特别注意。在 RL 中,智能体根据环境的反馈学习每个联合状态的最优联合动作,并将其用于后续的规划[35]。GT 用于分析多智能体问题的策略。智能体采用 GT 计算均衡点,均衡点代表了处于某联合状态时团队最有利的联合动作,执行联合动作实现状态转换,重复这些步骤直到完成对联合目标的探索[38,41-43,60]。DP[46]将一个复杂问题分解为有限个互相重叠的子问题。每个子问题采用 DP 算法求解,并将解决方案存入数据库。在后续迭代中,若已解决过的子问题重新出现,则利用数据库中的解决方案,不对该子问题重新求解。在 EO 算法[48,61-70]中,将解决方案应用于下一代解的生成前需检查试验解是否满足合作中的约束。最近研究人员正在开发融合了 RL、DP 和 GT 的 MARL 算法[71-72]。本书将介绍新的 MARL 和 EO 算法。

1.2 单智能体运动规划

在单智能体规划[5]中智能体搜索一组动作,从给定状态按照某种评价指标最优的方式达到目标状态。本节介绍了单智能体规划中的术语和算法,其中单智能体规划算法包括基于搜索的规划算法和基于学习的规划算法。

1.2.1 基本概念

◆**定义 1.1** 一个智能体[1]是一个数学实体,它作用于环境并感知由于其运动引起的环境变化。智能体可以通过硬件/软件的形式实现。硬件实现的智能体包括一个执行器(电机/操纵杆)和一个传感器,分别用于执行和感知。

在学习中,一个智能体在给定的位置/网格(称为状态)从观测-动作对中学习正确的动作。在规划中,智能体在当前状态寻找能够最大化环境奖励的最优行为。

单智能体系统的环境包括一个智能体,此时智能体学习/规划的步骤/动作并不会受到环境的影响。图 1.1 给出了单智能体系统的形式。

◆**定义 1.2** 智能体的状态表示了智能体的状况,包括智能体当前所处的位置和/或方向。

状态空间是一个智能体所有状态的集合。状态

图 1.1 单智能体系统

空间的描述与规划问题有关,需在求解规划问题前给出。状态空间可以是离散的或连续的,本书只考虑离散状态空间。图1.2示意了环境的三个离散状态(s_1, s_2和s_3)。

图1.2　环境的三个离散状态

❖**定义1.3**　智能体随机或根据特定策略进行动作选择,如ε贪婪策略[35]或玻耳兹曼策略[73]。随机选择方法在学习阶段可能重复选择相同的动作,导致随机选择方法效率较低。

ε贪婪策略[35]允许智能体以概率等于ε的方式从动作池中随机选择动作。例如,若$\varepsilon = 0.2$,则智能体在100次试验中,从动作池选择20个随机动作和80个贪心动作。与之不同,玻耳兹曼策略[73]根据个体动作奖励函数值确定动作的被选概率,通常采用指数分布计算动作池中每个动作的被选概率。动作奖励越大,被选概率越大。用温度参数调整动作的被选概率。

在图1.3中,智能体可以执行四种动作完成状态转换:左移(L)、前进(F)、右移(R)和后退(B)。

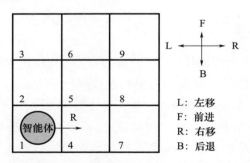

图1.3　智能体在状态s_1执行动作(R)移动到下一状态s_2

❖**定义1.4**　动作$a \in \{a\}$在状态$s \in \{s\}$的状态转换[35]函数是从(s,a)到$s' \in \{s\}$的映射,其中s'为下一状态,即:

$$s' \leftarrow \delta(s,a) \tag{1.1}$$

在确定系统中,每一对(s,a)的s'是确定的。在非确定(或随机)系统中,每一对(s,a)的s'可能不同。传统方法通过给每个状态转换函数$\delta(s,a)$分配一个概率来处理不确定性,所有状态转换函数的概率总和为1。

不确定性可以通过多种途径进入系统。例如,在智能体运动规划中,地板的"湿滑情况"是决定状态转换概率的关键因素。

假设在图1.4中,一个智能体在状态s执行动作a移动到下一状态s',即时奖励$r(s,a)$是环境反馈。若智能体所处的地板湿滑,智能体在状态s由动作a可以有多种状态转换,每种对应一个状态转换概率$P(s'\mid(s,a)),s'\in[s_1,s_2,s_3]$,其中

$$\sum_{\forall s'} P(s'\mid(s,a)) = 1 \tag{1.2}$$

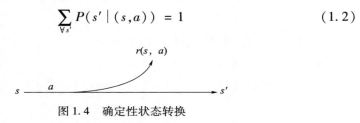

图1.4 确定性状态转换

如图1.5所示,对于每一个状态转换,智能体根据状态转换概率获得相应的即时奖励$r(s,a)$。

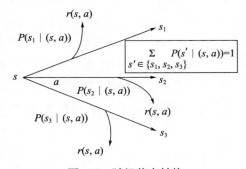

图1.5 随机状态转换

❖ **定义1.5** 策略[35] π 是状态到动作选择概率的映射,代表了状态$s\in\{s\}$分配给动作集$\{a\}$的概率,满足$\sum_{\forall a}\pi(s,a)=1$,即

$$\pi:s\times\{a\}\to[0,1] \tag{1.3}$$

满足

$$\sum_{\forall a}\pi(s,a) = 1 \tag{1.4}$$

对每一状态s成立。

在图1.3中,状态s_1存在有限种可能动作:L、F、R和B。从该有限集中无限次随机选择动作可以得到策略$\pi(s_1,a)=0.25,a\in[L,F,R,B]$。

在规划问题中,一个智能体从给定状态(初始状态)开始,执行个体动作直到吸收状态(目标状态),要求时间、路径长度、能量或其他参数最优。可能性和最优性是求解规划问题时希望满足的两个要求[30]。

❖ **定义 1.6**　可行性是指智能体能够从当前状态执行动作移动到下一状态。

❖ **定义 1.7**　最优性指规划算法通过最小化系统资源利用率而实现的性能优化。

❖ **定义 1.8**　从初始状态到达目标状态,且每一步同时满足可行性和最优性的动作序列称为规划。

为理解规划的概念,例 1.1 给出了二维离散环境中单智能体(机器人)运动的例子。

例 1.1　假设一个智能体在图 1.6 所示的二维 5×5 网格环境中移动,共 25 个状态,每个状态由一个整数或笛卡儿坐标 (x,y) 表示,其中,$x \in [1,5]$,$y \in [1,5]$。智能体可以在状态 $s \in [1,25]$ 执行动作 $a \in \{L,F,R,B\}$。在状态 s 执行完动作 a 后,发生状态转换,智能体根据式(1.1)从 s 移动到下一状态 $s' \in [1,25]$。智能体从当前状态"1"移动到目标状态"25"的状态转换集合称为可行路径。在这些可行路径中选择最优途径。图 1.6 中用虚线表示最优路径(基于状态转换的次数选择最优)。在最优路径中加入障碍可以使例子更加有趣。

当智能体完成一个规划(一系列动作)后,智能体通过执行、细化或分层的方法实施规划。

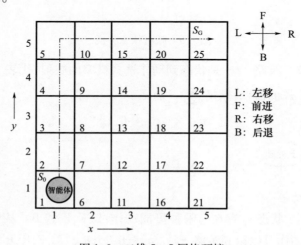

图 1.6　二维 5×5 网格环境

执行：在执行阶段，规划由模拟器或智能体执行。可以执行动作的智能体有两类，第一类是可编程的自主智能体，这一类智能体可以在一段时间后更新规划。但是，大多数规划算法只在规划阶段考虑新情况，因此，这类智能体不是首选。第二类是针对特定问题设计的智能体。

细化：细化可以使规划算法有更好的表现，如图1.7所示。在图1.7中，智能体首先计算一条不与障碍物碰撞的路径，然后对路径进行优化（平滑）。最后，按照优化路径规划轨迹，添加反馈控制器使智能体按照轨迹运动。

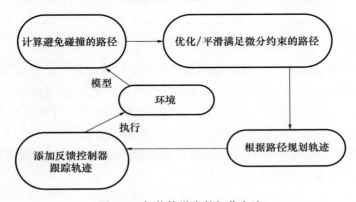

图1.7 智能体学中的细化方法

分层：在分层模型中，将每个规划视为更大规划中的一个动作或更大规划中的子规划。在图1.8中，主规划被称为根节点，后续规划作为主规划的

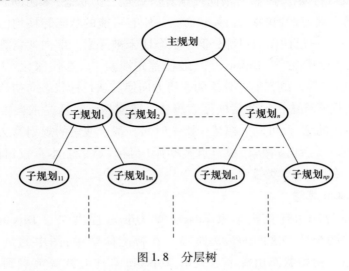

图1.8 分层树

动作。主规划中可能有无数个规划。在图 1.8 中, n、m 和 p 是正整数。在图 1.9(分层模型)中,智能体 1 与环境 1 交互,智能体 2 与环境 2 交互。在图 1.9 中,环境 2 包括智能体 1 和环境 1。因此,智能体既与环境 2 交互也与环境 1 交互。

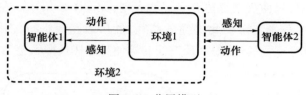

图 1.9　分层模型

基于搜索的规划算法在单智能体规划中用于寻找在路径长度、时间、能量等方面较优的路径。基于搜索的规范算法由于简单而广受欢迎,其由两部分组成:

(1)第一,采用搜索算法得到若干个能够实现目标的可行规划。

(2)第二,引入优化思想降低规划算法求解的计算量。

基于搜索的规划算法不引入几何模型或微分方程,也不需要考虑不确定性,从而避免了复杂的概率计算。

1.2.2　基于搜索的单智能体规划算法

基于搜索的规划算法采用前向搜索、后向搜索或双向搜索[30]找到"一条规划路径"(或可行动作序列)。前向搜索算法处理三类状态:未访问状态——尚未访问或尚未被搜索到的状态;死状态——所有可能的状态转换均已被访问的状态;活状态——已被访问但部分下一状态还未被探索。前向搜索算法包括广度优先[30]、深度优先[30]、Dijkstra[74]、最佳首先搜索[30]、迭代深化[30]、A^*[32]和 $D-star(D^*)$[6]等。改变前向算法的遍历方向使其从目标状态向初始状态遍历可以将前向搜索算法扩展为后向搜索算法。双向搜索算法是前向搜索算法和后向搜索算法的结合,可以大幅减少探索时间。基于搜索的规划算法会建立一棵树,对于前向(后向)搜索,根节点是初始(目标)状态。本章仅讨论了 Dijkstra, A^*, D^* 和 STRIPS 类算法。

1. Dijkstra 算法

Dijkstra 算法由计算机学家 Edsger W. Dijkstra 提出[74]。Dijkstra 算法用于寻找图中两个节点之间的最短路径。在智能体学中,图中的每个节点对应一个状态。初始状态由源节点表示,Dijkstra 算法寻找源节点到某特定目标节点（智能体的目标状态）的最短路径，而非源节点到所有其他节点的最短路径。

通过图 1.10 中的 3×3 网格演示 Dijkstra 算法。图 1.10 包括 9 个状态（节点）。状态 1 是源节点，状态 9 是目标节点。如图 1.11 所示，从每个节点出发最多存在四种可能选择。边的权重为 1、∞、−1 中的一种。其中，可行边的权重为 1；自循环或与边界碰撞为 −1，表示惩罚；∞ 为不可行边。Dijkstra 算法的步骤如算法 1.1。

表 1.1 给出了由 Dijkstra 算法得到的智能体规划轨迹。粗体数字是从当前节点开始在列节点中选择的节点。Dijkstra 算法的运行复杂度为 $O(|V|\log|V|+|E|)$，其中 $|V|$ 和 $|E|$ 分别是边和节点的数量。

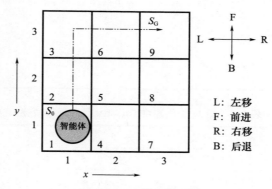

图 1.10　二维网格环境

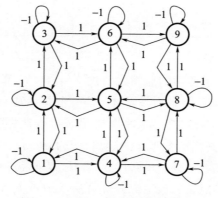

图 1.11　图 1.10 网格环境的搜索图

算法1.1　Dijkstra算法

输入:标记所有未访问节点,将当前节点记为源节点;生成搜索图 G,将初始节点 x 加入图。标记节点 x 为开型节点;

输出:最优路径;

开始

初始化:给图中所有节点赋予距离值。其中,源节点(状态1)为0,其余节点为 ∞;

重复:

(1)从当前节点出发访问所有未访问的"邻居",计算它们与初始节点的距离。例如,令 x 为当前节点,其与源节点的距离为3,连接节点 x 和节点 y 边的长度为2,那么,从源节点通过 x 到达 y 的距离为 $3+2=5$。比较当前计算得到的距离与之前记录的距离(初始为 ∞)。若当前距离小于记录的距离,则用当前距离更新记录距离,否则不操作。

(2)若当前节点的所有"邻居"都已被探索,标记当前节点为已访问节点(不再进一步检查),此时的距离为该节点最终得到的最小距离。

(3)选择距离最小的未访问节点作为下一当前节点。

直到:到达目标状态;

结束

表1.1　图1.11问题中Dijkstra算法规划轨迹

项目		节点→							
		1	2	3	4	5	6	7	8	9
访问←节点	{1}	−1	**1**	∞	1	∞	∞	∞	∞	∞
	{1,2}	1	−1	**2**	2	2	∞	∞	∞	∞
	{1,2,3}	2	1	−1	3	2	**3**	∞	∞	∞
	{1,2,3,6}	3	2	1	**4**	3	−1	5	6	**4**

2. A*算法

A*算法是一种基于搜索的启发式算法[32]。在A*算法中,引入两个成本函数度量节点的质量:一个是启发成本,另一个是生成成本。启发成本度量了当前节点 x 到目标节点的距离(这里采用城市街区距离),记为 $h(x)$。生成成本度量了源节点到当前节点 x 的距离,记为 $g(x)$。节点 x 的总成本函数值是 $f(x)$ 和 $g(x)$ 的和。在进一步阐述A*算法[32]前需进行以下定义。

◆**定义1.9**　若节点 x 已被生成并计算启发成本 $h(x)$,但未被展开,称为开型节点。

◆**定义1.10**　若节点 x 已被展开并生成"后代",称为闭型节点。

第1章 基于强化学习与进化算法的多智能体协同

A^* 算法的步骤如算法 1.2 所示。通过例 1.2 的智能体路径规划问题可以深入理解 A^* 算法。

算法 1.2　A^* 算法

输入:生成搜索图 G,将初始点 x 加入搜索图,标记 x 为开型节点。
输出:最短路径;
开始
初始化:创建闭型节点列表,初始为空列表;
重复:
(1) 若开型节点列表为空,退出并记为失败;
(2) 从开型节点列表中选择节点 n,将其从开型节点列表中移除,放入闭型节点列表中;
(3) 若 n 是目标节点,退出算法并返回搜索图 G 中从节点 n 到节点 x 的轨迹;
(4) 展开节点 n 并生成集合 M,M 包括了与节点 n 相邻且不是 n "祖先"的节点。将 M 的元素作为节点 n 在图 G 中的后继节点;
(5) 将 M 中不属于图 G 的成员指向 n,并将它们加入开型节点列表。若 M 中的所有成员已属于开型节点列表或闭型节点列表,则按照通过 n 的最优路径修改指向 n 的指针。若 M 的所有成员都属于闭型节点列表,则按最优路径的方式修改成员所有"后代"的指针;
(6) 对开型节点列表的元素按照成本函数值(启发成本与生成成本之和)升序排序;
直到:达到目标状态
结束

例 1.2　采用 A^* 算法寻找源节点 1 和目标节点 9 间的最短路径,如图 1.10 所示。节点 $x(x_x,y_y)$ 的启发成本 $h(x)$ 由式(1.5)定义的市街区距离给出。

$$h(x) = |x_g - x_x| + |y_g - y_x| \tag{1.5}$$

式中:(x_g,y_g) 为目标节点坐标。

表 1.2 给出了 A^* 算法的规划轨迹。在第 0 步,智能体从节点 1 出发,此时启发成本为 4,生成成本为 0,因此总成本为 4。在第 1 步,节点 1 通过前进(F)到达节点 2,通过右移(R)到达节点 4。节点 2 和节点 4 的总成本为 $3+1=4$。选择节点 2,将其进一步通过前进(F)、右移(R)和后退(B)分别到节点 3、节点 5 和节点 1。节点 3 和节点 5 的总成本为 $2+2=4$。根据定义 1.10 不选择节点 1。选择节点 3,通过后退(B)和右移(R)分别展开到节点 2 和节点 6。此时,根据定义 1.10,节点 2 为闭型节点,移除节点 2。因此,节点 6 通过后退(B)和前进(F)展开到节点 6 和节点 9。根据定义 1.10 移除节点 6,节点 9 为目标状态。节点 9 的总成本是 4,启发成本为 0。因此,最优路径为 $\{1,2,3,6,9\}$。

表 1.2　图 1.11 问题中 A* 算法规划轨迹

步骤	状态空间		启发代价	生成代价	总代价
0	①		4	0	4
1	(树图)	节点2(选择)	**3**	**1**	**4**
		节点4	3	1	4
2	(树图)	节点3(选择)	**2**	**2**	**4**
		节点5	2	2	4
3	(树图)		1	3	4
4	(树图)		0	4	4

注：加粗表示选择的节点及对应的代价。

3. D* 算法

与 A* 算法[68]不同，D* 算法[6]可通过调整边(弧)的权重应用于动态变化的环境或部分未知的环境中。在路径规划中，每个状态被视为一个节点，连接两节点的边(弧)的权重为从一个节点移动到另一个节点的成本。首先，根据已知信息采用 A* 算法规划一条从当前节点到目标节点的路径。在智能体向目标状态移动的过程中，若发现路径上存在障碍物，则通过调整边的权重对图进行修改，再次计算当前位置到目标位置的最短路径。重复这一过程直到达到目标位置或判定目标位置不可达。在图 1.10 的状态 3 加入障碍得到图 1.12，表 1.3

给出了 D* 算法的轨迹。第 0 步和第 1 步与算法 A* 相同,在第 2 步,节点 3 通过右移(R)和后退(B)分别到节点 1 和节点 5。由于节点 3 处存在障碍,为不可达节点。因此,节点 5 分别通过左移(L)、前进(F)、右移(R)和后退(B)展开到节点 2、节点 6、节点 8 和节点 4。根据定义 1.10 节点 2 和节点 4 为闭型节点。选择节点 6,分别通过后退(B)和右移(R)展开到节点 5 和节点 9。则最优路径为依次通过节点 1、节点 2、节点 5、节点 6 和节点 9。

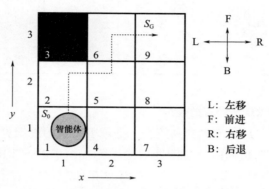

图 1.12　存在一个障碍的二维 3×3 网格环境

表 1.3　图 1.12 问题中 D* 算法规划轨迹

步骤	状态空间		启发代价	生成代价	总代价
0	①		4	0	4
1	(树:① F/R ②/④)	节点 2(选择)	**3**	**1**	**4**
		节点 4	3	1	4
2	(树:① F/R ② ④ R/B ⑤ X ①)	节点 5	2	2	4
3	(树:① F/R ② ④ R/B ⑤ X ① L/F/R/B ② ⑥ ⑧ X ④)	节点 6(选择)	**1**	**3**	**4**
		节点 8	1	3	4

续表

步骤	状态空间	启发代价	生成代价	总代价
4	(树状图)	0	4	4

注:加粗表示选择的节点及对应的代价。

4. 采用类 STRIPS 语言的规划

由于状态空间巨大,规划的高效表示是基于搜索的规划算法的瓶颈。为解决规划表示问题,斯坦福研究所问题解决小组提出了类 STRIPS 语言[30],该语言可以从逻辑的角度表示规划问题。STRIPS 是斯坦福研究所问题解决机的缩写。STRIPS 是第一个应用广泛的基于逻辑的离散规划算法表示方式,它是一阶逻辑(命题逻辑)的扩展,采用了以下表示。

状态:在 STRIPS 中,一个智能体将环境分解为逻辑条件(真或假),状态由基本文字的组合表示。基本文字是不包括函数的谓词,不能进一步分解。假设要求一个家庭服务智能体带来一杯茶、一块饼干和一本杂志。在 STRIPS 中,初始状态由以下谓词组成"在(家)""¬ 有(茶)""¬ 有(饼干)""¬ 有(杂志)"。其中家表示初始位置。初始状态由不包括函数的谓词(基本文字)组合得到,即"在(家)∧¬ 有(茶)¬ 有(饼干)¬ 有(杂志)"。目标状态是"在(家)∧有(茶)∧有(饼干)∧有(杂志)"。任务是找到从初始状态到达目标状态的动作序列。

动作:一个动作遵循以下两个条件:前提和效果。前提是智能体在执行一个动作前需满足的先决条件。例如,对于"有(茶)",智能体需要去附近的茶店,因为在(家)没有茶。此外,前提总是正面的基本文字。效果是正面和负面基本文字的组合。例如,如果有个行为从"在(家)"到"去(茶店)",那么前提是"在(家)∧路径(这里,那里)",效果是"在(茶店)¬ 在(家)"。因此,为达到目标状态"在(家)∧有(茶)∧有(饼干)∧有(杂志)",一个智能体需要满足所有的前提和效果。

1.2.3 单智能体强化学习算法

从上文可以看到,学习可以帮助智能体选择动作。在单智能体 RL[35,75-77](图 1.13)中,根据当前状态的动作,一个智能体得到来自环境的奖励/惩罚。这种标量反馈描述了动作在某一状态的效果。在 RL 文献中,这一效果称为状态动作价值。智能体存储⟨状态,动作,奖励⟩作为经验为未来的动作决策提供参考。一旦智能体学到了所有可能的⟨状态,动作,奖励⟩,它将可以找到从任一状态开始的时间和/或能量最优的规划。单智能体 RL 可以用多臂老虎机问题来阐述[78,79]。

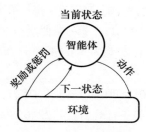

图 1.13　强化学习结构

1. 多臂老虎机问题

若老虎机只有一个臂,那么称此老虎机为单臂老虎机。单臂老虎机也简称为老虎机。按下老虎机前部面板上的按钮后老虎机会转动若干次。当老虎机停止转动时,根据机器正面的符号给玩家支付报酬。多臂老虎机由一组单臂老虎机构成。在多臂老虎机问题中[78,79],玩家必须决定玩哪个老虎机,玩多少次来使总回报最大化。

玩家在对老虎机一无所知的情况下开始玩多臂老虎机。在每次尝试中,玩家都要权衡"探索"新的老虎机以获得比当前更优的奖励和"开发"现有具有最高预期奖励的老虎机。强化学习中的学习者也需进行相似的权衡。因此,多臂老虎机问题描述了大型问题中多个子问题的管理问题,每个子问题的初始状态可以是部分已知或未知的,但随着时间的推移,玩家将逐渐了解其全部属性。

假设玩家玩的多臂老虎机[78,79]包括 N 个单臂老虎机,玩家从每个臂得到不同回报,目标是找到具有最大回报的老虎机。为找到有最大回报(或贪婪回报)的老虎机,智能体(或玩家)需根据式(1.6)计算所有臂回报的滑动平均。

$$Q_t(a) = \frac{r_1 + r_2 + \cdots + r_k}{k} \tag{1.6}$$

式中:$Q_t(a)$为t次尝试中动作a的估计奖励值。我们假设动作a在t次尝试中被执行了k次,r_k为第k次执行动作a得到的奖励。由于选择一个臂与选择一个动作相似,每个臂的值也被定义为该臂的期望奖励。记动作a的期望最优奖励为$Q^*(a)$。基于贪婪选择策略,通过式(1.7)选择最优动作a^*。

$$a^* = \mathop{\mathrm{argmax}}\limits_{a} Q^*(a) \tag{1.7}$$

贪婪选择可能导致智能体(玩家)困在局部最优中。为克服局部最优问题,智能体需要尝试新的臂来获得新奖励(通常称为探索),新奖励可能优于现有奖励。随机而非贪婪选择一个臂被称为探索。RL需要平衡探索和开发。比如,在多臂老虎机问题中令$N=10$。每个臂(类似于一个动作)$a \in [1,10]$有一个随机奖励,该奖励服从均值为0、方差为1的正态分布$N(0,1)$。式(1.8)表示了10个臂的真实奖励或期望奖励。

$$\begin{aligned}Q^*(a) = [&0.0325, 0.8530, 0.1341, 0.0620, -0.2040, 0.6525,\\ &0.8927, -0.9418, -1.4122, 0.8089]\end{aligned} \tag{1.8}$$

根据式(1.7)和式(1.8),

$$\begin{aligned}a^* &= \mathop{\mathrm{argmax}}\limits_{a} Q^*(a) \\ &= \mathrm{argmax}[0.0325, 0.8530, 0.1341, 0.0620, -0.2040,\\ &\quad 0.6525, 0.8927, -0.9418, -1.4122, 0.8089] \\ &= 7\end{aligned} \tag{1.9}$$

根据式(1.9),第7个动作是最优动作,记为a^*。学习时首先根据分布$N(0,1)$估算每个臂的奖励,令$\varepsilon=0.2$,第一次估算结果如式(1.10)所示。

$$\begin{aligned}Q_{\mathrm{est}}^a(a) = [&0.6761, -1.4321, -0.1824, 3.1140, -1.5285, -2.4264,\\ &-1.6687, -0.5252, -0.1021, -0.7124]\end{aligned} \tag{1.10}$$

根据式(1.7)和式(1.10),假设$Q^*(a) = Q_{\mathrm{est}}^0(a)$,

$$\begin{aligned}a^* &= \mathop{\mathrm{argmax}}\limits_{a} Q^*(a) \\ &= \mathrm{argmax}[0.6761, -1.4321, -0.1824, 3.1140, -1.5285,\\ &\quad -2.4264, -1.6687, -0.5252, -0.1021, -0.7124] \\ &= 4\end{aligned} \tag{1.11}$$

根据式(1.11),玩家会选择第4个动作,但根据式(1.9),最优动作为第7个。因此,贪婪选择误导了动作选择。多次估算后采用式(1.6)更新$Q_{\mathrm{est}}(a)$,

重复学习过程,直到智能体意识到第 7 个动作是最优动作。采用不同 ε 时平均奖励随试验次数的变化如图 1.14 所示。

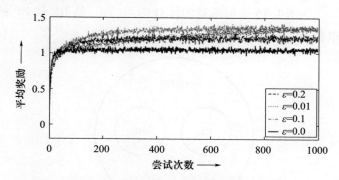

图 1.14　不同 ε 平均奖励随测试次数变化

2. 动态规划及贝尔曼方程

DP[46] 是一种将大型复杂问题转化为一系列简单问题的优化技术,该技术将大型问题转化为有限个互相重叠的子问题,这些互相重叠的子问题可以递归地构成原复杂问题。DP 使用的条件是,该大型复杂问题能够被分解为有限个互相重叠的子问题。在 DP 中,大型问题的解与子问题的解存在一定关系。在优化领域,该关系称为贝尔曼方程(Bellman Equation,BE)或 DP 方程。

采用 DP 算法求解每个子问题并将解存放在数据库中。在后续迭代中,若已求解的子问题再次出现,则不会重新求解该子问题,而是直接利用数据库中的解决方案。最终,从已评估的价值函数中选出一个最优解。下面给出了 DP 算法的四个基本步骤[46]。

(1)将大型复杂问题分解为有限个互相重叠的子问题;
(2)根据互相重叠的子问题递归地定义价值函数;
(3)计算并存储子问题的价值函数以避免重复求解子问题;
(4)从评估的价值函数中选取最优解。

DP 算法的核心是价值函数,该函数以数值的形式表达了最优动作的效果。若需要最大化状态 $s \in \{s\}$ 的价值函数 $v(s)$,那么利用 DP 原理,该问题可以用 BE 表示为式(1.12)。

$$v(s) = \max_{a}[r(s,a) + \gamma v(s')], \gamma \in (0,1) \quad (1.12)$$

式中:$r(s,a)$ 为状态 s 动作 a 的奖励 $r(s,a)$,$v(s')$ 为下一状态 s' 的价值函数。

3. 强化学习和动态规划的联系

从上文可以看到,RL 基于环境对智能体的奖励/惩罚,而 DP 是一种优化 BE 的技术[71-72]。图 1.15 表明单智能体 Q 学习(QL)是 RL 和 DP 的组合。下一节将给出单智能体 Q 学习的细节。

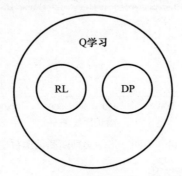

图 1.15　RL 和 DP 关系

4. 单智能体 Q 学习

Q 学习是 Watkin 和 Dayan[80]在 1989 年提出的一种 RL 方法。在 Q 学习中,智能体逐渐适应未知环境,环境给出动作在某状态的两种反馈。一种反馈是即时奖励,如 1.2.3 节所述。另一种反馈在下一状态的评估,根据环境的性质可以将该反馈分为两类。若环境是静态的,该反馈为下一状态的最优未来奖励,如图 1.16 所示。在静态环境中,智能体能够以概率为 1 地通过动作从给定状态移动到另一状态。若环境是随机的,智能体由某动作到达的下一状态与概率有关。因此,随机环境的反馈为下一状态的最优未来奖励的期望。Q 学习计算未来最优奖励期望的原理如图 1.17 所示。

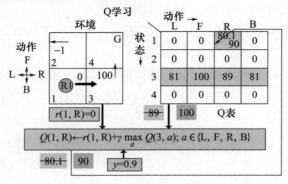

图 1.16　单智能体 Q 学习

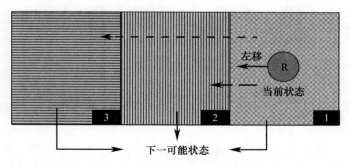

图 1.17 随机问题的下一可能状态

如图 1.16 所示,将 Q 表中所有 Q 值初始化为 0。在当前状态 1,智能体向右运动(R),获得环境的即时奖励为 $r(1,R) = 0$。在下一状态,智能体根据 Q 表评估最大未来奖励。在探索到(3,F)前,$Q(3,L) = 81$ 是下一状态的最优未来奖励,更新(1,R)的 Q 值 $Q(1,R) = 72.9$。一旦探索到(3,F),$Q(3,F) = 100$ 为最优未来奖励,更新(1,R)的 Q 值 $Q(1,R) = 90$。

如图 1.17 所示,圆圈中的"R"代表一个机器人智能体,在该问题中,状态 1 到状态 3 有随机变化的摩擦特性。在这种随机环境中,R 在位置 1 执行向左的动作可能到达三个位置中的任意一个。因此,从当前位置到下一位置的移动与概率有关。文献中称这一概率为状态转移概率,根据该概率可以计算未来期望奖励。

在 Q 学习中,对未来期望奖励的预测取决于当前的状态-动作对。显然,单智能体 Q 学习对未来期望的预测完全取决于当前状态,而与过去的状态-动作对无关,即具有马尔可夫性质。马尔可夫性质也称为无记忆属性,这一概念来自马尔可夫决策过程(Markov Decision Process,MDP)。在 Q 学习中,MDP 在寻找最优决策 π^* 对应的最优价值函数中起到重要作用。MDP 的定义如定义 1.11[81] 所述。

❖ **定义 1.11** 一个 MDP 是一个 4 元组 $\langle S,A,r,P \rangle$ 表征[82,83],其中,S 是由状态构成的有限集,A 是由动作构成的有限集,$r:S \times A \rightarrow \mathbb{R}$ 是智能体的奖励函数,$p:S \times A \rightarrow [0,1]$ 是状态转换概率。

$$v(s,\pi^*) = \max_a \left[r(s,a) + \gamma \sum_{s'} p[s' \mid (s,a)] v(s',\pi^*) \right] \quad (1.13)$$

式中:$v(s,\pi^*)$ 和 $v(s',\pi^*)$ 为当前状态 s 和下一状态 s' 最优决策 π^* 的价值函数;γ 为折扣因子;$p[s' \mid (s,a)]$ 为从当前状态 s 由动作 $a \in A$ 到达下一状态 s' 的状态转换概率;$r(s,a)$ 为状态 s 动作 a 的即时奖励。

若智能体可以在奖励函数或状态转换概率未知的情况下直接学习到最优

策略,则称此学习策略为无模型 RL[84]。Q 学习是一种无模型 RL,基本方程如式(1.14)所示。

$$Q^*(s,a) = [r(s,a) + \gamma \sum_{s'} p[s'|(s,a)]v(s',\pi^*)] \quad (1.14)$$

式中:$Q^*(s,a)$ 为最优 Q 值。动作 a 无限次访问状态 s 后,$Q(s,a)$ 变为 $Q^*(s,a)$。若每一动作对应的下一状态都是确定的,则称为确定性 Q 学习。在确定问题中有 $p[s'|(s,a)]=1, \forall s'$。

将式(1.13)和式(1.14)结合可以得到:

$$v(s,\pi^*) = \max_a [Q^*(s,a)] \quad (1.15)$$

由此,问题转化为计算所有 (s,a) 的 $Q^*(s,a)$。一旦找到 $Q^*(s,a)$ 即可找到使 $v(s,\pi^*)$ 最大化的动作。因此,Q 学习的更新方法为

$$Q(s,a) = r(s,a) + \gamma \max_{a'} Q[\delta(s,a),a'] \quad (1.16)$$

其中

$$s' \leftarrow \delta(s,a) \quad (1.17)$$

是状态转换函数。因此有 $Q(s',a') = Q[\delta(s,a),a']$。结合式(1.16)和式(1.17)得到式(1.18)。

$$Q(s,a) = r(s,a) + \gamma \max_{a'} Q(s',a') \quad (1.18)$$

式中:$\max_{a'} Q(s',a')$ 为下一状态 s' 处采取动作 a' 得到的最大化 Q 值 $Q(s',a')$。式(1.19)给出了 Q 学习的更新式,其中学习速率 $\alpha \in (0,1]$,

$$Q(s,a) \leftarrow (1-\alpha)Q(s,a) + \alpha[r(s,a) + \gamma Q(s',a^*)] \quad (1.19)$$

随机环境中,在状态 s 采取动作 a 到达下一状态 $s' \in \{s\}$ 的状态转换概率 $p[s'|(s,a)] \neq 1, \forall s'$。式(1.20)给出了随机环境中 Q 值的更新式[84]。

$$Q(s,a) = (1-\alpha)Q(s,a) + \alpha[r(s,a) + \gamma \sum_{s'} p[s'|(s,a)] \max_{a'} Q(s',a')]$$

$$(1.20)$$

无限次访问 (s,a) 后,$Q(s,a)$ 将收敛为最优 Q 值 $Q^*(s,a)$。式(1.20)的收敛证明参见文献[2]。算法1.3给出了单智能体 Q 学习的实现方法。

算法1.3　单智能体 Q 学习
输入:当前状态 s 和动作集 A
输出:最优 Q 值 $Q^*(s,a), \forall s, \forall a$;
开始:
初始化:$Q(s,a) \leftarrow 0, \forall s, \forall a, \gamma \in [0,1)$

第1章 基于强化学习与进化算法的多智能体协同

```
重复:
    随机选择动作 a∈{A} 并执行;
    得到即时奖励 r(s,a);
    评估下一状态 s'←δ(s,a);
    更新 Q(s,a), 对于确定情况采用式(1.9), 对于随机情况采用式(1.20), 令 s←s';
直到: Q(s,a) 收敛;
得到: Q*(s,a)←Q(s,a);
结束
```

5. 基于 Q 学习的单智能体规划

图 1.18 描述了单智能体规划的原理。首先，当前机器人智能体(R1)处于状态 3，获取当前状态 Q 表中的 Q 值。随后，机器人智能体根据已学到的 Q 表寻找使 Q 值最大的动作。在 Q 表中的第 3 行，动作 F 对应最大 Q 值。智能体采取动作 F 并移动到状态 4。重复以上步骤直到智能体到达目标状态。

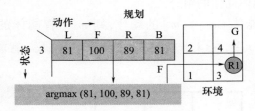

图 1.18 单智能体规划

1.3 多智能体规划和协同

多智能体的规划和协同是多智能体系统中两个非常相似的术语。多智能体规划是指确定智能体的可行动作序列，通过最优的方式实现目标。而协同是指智能体间通过巧妙而有效的互动来为所有智能体的目标服务。本节阐述了多智能体的规划和协同技术及相应的算法。

1.3.1 基本概念

多智能体系统(Multi-Agent System, MAS)包括若干个智能体，一个智能体的动作会影响其他智能体的奖励。因此需要特殊处理 MAS 中的学习和规划。图 1.19 概述了 MAS 框架。

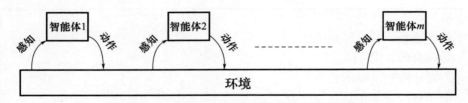

图1.19 包括 m 个智能体的多智能体系统

在 MAS 中,状态空间是所有智能体状态的集合。在求解规划问题前,应首先定义状态空间。状态空间的描述与问题相关。在多智能体协同问题中采用联合状态而非状态。

❖ **定义1.12** 一个联合状态是将智能体以编号升序排列后智能体状态的组合。

假设 s_i 是智能体 $i \in [1,m]$ 的状态,则 m 个智能体的联合状态为 $S = \langle s_i \rangle_{i=1}^m$。

❖ **定义1.13** 短语:联合动作是 MAS 中应用广泛的术语,是将智能体以编号升序排列后智能体动作的组合。

假设 a_i 是智能体 $i \in [1,m]$ 的动作,则 m 个智能体的联合动作为 $A = \langle a_i \rangle_{i=1}^m$。在图1.20中,在$\langle 1,8 \rangle$处执行联合动作$\langle R,L \rangle$,智能体们移动到下一状态$\langle 4,5 \rangle$。

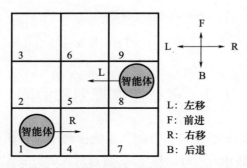

图1.20 在联合状态$\langle 1,8 \rangle$执行联合动作$\langle R,L \rangle$移动到下一状态$\langle 4,5 \rangle$

1.3.2 多智能体算法分类

MAS 有多种分类方式[1,37]。MAS 总体上可以分为合作型和竞争型两类。与社会性生物相似,在合作型 MAS 中,智能体与其他智能体合作;而在竞争型 MAS 中,智能体之间相互竞争以获取生存所需的资源。本章只考虑合作型 MAS。

基于合作能力的分类:根据基于智能体执行任务时与其他智能体合作的能

力进行分类。与其他智能体合作的智能体称为合作智能体,与其他智能体竞争的智能体称为非合作智能体。合作智能体有共同目标,而非合作智能体间的目标是冲突的。图 1.21 给出了对合作智能体的详细分类。

基于意识水平的分类:合作 MAS 可以进一步根据智能体对队伍中其他智能体的意识水平进行分类。在图 1.21 中,若一个智能体知道队友的存在则称为有意识智能体,否则称为无意识智能体。

基于协同方式的分类:有意识智能体可以根据协同方式进行分类。协同方式有三种,分别为强协同、弱协同与不协同。在强(弱)协同中,智能体严格(不严格)遵守协同协议。在第三种,即不协同中,智能体不与其他智能体协同,图 1.21 给出了基于协同的分类。

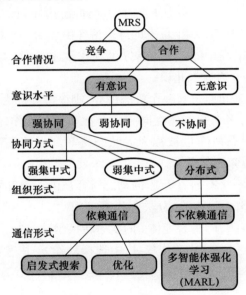

图 1.21 多智能体系统分类

基于组织形式的分类:如图 1.21 所示,强协同智能体可以根据智能体在团队中的职责(或组织)进一步分为集中式和分布式。集中式中存在一个智能体作为领导者。该领导者负责智能体间的任务分配,剩余智能体服从领导者的指令。而在分布式系统中,团队不存在领导者,智能体的决策是完全自主的。集中式系统可以根据选取领导者的方式进一步细分。若只有一个智能体领导整个任务,那么该集中式系统称为强集中式系统。若允许多个智能体共同带领团队完成任务,那么称为弱集中式系统。

基于通信的分类：分布式智能体可以进一步根据是否依赖通信分为依赖通信和不依赖通信两类，如图 1.21 所示。

除以上分类方式外，MAS 还可以根据"团队组成"（异构和同构智能体的组合）、"系统架构""团队大小"进行分类。

目前有多种方法可以实现多智能体协同，本章介绍了基于多智能体 Q 学习和 EO 算法的协同方法。为提高本书内容的可读性，下面还简要介绍了 GT 和 DP 方法。

1.3.3 基于博弈论的多智能体协同

博弈论用于分析 MAS 的战略态势，在 MAS 中每个智能体都可能影响其他智能体的利益[38,41,42]。本书考虑了两种博弈：静态博弈和动态博弈，定义如下。

❖ **定义 1.14** 一个有 m 个玩家的静态博弈由元组 $\langle m, A_1, A_2, \cdots, A_m, r_1, \cdots, r_m \rangle$ 定义[42]，其中，$A_i, i \in [1, m]$ 为玩家 i 的动作集，$r_i: \times_{i=1}^{m} A_i \to \mathbb{R}, i \in [1, m]$ 为玩家 i 的奖励函数，× 为笛卡儿积。

❖ **定义 1.15** 若重复进行一个静态博弈，则该博弈称为重复博弈。

在静态博弈中，多个智能体在同一联合状态执行动作，且智能体没有任何状态转换。因此，静态博弈也被称为无状态博弈。为解决存在状态转换的博弈，下面给出动态博弈的定义。

❖ **定义 1.16** 一个有 m 个玩家的动态博弈被由一个五元组 $\langle m, \{S\}, \{A\}, r_i, p_i \rangle$ 定义，其中，$\{S\} = \times_{i=1}^{m} S_i$ 为联合状态空间，$\{A\} = \times_{i=1}^{m} A_i$ 为联合动作空间，$r_i = \{S\} \times \{A\} \to [0,1]$ 为智能体 i 的状态转换函数。

假设智能体 $i \in [1, m]$ 从动作集 A_i 中选择动作 a_i 并进行重复博弈。所有智能体选择的动作构成联合动作 $\{A\} = \times_{i=1}^{m} A_i$。记 $\pi_i(a_i)$ 为智能体 i 选择动作 $a_i \in A_i$ 的概率，其中

$$\pi_i : A_i \to [0,1] \tag{1.21}$$

若 $\pi_i(a_i) = 1$，那么对于 $a_i \in A_i$ 智能体 i 的策略 π_i 是固定的。M 个智能体的联合策略为：

$$\prod = \{\pi_i : i \in [1, m]\} \tag{1.22}$$

联合策略

$$\prod_{-i} = \{\pi_1, \cdots, \pi_{i-1}, \pi_{i+1}, \cdots, \pi_m\} \tag{1.23}$$

为除智能体 i 的策略 π_i 外所有其他智能体的策略，其中

第1章 基于强化学习与进化算法的多智能体协同

$$\prod = \prod_{-i} \cup \{\pi_i\} \tag{1.24}$$

从定义 1.14 和定义 1.16 易知,动态博弈可以认为是具有状态转换的静态博弈。静态博弈寻找智能体间的平衡条件或均衡条件,从而确保没有智能体会因为单边偏离而得到激励。文献中两个著名的均衡分别为纳什均衡和相关均衡。

设智能体(智能体)在状态 s 有动作集 A。状态 s 回报最高的动作 $a^* \in A$ 称为状态 s 的最优或贪婪动作。由每个状态最优动作组成的集合被称为最优策略。若智能体在某一状态固定执行一个动作,则称该动作为纯策略。混合策略则是随机化的动作策略为理解混合策略,例 1.3 给出了石头剪刀布游戏。

例 1.3 石头剪刀布[41,42]是一种两人游戏。每个玩家有三个选择:石头、布和剪刀,每次试验中选择一个。玩家用图 1.22 中给出的手势表示他的选择。游戏有三种可能结局(不包括平局),分别为:

(1)石头砸坏剪刀。此时,选择石头的玩家胜,选择剪刀的玩家输。
(2)布包住石头。此时,选择布的玩家胜,选择石头的玩家输。
(3)剪刀剪碎布。此时,选择剪刀的玩家胜,选择布的玩家输。

若两个玩家的选择相同,则为平局,继续游戏直到分出胜负。

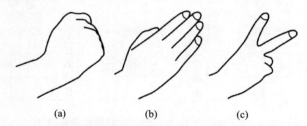

图 1.22 石头剪刀布游戏手势:(a)石头;(b)布;(c)剪刀

经过有限次游戏后,图 1.23 给出了两个玩家的奖励矩阵。在图 1.23 中,一个单元格中包括两个奖励。第一个是玩家 1 的奖励,第二个是玩家 2 的奖励。胜利奖励 1,失败奖励 -1,平局奖励 0。

		玩家2		
		石头	布	剪刀
玩家1	石头	(0, 0)	(-1, 1)	(1, -1)
	布	(1, -1)	(0, 0)	(-1, 1)
	剪刀	(-1, 1)	(1, -1)	(0, 0)

图 1.23 石头剪刀布游戏

显然,在石头剪刀布游戏中(图1.22和图1.23),玩家1和玩家2的最优混合策略是按照1/3的概率选择每个动作。假设玩家1已知玩家2采用纯策略"布",那么玩家1的最优纯策略为"剪刀",此时得到的奖励最高。

1. 纳什均衡(Nash Equilibrium,NE)

NE是一种求解多智能体系统交互博弈的方法,可以使每个智能体稳定在最大回报状态。NE的定义见定义1.17。NE包括两种:纯策略NE(Pure Strategy NE,PSNE)和混合策略NE(Mixed Strategy NE,MSNE)。为计算联合状态的PSNE,一个智能体从其动作集中选择一个动作,该动作可以在其他智能体动作保持不变时最大化个体收益。在某联合状态下,若所有智能体均取到最大收益,且没有智能体因单边激励偏离已选动作的联合动作称为PSNE。图1.24和图1.25给出了静态博弈、无状态博弈、单阶段博弈或正则形式博弈中PSNE的例子[85]。

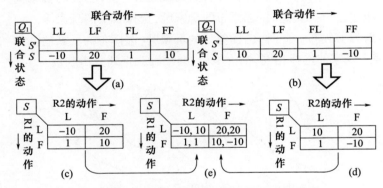

图1.24 将联合Q表的奖励映射到奖励矩阵中

❖**定义1.17** 纳什均衡是m个交互智能体在给定的联合状态(S)稳定的联合动作(策略),对于PSNE,若所有智能体在联合状态$S \in \{S\}$均采用相同的最优联合动作$A = \langle a_i^* \rangle_{i=1}^m$,就不会产生单边偏差(一个智能体独立的偏移)。对于MSNE,智能体以一定概率$p^*(A) = \prod_{i=1}^m p_i^*(a_i)$执行联合动作$A = \langle a_i^* \rangle_{i=1}^m$,其中,$p_i^*:\{a_i\} \to [0,1]$,$p^*:A \to [0,1]$。

记$a_i^* \in \{a_i\}$为智能体i在s_i的最优动作;$A_{-i}^* \subseteq A$为除智能体i外,所有智能体在联合状态$S = \langle s_j \rangle_{j=1,j \neq i}^m$的最优联合动作;$Q_i(S,A)$为智能体$i$在状态$S$动作$A \in \{A\}$的联合Q值。则状态$S$处的PSNE条件为

$$Q_i(S, a_i^*, A_{-i}^*) \geqslant Q_i(S, a_i, A_{-i}^*), \forall i \Rightarrow Q_i(S, A_N) \geqslant Q_i(S, A'),$$

$$\forall i [\text{其中} A_N = \langle a_i^*, A_{-i}^* \rangle \quad \text{及} \quad A' = \langle a_i, A_{-i}^* \rangle] \tag{1.25}$$

状态 S 处的 MSNE 条件为

$$Q_i(S, p_i^*, p_{-i}^*) \geqslant Q_i(S, p_i, p_{-i}^*), \forall i \tag{1.26}$$

式中：$Q_i(S,p) = \sum_{\forall A} p(A) Q_i(S,A), p_{-i}^*(A_{-i}) = \prod_{j=1,j\neq i}^{m} p_j^*(a_j)$ 为除智能体 i 以外所有智能体选择联合动作 $A_{-i} \subseteq A$ 的联合概率。

智能体在状态 S 分别采用图 1.25 和图 1.26 评估 $\text{PSNE}_{AN} = \langle a_i^*, A_{-i}^* \rangle$ 和 $\text{MSNE} \langle p_i^*(a_i), p_{-i}^*(A_{-i}) \rangle$。

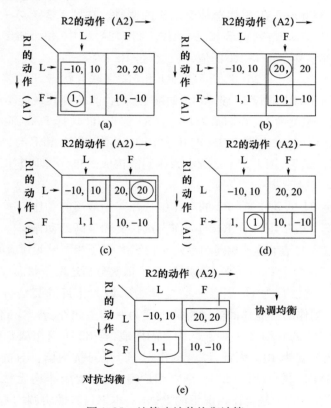

图 1.25 纯策略纳什均衡计算
(a)固定 A1 = L, A2 = L/F；(b)固定 A2 = F, A1 = L/F；(c)固定 A1 = L, A2 = L/F；(d)固定 A1 = F, A2 = L/F；(e)纳什均衡为 FL 和 LF。

纯策略 NE(PSNE)

假设单阶段博弈中包含两个机器人智能体 R1 和 R2，每个智能体有两个动作。智能体 1(R1)从集合{L,F}中选择一个动作,智能体 2(R2)从{L,F}中选择一个动作形成一个联合动作集。联合动作集{LL,LF,FL,FF}是{L,F}和{L,F}的所有可能组合(笛卡儿积)。图 1.24(a)和图 1.24(b)分别给出了 R1 和 R2 在联合状态-动作空间的奖励表。在状态-动作表中,行表示联合状态,联合状态 S 和 S' 是所有个体状态的组合。列对应联合动作,联合动作 A 可以是集合{LL,LF,FL,FF}中的任意一个。每个联合状态-动作对有一个联合状态-动作值。为计算联合状态 S' 处的 PSNE,将状态 S' 状态联合动作的奖励映射为奖励矩阵,如图 1.24(c)和图 1.24(d)所示。图 1.24(c)和图 1.24(d)中每个格子分别表示 R1 和 R2 在 S' 状态某个动作的奖励。在图 1.24(c)~图 1.24(e)中,行表示 R1 的动作,列表示 R2 的动作。图 1.24(e)中,每个格子表示了两个智能体的奖励。第一个是 R1 的值,第二个是 R2 的值。

图 1.25(a)~图 1.25(d)所示为 R1 和 R2 在联合状态 S' 的奖励矩阵。如图 1.25(a)所示,R1 假设 R2 选择 L(如箭头所示)时选择其最佳动作。此时 R1 选择 F,得到的奖励为 1。在图 1.25(b)中 R1 假设 R2 选择 F,得到的奖励为 20。相似地,在图 1.25(c)和图 1.25(d)中,当 R1 分别选择 L 和 F 时,R2 的奖励分别为 20 和 1。最后,图 1.25(e)所示为相同解构成的单元,即 PSNE。两智能体 PSNE 的计算包括三步:

(1)固定 R1 的动作,在 R2 的动作中选择奖励最高的动作。

(2)固定 R2 的动作,在 R1 的动作中选择奖励最高的动作。

(3)若选择的结果落入相同的单元,则 PSNE 等于相同单元对应的联合动作。

该问题存在两个 PSNE:$\langle F,L \rangle$ 和 $\langle L,F \rangle$。依次分析这两个状态。对于 $\langle F,L \rangle$,两个智能体的奖励都为 1。若任一智能体为了最大化自身奖励自私地改变动作,那么改变动作的智能体的奖励将从 1 变为 -10。此外,若 R1 将其动作从 F 变为 L,那么 R2 的奖励将从 1 变为 10。同样地,若 R2 将动作从 F 变为 L,那么 R1 的奖励从 1 变为 10。因此,联合动作 $\langle F,L \rangle$ 是对抗均衡。对抗均衡是竞争情况下的 PSNE。联合动作 $\langle L,F \rangle$ 是协调均衡,两个智能体均无私地获得了最大奖励 20。协调均衡是合作情况下的 PSNE。本书仅考虑协调均衡。

混合策略 NE(MSNE)

MSNE 是随机的。在 MSNE 中,智能体通过给每个纯策略赋予一个 0 到 1 的概率将纯策略随机化。令 R1 分别以概率 p 和 $(1-p)$ 选择 L 和 F,令 R2 分别以概率 q 和 $(1-q)$ 选择 L 和 F。图 1.26 列出了 MSNE 的奖励,达到 MSNE 时 L 和 F 对 q 的期望相等。如图 1.26(a)所示,令两个期望回报相等得到 p 和 $(1-p)$。

类似地,如图 1.26(b)所示,可以得到 p 和 $(1-p)$。混合策略的期望奖励是纯策略期望奖励的加权和。最后,表 1.4 给出了 R1 采用 p 时奖励期望随 q 的变化和 R2 采用 q 时奖励期望随 p 的变化,这一结果也呈现在图 1.26(d)中。最后,如图 1.26(c)所示,MSNE 为 $\langle(p,(1-p));(q,(1-q))\rangle$。表 1.4 给出了达到 MSNE 时两个智能体的期望奖励。为深入理解 MSNE,例 1.4 给出包含两玩家的网球单打比赛中 MSNE 的例子。

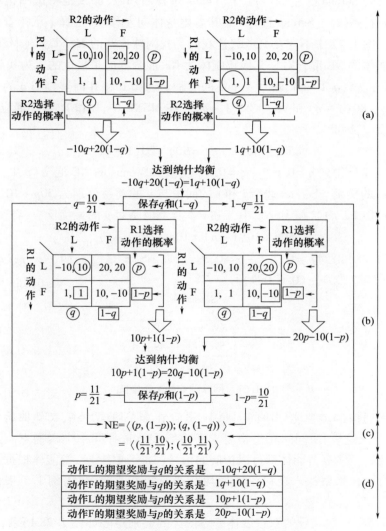

图 1.26 混合策略纳什均衡计算

表 1.4　R1 和 R2 在 MSNE 的期望奖励

R1 的期望奖励与 p 和 q 的关系	$p[-10q+20(1-q)]+(1-p)[1q+10(1-q)]$
R2 的期望奖励与 p 和 q 的关系	$q[10p+1(1-p)]+(1-q)[20p-10(1-p)]$

例 1.4　图 1.27 所示为选手 Venus 和 Serena 之间网球比赛的奖励矩阵。在图 1.27 中,行表示 Venus,列表示 Serena。若 Venus 选择左(L),那么她将试图把球打到 Serena 的左侧(l)。若 Venus 选择右(R),那么她将试图把球打到 Serena 的右侧(r)。Serena 选择 l 意味着她身体向左移动,选择 r 意味着身体向右移动。图 1.27 中不存在 PSNE,让我们寻找网球比赛的 MSNE。在 MSNE 中,每个智能体的 NE 混合对于其他智能体的 NE 混合都应是最优的。为找到 Serena 的 NE 混合 $(q,1-q)$,观察 Venus 的奖励。选择 L 和 R 时奖励与 q 的关系分别为 $50q+80(1-q)$ 和 $90q+20(1-q)$。在 MSNE 中,L 和 R 本身都应是对 q 的最优反应,因此

$$50q+80(1-q)=90q+20(1-q) \quad (1.27)$$

求解式(1.27)得到 $q=0.6,1-q=0.4$。为找到 Venus 的 NE 混合 $(p,1-p)$,观察 Serena 的奖励。Serena 选择 l 和 r 的回报与 p 的关系分别为 $50p+10(1-p)$ 和 $10p+80(1-p)$。在 MSNE 中,l 和 r 本身都应是对 p 的最优反应,有

$$50p+10(1-p)=10p+80(1-p) \quad (1.28)$$

求解式(1.28)得到 $p=0.7,1-p=0.3$。因此 NSNE 是 $[(p,(1-p));(q,(1-q))]=[(0.7,0.3);(0.6,0.4)]$。

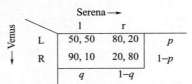

图 1.27　网球游戏的奖励矩阵

在无通信的多智能体协同问题中,若存在多个协同均衡,智能体将面临协同问题[72]。这里,协同问题是指要求所有智能体选择同一个均衡点。这可以通过设定一个所有智能体都可以访问的信号(如交通信号),智能体根据该信号选择联合动作来解决。在讨论选择均衡选择的方式前,采用例 1.5 来说明该问题。

例 1.5　一般奖励的双智能体静态博弈的奖励矩阵如图 1.28 所示,其中 a 和 b 为奖励。智能体 X 和 Y 的动作集分别为 $\{x_0,x_1\}$ 和 $\{y_0,y_1\}$。若 $a>b>0$,

则存在两个均衡点$\langle x_0,y_0\rangle$和$\langle x_1,y_1\rangle$。但若只有$\langle x_0,y_0\rangle$是最优的,那么智能体将选取$\langle x_0,y_0\rangle$。若$a=b>0$,那么智能体将无法在两组动作之间选择。此时存在多个均衡点。随机选择或根据个体偏好选择可能导致次优(或非协同)均衡。

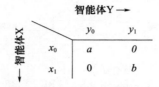

图 1.28　一般奖励的双智能体静态博弈的奖励矩阵

在协同均衡中,智能体可以通过重复计算均衡来解决均衡点选择的问题[38]。本书采用 CE 来解决均衡选择的问题。

2. 相关均衡(Correlated Equilibrium,CE)

CE 比 NE 更具有一般性[72],不同于 NE 中每个玩家根据自己的利益选择最优策略,没有集中的协同或指导。在 CE 中,存在某种形式的协同,使得每个玩家的行动与其他玩家的行动相协同,从而使得整体的结果达到平衡。CE 包括效用均衡(Utilitarian Equilibrium,UE)、平等均衡(Egalitarian Equilibrium,EE)、共和均衡(Republican Equilibrium,RE)和自由均衡(Libertarian Equilibrium,LE)四个类型[72]。不同类型最大化不同的目标函数,得到的联合动作即为 CE。不同 CE 中目标函数的定义方式为:

(1)在效用均衡中,最大化所有智能体的奖励之和。
(2)在平等均衡中,最大化奖励最小的智能体的奖励。
(3)在共和均衡中,最大化奖励最大的智能体的奖励。
(4)在自由均衡中,最大化所有智能体奖励的乘积。

与 NE 相似,CE 也分为纯策略 CE 和混合策略 CE。CE 的定义由定义 1.18 给出。纯策略平等均衡的计算方法如图 1.29 所示。

❖ **定义 1.18**　m 个智能体在联合状态 $S=\langle s_i\rangle_{i=1}^m$ 的 CE,当采用式(1.29)计算时为纯策略 CE,A_C;当采用式(1.30)计算时为混合策略 CE,$p^*\{A_C\}$。

$$A_C = \underset{A}{\mathrm{argmax}}[\Phi(Q_i(S,A))] \qquad (1.29)$$

$$p^*\{A_C\} = \underset{p(A)}{\mathrm{argmax}}\left[\Phi\left[\sum_A p(A)(Q_i(S,A))\right]\right] \qquad (1.30)$$

其中

$$\Phi \in \left\{\sum_{i=1}^m, \mathrm{Min}_{i=1}^m, \mathrm{Max}_{i=1}^m, \prod_{i=1}^m\right\} \qquad (1.31)$$

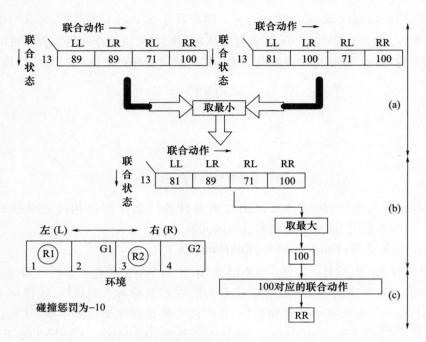

图 1.29 纯策略平等均衡(CE 的一种类型)

例 1.6 中的懦夫博弈体现了 CE 的思想。

例 1.6 在懦夫博弈中两个玩家相向而行(图 1.30)。若两个玩家都向对方运动,则会相撞,此时双方均会受到惩罚。若一个玩家移动,另一个玩家等待(合作(C)),则两个玩家都会得到奖励,成功移动的玩家比合作的玩家奖励更高。若两个玩家都不移动,则双方奖励均为零。在图 1.31 中,联合动作(M,C)和(C,M)都是 PSNE。为了在不通信的情况下达到 PSNE,玩家应遵循一个双方均可访问的信号(如交通信号)。

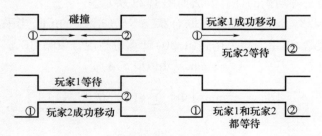

图 1.30 懦夫博弈

	玩家2→	
	移动	等待
移动	−5, −5	10, 5
等待	5, 10	0, 0

图 1.31　懦夫博弈的奖励矩阵

3. 静态博弈案例

下面给出几个静态博弈的例子。

恒和博弈：在恒和博弈[41]中，两个玩家奖励的和是一定的，如图 1.32 所示，其中⟨a,b⟩和⟨x,y⟩分别为玩家 1 和玩家 2 的动作集。在图 1.32 中，奖励之和恒为 1。

	玩家2→	
	x	y
a	5, −4	−7, 8
b	−2, 3	4, −3

图 1.32　恒和博弈

零和博弈：零和博弈是恒和博弈的一种特殊情况[41]。零和博弈为两个玩家之间的博弈，玩家的奖励总和恒为零。这表明一个玩家的收益等于另一玩家的损失。因此，奖励的净变化为零。象棋和网球均为零和博弈，即存在一个赢家和一个输家。金融市场也是零和博弈。在博弈论文献中，猜硬币游戏和石头剪刀布(例 1.3)都是典型的零和博弈。例 1.7 给出了猜硬币游戏。

例 1.7　在猜硬币游戏中，两个玩家同时投掷两个硬币。玩家的奖励取决于两个硬币是否相同。若两个硬币都为正面(H)或反面(T)，那么玩家 1 获胜并得到玩家 2 的硬币。若两个硬币的结果不同，那么玩家 2 获胜并得到玩家 1 的硬币。如图 1.33 所示，由于一个玩家的收益等于另一玩家的损失，因此，猜硬币游戏为零和博弈。在猜硬币游戏中不存在 PSNE，但存在 MSNE。

	玩家2→	
	正面	反面
正面	1, −1	−1, 1
反面	−1, 1	1, −1

图 1.33　猜硬币游戏

某些情况下的博弈不存在 PSNE，但所有博弈都存在 MSNE[42]。比如在石头剪刀布游戏中不存在 PSNE 但存在 MSNE。

一般随机和博弈：在一般随机和博弈中，所有玩家的奖励既不是零也不是常数。例 1.8 中的囚徒困境就是典型的一般随机和博弈。

例 1.8 在囚徒困境中,两个罪犯在两个不同的房间里接受审讯。两个罪犯都希望能最小化刑期。他们都面临相同的场景(图 1.34)。

(1)若罪犯 1 和罪犯 2 都否认(D),那么两人都会被判处 9 年。

(2)若罪犯 1 否认而罪犯 2 招供,那么罪犯 1 将被释放,而罪犯 2 将被判处 10 年(反之亦然)。

(3)若罪犯 1 和罪犯 2 都招认(C),那么两人均只需要服刑一年。

显然,在囚徒困境中(C,C)为 PSNE。

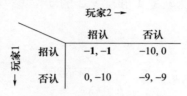

图 1.34 囚徒困境的奖励矩阵

1.3.4 强化学习、动态规划与博弈论的相互关系

前面的章节已指出强化学习的原理是智能体通过与环境进行交互,将得到的奖励或惩罚作为反馈来调整自身的策略,从而实现对最优策略的求解。动态规划是求解贝尔曼方程的一种优化技术。另外,在多智能体系统中,一个智能体的行为会影响环境中其他智能体的反馈,而博弈论有助于分析多智能体系统中智能体的战略决策。如图 1.35 所示,从基于价值函数的角度出发,MAQL 的

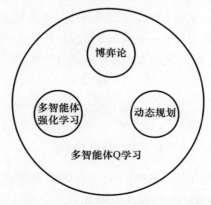

图 1.35 多智能体强化学习、动态规划与博弈论的相互关系

范畴包括 MARL、博弈论和动态规划。然而，在许多文献中，为简单起见，MARL 通常也被称为 MAQL。

1.3.5　多智能体强化学习算法分类

如图 1.36 所示[85]，根据任务类型，多智能体强化学习可以分为合作型、竞争型和混合型方法。现在可以为无状态的静态博弈或存在状态的分阶段博弈设计合作型和混合型算法。然而对于双智能体竞争问题，目前只有两种竞争算法，即 Minimax – Q 学习和启发式加速多智能体强化学习（Heuristically Accelerated Multi – Agent RL，HAMRL）。

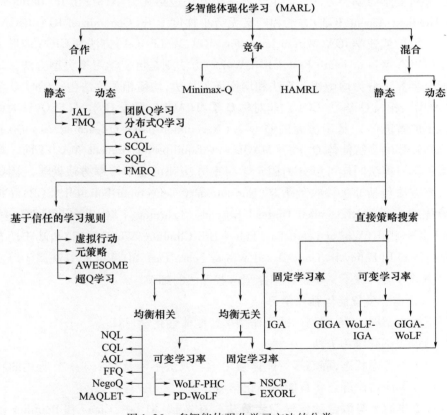

图 1.36　多智能体强化学习方法的分类

联合动作学习者（JAL）算法和频率最大 Q 值（Frequency Maximum Q-value，FMQ）启发式算法属于合作型静态算法，而团队 Q 学习（Team Q-Learning，

TQL)、分布式 Q 学习(Distributed Q-learning)、最优自适应学习(Optimal Adaptive Learning,OAL)、稀疏协同 Q 学习(SCQL)、序贯 Q 学习(Sequential Q-learning, SQL)和频率最大奖励 Q 学习(Frequency of the Maximum Reward Q-learning, FMRQ)则属于合作型动态算法的范畴。

基于对其他智能体策略的信任和搜索最优策略所需的步骤(直接策略搜索)对静态混合型算法进行分类。基于信任的学习方法包括虚拟博弈(fictitious play)、元策略、当每个人都静止时进行调整,否则移动到平衡状态(Adapt When Everybody is Stationary,Otherwise Move to Equilibrium,AWESOME)和超 Q 学习。根据学习率的变化可对基于直接策略搜索的算法进行分类,包括固定学习率类方法和可变学习率类方法。固定学习率类方法包括无穷小梯度上升(Infinitesimal Gradient Ascent,IGA)方法和广义无穷小梯度上升(Generalized IGA,GIGA)方法。取胜或速学 IGA(Win or Learn Fast-IGA,WoLF-IGA)方法和 GIGA 取胜或速学(GIGA-Win or Learn Fast,GIGA-WoLF)方法则是可变学习率类型方法。动态混合型算法分为均衡相关算法和均衡无关算法,均衡相关算法包括纳什 Q 学习(NQL)、相关 Q 学习(CQL)、非对称 Q 学习(AQL)、敌友 Q 学习(FFQ,针对两个以上的智能体)、基于协商的 Q 学习(Negotiation-based Q-learning,NegoQ)和带均衡转移的多智能体 Q 学习(MAQL with Equilibrium Transfer,MAQLET)。均衡无关学习算法同样可以分为固定学习率方法和可变学习率方法两类。固定学习率方法包括非平稳收敛策略(Nonstationary Converging Policies,NSCP)和扩展最优响应学习(EXtended Optimal Response Learning,EXORL)启发式算法,WoLF 策略爬山(Win or Learn Fast Policy Hill-Climbing,WoLF-PHC)和基于动态策略的 WoLF(Policy Dynamic-Based Win or Learn Fast,PD-WoLF)算法属于可变学习率类方法。在下文中将详细介绍这些算法的细节。

1. 合作型多智能体强化学习

下面介绍图 1.36 中列出的合作型多智能体强化学习算法。

1)静态强化学习方法

由于不考虑状态,静态多智能体强化学习方法不涉及如 1.3.3 节所述的状态转换。下面讨论静态多智能体强化学习算法。

独立学习者与联合动作学习者算法 在文献[81]中,Claus 和 Boutilier 提出了两种学习者方法的变体,一种是独立学习者,另一种是 JAL。IL 忽略其他智能体的存在,在其自身的动作空间使用经典的单智能体 Q 学习来学习动作值函数。对于第 i 个 IL,单个智能体 Q 学习规则式(1.19)变为基于动作-奖励经验$\langle a,r \rangle$的式(1.32)。同样,对于单个智能体系统中的所有动作$a_i \in A_i$,由$Q_i(a_i)$表示的IL获得的动作值函数将收敛到最优动作值函数$Q_i^*(a_i)$。

$$Q_i(a_i) \leftarrow Q_i(a_i) + \alpha[r_i(a_i) - Q_i(a_i)] \tag{1.32}$$

在多智能体系统中,所有智能体的动作都会对环境产生影响,因此对于个体而言,环境不再是静止的,即智能体在某个联合状态S执行相同动作后可能会到达不同的状态。环境的动态性给Q学习中动作值函数的收敛带来很大困难。重新考虑例1.5,在IL中,智能体X学习动作x_0和x_1,但如果智能体X是一个JAL,那么它将学习四个联合动作。而且有趣的是,选择x_0和x_1的期望奖励值取决于智能体Y所采用的动作策略。在例1.5中,如果$a = b = 10$,则智能体X对于x_0的期望动作值为

$$\begin{aligned}\hat{Q}_x(x_0) &= \hat{Q}_x(x_0, y_0) \times P(y_0 | x_0) + \hat{Q}_x(x_0, y_1) \times P(y_1 | x_0) \\ &= 10 \times P(y_0 | x_0) + 0 \times P(y_1 | x_0) \\ &\quad [\text{由于} 1.5 \hat{Q}_x(x_0, y_0) = 10, \hat{Q}_x(x_0, y_1) = 0] \\ &= 10 \times 0.5 + 0 \times 0.5 \\ &= 5\end{aligned} \tag{1.33}$$

式中:$P(y_0 | x_0)$和$P(y_1 | x_0)$分别为在智能体X选择动作x_0前提下,智能体Y执行动作y_0和y_1的概率。

为了处理多智能体系统的动态性问题,JAL保持对其他智能体动作策略的信任,下面给出了智能体i执行动作a_i的期望动作值

$$\hat{Q}_i(a_i) = \sum_{a_{-i} \in A_{-i}} Q_i(a_{-i}, a_i) \prod_{j \neq i} P^i_{a_{-i}[j]} \tag{1.34}$$

其中,

$$Q_i(a_{-i}, a_i) \leftarrow Q_i(a_{-i}, a_i) + \alpha[r_i(a_{-i}, a_i) - Q_i(a_{-i}, a_i)] \tag{1.35}$$

JAL的经验元组用$\langle a_i, a_{-i}, r_i \rangle$进行表示。

因此,通过结合强化学习和平衡(或协同)学习方法,JAL考虑其他智能体存在下联合动作空间的动作值函数[45,86-88]。均衡学习依赖于与给定联合状态下联合动作相对应的奖励,并且这些奖励是通过由大家熟知的强化学习方法——Q学习获得。Q学习的收敛依赖于前文已经解释过的探索和利用之间的折中。如果智能体i以概率$P_i(a_i)$选择动作a_i,那么它选择其余动作的概率是$1 - P_i(a_i)$,动作选择概率可以通过调整由式(1.36)给出的玻耳兹曼策略的温度参数T来改变,其中参数T以某种方式变化,从而使算法的收敛性得到保证[89]。

$$P_i(a_i) = \frac{e^{Q_i(a_i)/T}}{\sum_{\forall \tilde{a}_{ii}} e^{Q_i(\tilde{a}_i)/T}} \qquad (1.36)$$

为实现 IL 和 JAL 的收敛性,需要满足下述条件[81]:

(1)学习率 α 随时间的增加而减小,即 $\sum_{\alpha=0}^{t} \alpha = \infty$ 且 $\sum_{\alpha=0}^{1} \alpha^2 < \infty$;

(2)每个智能体可以无限地选择它的每个动作;

(3)智能体 i 选择动作 a 的概率不为 0,即 $P_t^i(a) \neq 0$;

(4)所有智能体的探索策略是利用性的,即 $\lim_{t \to \infty} P_t^i(X_t) = 0$,其中 X_t 是表示基于智能体 i 在时间 t 的动作值估计采取某些非最优动作事件发生概率的随机变量。

最后,为实现最优动作的选择,文献[81]提出了基于短视启发式的乐观探索策略。

(1)乐观玻耳兹曼(Optimistic Boltzmann,OB):使用玻耳兹曼策略选择动作 a_{-i},假设 $\text{Max}Q_i(a_i) = \text{Max}Q_i(a_i, a_{-i})$。

(2)加权乐观玻耳兹曼(Weight Optimistic Boltzmann,WOB):基于使用因子 P_i(a_i 的最佳匹配 a_{-i})的玻耳兹曼策略进行探索,即 $\text{Max}Q_i(a_i)$(a_i 的最佳匹配 a_{-i})。

(3)合并:采用玻耳兹曼策略,假设 $V(a_i) = \rho \text{Max}Q_i(a_i) + (1-\rho)EV(a_i)$ 为动作 a_i 的值,其中 $\rho \in [0,1]$。

文献[81]中的偏置参数 ρ 取为 0.5,研究表明组合探索策略在平均累积回报方面优于 OB、WOB 和玻耳兹曼策略。算法 1.4 和算法 1.5 分别给出了 IL 算法和 JAL 算法。

算法 1.4　IL 算法

输入:智能体 i 的动作集 A_i,学习率 $\alpha \in [0,1)$;

输出:智能体 i 的最优动作动作值 $Q_i^*(a_i), a_i \in A_i$;

初始化:$Q_i(a_i) \leftarrow 0$;

开始

　重复

　　基于玻耳兹曼策略,智能体 i 选择动作 a_i 并执行;

　　获得即时奖励 $r_i(a_i)$;

更新动作值函数:$Q_i(a_i) \leftarrow Q_i(a_i) + \alpha(r_i(a_i) - Q_i(a_i))$,$Q_i^*(a_i) \leftarrow Q_i(a_i)$;

直至动作值函数 $Q_i(a_i)$ 收敛;

结束

算法 1.5　JAL 算法

输入:智能体 i 的动作集 A_i,学习率 $\alpha \in [0,1)$;

输出:智能体 i 的最优联合动作动作值 $Q_i^*(a_i, a_{-i})$,$a_i \in A_i$;

初始化:$Q_i(a_i, a_{-i}) \leftarrow 0$;

开始

　重复

　　基于玻耳兹曼策略,智能体 i 选择动作 a_i 并执行;

　　观察其他智能体的奖励,获得即时奖励 $r_i(a_i, a_{-i})$;

　　更新智能体 i 的动作值函数:

　　$Q_i(a_i, a_{-i}) \leftarrow Q_i(a_i, a_{-i}) + \alpha(r_i(a_i, a_{-i}) - Q_i(a_i, a_{-i}))$,基于式(1.50)与式(1.51)更新 $P_{a_j}^i$,

　　$\hat{Q}_i(a_i)$,$Q_i^*(a_i, a_{-i}) \leftarrow Q_i(a_i, a_{-i})$;

　直至动作值函数 $Q_i(a_i, a_{-i})$ 收敛;

结束

然而,在诸如攀爬游戏[3,81]和惩罚游戏[3,81]的实际复杂游戏中,上述条件并不能保证收敛到平衡点。

频率最大 Q 值(FMQ)启发式算法　在缺乏高惩罚协调的情况下,文献[90]和[2]中的独立智能体,包括文献[81]中的联合动作学习者 JAL,都不能保证收敛于最优联合动作。文献[3]在 FMQ 启发式算法中提出了一种新的动作选择策略,即假设智能体可以观察到其他智能体的动作,并对文献[81]中提到的攀爬游戏和惩罚游戏这两个协同问题进行测试。上述游戏属于重复合作单阶段博弈,它们是多智能体协同问题研究的基准问题。

攀爬游戏:从图 1.37 可以看到,在攀爬游戏[3,81]中,(x,x) 是最优的联合动作,而且两个智能体都应该这样做。现在,如果智能体 1 选择动作 x 而智能体 2 选择动作 y,则两个智能体都会收到负回报(-30)。在收到该信息后,两个智能体都将避免联合动作 (x,y)。稍后,如果智能体 1 选择动作 z,则智能体 2 选择 y 或者 z,他们的联合动作为 (z,y) 和 (z,z),双方分别获得正奖励 6 和 5。假设智能体 2 正在选择动作 x,但是智能体 1 不选择动作 x,因为它在过去由于动作 x 而接收到负回报,并且因为动作 y 也提供负回报,智能体 1 也不选择动作

y。因此,智能体1将选择动作z,并且两个智能体都会收到奖励0。同样,如果智能体2选择动作z,则双方将收到至少为0的奖励,该奖励值独立于智能体1的选择。从上面的分析可以得到结论:在攀爬游戏中,智能体的选择总是远离最优的联合动作。

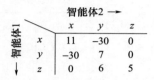

图1.37　攀爬游戏奖励矩阵

惩罚游戏:与攀爬游戏类似,在惩罚游戏[3,81]中,多个均衡点的存在是检查多智能体系统协调性能的一个难点。在惩罚游戏中(图1.38),两个智能体都应该避免联合动作(x,z)和(z,x),以避免得到-10的负回报。现在,惩罚游戏中存在两个最优联合动作(x,x)和(z,z)。智能体可以选择其中任一动作。假设,智能体1选择动作x,并期望智能体2也选择动作x来获得最大为10的正奖励。在这种情况下,如果智能体2选择动作z,则期望智能体1选择动作z以接收最大奖励值10。在上述情况下,动作y是双方最安全的选择,此时无论对方的选择是什么都能保证可以收到0或2的奖励值。因此,在多智能体协同的惩罚游戏中,最优联合动作的确定是一个具有挑战性的问题。

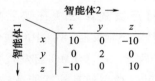

图1.38　惩罚游戏奖励矩阵

从攀爬游戏和惩罚游戏中可以明确得知,智能体应当理智地选择其动作以保证收敛性。保持探索与利用之间的平衡是一种明智的动作选择方法。平衡探索与利用是一种折中,它可由式(1.36)给出的著名的玻耳兹曼策略加以解决。在式(1.36)中,通过利用动作值Q和调节参数温度T来估计智能体i选择动作a_i的概率。如果$T\rightarrow\infty$,则每个动作具有相等的选择概率,此时纯探索发生。如果$T\rightarrow 0$,则动作执行的概率为1,此时纯利用发生。在文献[3]中,T可通过下式进行调节:

$$T(t) = e^{-st} \times T_{max} + 1 \qquad (1.37)$$

式中：t 为学习轮数；s 为控制探索速率的参数；$T_{\max}$ 为温度参数的初始值。

文献[91]提出了一种基于乐观假设的算法。根据乐观假设，只有当新的动作值大于当前值时，智能体才更新其动作值 Q。不过，由于误导的最大奖励，乐观假设并不能收敛到最优联合动作。FMQ 启发式算法并非采用乐观假设，而是基于智能体的经验，智能体记录产生最佳奖励行为的频率，智能体 i 使用的玻耳兹曼策略基于式(1.38)给出的修正 Q 值。

$$\widetilde{Q}_i(A) = Q_i(A) + f \times \frac{c_{\max}(A)}{c(A)} \times r_{\max}(A) \tag{1.38}$$

式中：$c_{\max}(A)$ 为智能体 i 在执行动作 $A_c(A)$ 之后接收到最大奖励 $r_{\max}(A)$ 的次数；f 为 FMQ 启发式算法重要性的控制参数，其值随着问题难度的增加而成比例地增加。

实验表明：无论是在攀爬游戏还是惩罚游戏中，FMQ 启发式算法在向最优联合动作的收敛性方面都优于传统 Q 学习的实验结果[3]。为了比较带乐观假设的 FMQ 启发式算法，图 1.39 给出了含部分随机奖励的攀爬游戏，在这个随机版本的攀爬游戏中，至少有一个奖励是随机的，具体是联合动作(y,y)以概率 0.5 产生 14 或 0 的奖励。因此，长期来看，通过联合动作(y,y)，两个智能体都将获得均值为 7 的奖励。所以从长期看，图 1.37 和图 1.39 中给出的回报矩阵是等价的。在部分随机攀爬游戏中，FMQ 启发式算法在收敛到最优联合动作方面也优于基线实验及乐观假设。然而，在完全随机的攀爬游戏和惩罚游戏中，FMQ 启发式算法也不能收敛到最优联合动作。算法 1.6 给出了 FMQ 启发式算法流程。

图 1.39　惩罚游戏奖励矩阵

算法 1.6　FMQ 启发式算法

输入：智能体 i 的动作集 A_i，折扣因子 $\gamma \in [0,1)$，学习率 $\alpha \in [0,1)$，控制参数 f；

输出：智能体 i 的最优联合动作动作值 $Q_i^*(A)$，$i \in [1,m]$；

初始化：$Q_i(A) \leftarrow 0, \forall i$；

开始

　重复

　　基于 FMQ 启发式算法策略，智能体 i 选择动作 $a_i \in A$ 并执行；

> 智能体 i 获得即时奖励 $r_i(A)$；
> 更新智能体 i 的动作值函数：$Q_i(A) \leftarrow Q_i(A) + \alpha(r_i(A) - Q_i(A))$，基于式(1.54)更新修正玻耳兹曼策略中的 $\widetilde{Q}_i(a_i)$，$Q_i^*(A) \leftarrow Q_i(A)$；
> 直至动作值函数 $Q_i(A)$ 收敛；
>
> 结束

2）动态强化学习方法

动态强化学习方法是具有多个联合状态的随机马尔可夫博弈。

团队 Q 学习 团队 Q 学习是一种合作型的动态 Q 学习算法。动态表明环境中存在状态转换。在文献[92]中，Littman 在团队马尔可夫博弈（协同博弈）框架下提出了团队 Q 学习。在团队 Q 学习算法中，式(1.39)给出了包含 m 个智能体的团队在下一联合状态 S' 时智能体 $i \in [1,m]$ 的值函数 $VQ_i(S')$。

$$VQ_i(S') = \max_{a_1, a_2, \cdots, a_m} Q_i(S; a_1, a_2, \cdots, a_m) \tag{1.39}$$

式(1.40)给出了团队 Q 学习中智能体 i 的更新规则，它没有使用像文献[81]中的欺骗智能体模型

$$Q_i(S, A) \leftarrow (1 - \alpha) Q_i(S, A) + \alpha [r_i(S, A) + \gamma VQ_i(S')] \tag{1.40}$$

式中：$A = \langle a_1, a_2, \cdots, a_m \rangle$ 为在联合状态 $S = \langle s_1, s_2, \cdots, s_m \rangle$ 处的联合动作。由于遵循广义 Q 学习的做法[93-94]，团队 Q 学习算法是收敛的。团队 Q 学习类似于协同博弈中的 NQL 算法[95]。同样地，如何在噪声环境下的多个均衡中进行均衡选择仍然是一个难题。算法 1.7 给出了团队 Q 学习算法。

> **算法 1.7 团队 Q 学习算法**
>
> 输入：智能体 i 的动作集 A_i，折扣因子 $\gamma \in [0,1)$，学习率 $\alpha \in [0,1]$；
> 输出：智能体 i 的最优联合动作值 $Q_i^*(S, A)$，$i \in [1, m]$；
> 初始化：$Q_i(S, A) \leftarrow 0$，$\forall i$；
> 开始
> 重复
>   智能体 i 执行动作 $a_i \in A_i$，$\forall i$；
>   智能体 i 收到即时奖励 $r_i(S, A)$，$\forall i$；
>   更新动作值函数 $Q_i(S, A) \leftarrow (1 - \alpha) Q_i(S, A) + \alpha [r_i(S, A) + \gamma \max_A Q_i(S, A)]$；
> 直至动作值函数 $Q_i(S, A)$ 收敛；
> 结束

分布式 Q 学习算法　文献[91]针对确定性环境下的合作多智能体系统提出了无模型分布式 Q 学习算法,以得到合作多智能体环境下的最优策略。分布式 Q 学习算法解决了两个问题,第一个问题涉及最优策略的确定,第二个问题涉及在备选方案中选择一个对整个团队都是最优的策略。

为了处理多智能体动态,将 MDP 扩展到多智能体 MDP(Multi-Agent MDP,MMDP),其中每个智能体最大化其各自不同目标的奖励(即奖励函数)。然而,在合作 MMDP 中,所有智能体具有相同的奖励函数,这种相同的奖励函数有利于找到均衡点——一个最优的联合动作,它使所有智能体的回报最大化。在合作 MMDP 中,学习算法负责实现智能体之间的协作。这里也考虑了两种类型的智能体:一种是 JAL,另一种是 IL,如文献[81]所述。IL 无法区分个体(基本)动作和联合动作的区别。因此,IL 保持较小尺寸的 Q 表,维度为 $S \times A$,而不是保持在联合状态-动作空间维度为 $S \times A^m$ 的 Q 表。在文献[91]中,假设较小的 Q 表是通过对队友动作策略猜测下的更大中心 Q 表的投影。据此,文献[91]提出了一种预测方法,通过在式(1.41)中利用较大 Q 表的 Q 值进行加权,在不调整联合状态-动作空间中 Q 表的情况下,以分布式方式估计单个智能体的 Q 表数值。

$$q_i(S, a_i) \leftarrow \sum_{\forall A = <a_i>_{l=1}^m} [P(S, A \mid a_i) \cdot [r_i(S, a_i) + \gamma \max_{a_i'} q_i(S', a_i')]] \quad (1.41)$$

式中:$P(S, A \mid a_i)$ 为在包含智能体 i 在联合状态 S 处执行动作 a_i 的联合动作 A 的概率。

另一种预测方式是"悲观假设",这种方法假设个体较小的 Q 值是从较大的中心 Q 值获得的最低效智能体的 Q 值,这种方法可以给出稳健的动作策略,但由于其保守性,文献[91]没有扩展该方法。不同于悲观假设,其对偶形式被用于从式(1.42)中给出的中心 Q 表获得较小的 Q 值。

$$q_i(S, a_i) \leftarrow \max_A Q(S, A) \quad (1.42)$$

它也可以用式(1.43)中给出的小的 Q 表来表达,为

$$q_i(S, a_i) = \max_{a_i \in A} q_i(S, a_i) \quad (1.43)$$

式(1.43)中给出的预测方式也叫作"乐观假设",其假设所有的智能体都是采取最优动作,并且所有个体最优动作的结合即为最优联合动作,但是这种假设不一定正确,这启发研究人员提出了一个命题,即:在合作确定性 MMDP 中才有下述关系成立[91]:

$$q_i^t(S,a_i) = \max_{A=\langle a_i\rangle_{i=1}^m} Q^t(S,A) \tag{1.44}$$

式中：t 为学习轮数。文献[91]给出了相应证明。在算法 1.8 中给出了分布式 Q 学习的步骤。在例 1.9 和例 1.10 中，将分布式 Q 学习分别针对攀爬游戏和惩罚游戏进行了扩展。

算法 1.8　分布式 Q 学习算法

输入：智能体 i 的动作集 A_i，折扣因子 $\gamma \in [0,1]$；

输出：智能体 i 最佳联合动作值函数 $q_i^*(S,a_i)$，$\forall i, i \in [1,m]$，$a_i \in A_i$；

初始化：$q_i(S,a_i) \leftarrow 0$，$\forall i$；

开始

　重复

　　智能体 i 执行动作 $a_i \in A_i$，$\forall i$；

　　智能体 i 获得即时奖励 $r_i(S,a_i)$，$\forall i$；

　　更新动作值函数 $q_i(S,a_i) \leftarrow \max\{q_i(S,a_i), r_i(S,a_i) + \gamma \max_{a_i'} q_i(S',a_i')\}$，$S \leftarrow S'$；$q_i^*(S,a_i) \leftarrow q_i(S,a_i)$；

　直至动作值函数 $q_i(S,a_i)$ 收敛；

结束

例 1.9　为了扩展如图 1.40 所示的适于分布式 Q 学习的攀爬游戏，让两个智能体处于联合状态 S，简洁起见，将折扣因子 γ 设置为 0。利用算法 1.8 对奖励函数 $q_i(S,a_i)$ 进行估计。如图 1.40 所示，算法 1.8 采用的这种贪婪方法使这两个智能体产生了最高的 Q 值。在图 1.40 中，最优联合动作为 (x,x)。然而，在 IL、JAL 和 FMQ 启发式算法中，如图 1.37 所示，智能体只能学习到次优联合动作 (y,y)。

例 1.10　与例 1.9 扩展了适于分布式 Q 学习的惩罚游戏类似，如图 1.41 所示，将折扣因子 γ 设置为 0，采用算法 1.8 来估计分布式奖励。在 FMQ 启发式算法（图 1.42）中有四个最优联合动作，分别为：(x,x)、(x,z)、(z,x) 和 (z,z)，但只有 (x,x) 和 (z,z) 是最优联合动作，如基于算法 1.8 得到的图 1.41 所示，其奖励值为 10。遗憾的是，分布式 Q 学习仅适用于确定性系统。

个体Q值 \ 动作	x	y	z
$q_1(S,a_1)$	11	7	5
$q_2(S,a_2)$	11	7	5

图 1.40　通过分布式 Q 学习获得的攀爬游戏奖励矩阵中的个体动作值

第1章 基于强化学习与进化算法的多智能体协同

	动作 →		
个体Q值		x	y	z
$q_1(S, a_1)$	10	2	10
$q_2(S, a_2)$	10	2	10

图1.41 通过分布式Q学习得到的惩罚游戏奖励矩阵中的个体动作值

	智能体2 →		
智能体1		x	y	z
x	10	0	9
y	0	2	0
z	9	0	10

图1.42 惩罚游戏奖励矩阵

最优自适应学习(OAL) 目前有许多直接的方法可以用于在多个均衡解之间选择最优均衡,如强制约定[96]和虚拟行动(Virtual Game, VG)[39,81]。在文献[81]中,JAL保证了在团队游戏中向NE的收敛性。然而,其并不能保证所选择的NE是最优NE。类似的问题也出现在博弈论中,比如自适应博弈(Adaptive Play, AP),针对此问题,文献[86]和[40]提出了进化模型。

在无模型强化学习中,智能体没有环境的模型信息,同时它们可能会收到含有干扰的奖励,因此动作值函数可能不会很好地收敛。在文献[91]和[96]中,MDP被扩展到团队马尔可夫博弈(合作MMDP),其目标是找到一个确定性的联合策略来最大化期望折扣奖励的总和。文献[96]提出了OAL算法,并证明了智能体在多个NE之间,以概率1学习到选择最优NE策略。设三人协同博弈,$\langle a_1, a_2 \rangle$、$\langle b_1, b_2 \rangle$、$\langle c_1, c_2 \rangle$分别为智能体1、智能体2、智能体3的个体动作集,该协同博弈的回报矩阵如图1.43所示,从图中可以看出,该问题存在三个纯策略NE(分别为$\langle a_1 b_1 c_1, a_2 b_2 c_2, a_3 b_3 c_3 \rangle$)和6个次优NE。对应于纯策略NE的奖励由圆圈标出,对应于次优NE的奖励由方框标出。

	智能体2、智能体3的联合动作 →								
智能体1		$b_1 c_1$	$b_1 c_2$	$b_1 c_3$	$b_2 c_1$	$b_2 c_2$	$b_2 c_3$	$b_3 c_1$	$b_3 c_2$	$b_3 c_3$
a_1	⑩	−20	−20	−20	−20	[5]	−20	[5]	−20
a_2	−20	−20	[5]	−20	⑩	−20	[5]	−20	−20
a_3	−20	[5]	−20	[5]	−20	−20	−20	−20	⑩

图1.43 三玩家协同博弈的奖励矩阵

45

在讨论 OAL 算法之前,先介绍一下 AP 算法[86]。在 AP 博弈中,假设智能体在博弈之前知道该游戏,并为此设计了一个虚拟游戏。在团队马尔可夫博弈中,为了消除次优 NE,做了如下设置:假设在合作情况下 $VG(S,A)$ 是智能体在联合状态 S 由于联合动作 A 而获得的收益。在 VG 中,假设在最优 NE 下,由 $VG^*(S,A)$ 表示的回报等于 1,否则设为 0。例如图 1.43 中,如果 A 是最优 NE,则 $VG^*(S,A)=1$。$A \in \{a_1b_1c_1, a_2b_2c_2, a_3b_3c_3\}$,否则为零。考虑到弱非循环博弈(Weakly Acyclic Game,WAG)作为一个 VG[86],其中每个联合动作 $A \in \{A\}$ 被认为是一个顶点。顶点与避免自循环的有向边连接,其中对于智能体 i,动作 $a_i \in A_i$ 是对 A_{-i} 的最佳响应,这里 $-i$ 代表除智能体 i 之外的其他所有智能体。根据表示为最佳响应图的 WAG 原理,从任何起始顶点 A,存在到某个顶点 $A^* \in \{A\}$ 的有向路径,而从 A^* 出发,没有外向路径[86]。

为消除次优 NE 或解决 WAG 中的平衡选择问题,Young 提出 AP 算法[86]。在 AP 中,假设 m 个玩家矩阵博弈中,在时间 t 处的联合动作由 $A^t \in A$ 表示,存在两个整数 k 和 n,使得 $1 \le k \le n$ 和 $t \le n$。在随机动作之后,智能体查看其经验并在 $t=n+1$ 时重新开始学习。在 $t=n+1$ 时,每个智能体在其最近的 n 次经历上看是相反的,并且从中随机选择 k 个样本。现在,智能体的行为 a_i 的期望奖励由式(1.45)中给出,在 $ER(a_i)$ 随机演化后,可从式(1.46)中给出的一组最优响应中选择一个动作。

$$ER(a_i) = \sum_{A_{-i} \in \{A_{-i}\}} u_i(\{a_i\} \cup A_{-i}) \frac{K_{t+1}(A_{-i})}{k} \qquad (1.45)$$

式中:$K_{t+1}(A_{-i})$ 为 k 个样本联合动作 A_{-i} 的计数;$u_i(\{a_i\} \cup A_{-i}) = u_i(A)$ 为智能体 i 因联合动作 A 而获得的奖励。

$$BR_i^t = \{a_i \mid a_i = \underset{a_i' \in A_i}{\operatorname{argmax}} ER(a_i')\} \qquad (1.46)$$

文献[86]的研究表明:基于 AP 方法,WAG 可以收敛到一个严格的 NE。但是并非所有 VG 都是 WAG,因此 AP 可能不会收敛到所有 VG 的严格 NE。为了解决此问题,对 WAG 和 AP 算法进行了改进。

WAG 和 AP 被改进为关于有偏集的 WAG(WAG with repect to a Biased set,WAGB)。在 WAGB 中,有一个集合 D,它包含 WAGB 的几个 NE。如果从任何一个顶点 A 有一个路径,通向属于集合 D 的某个 NE 或一个严格的 NE,则这个博弈是一个 WAGB[96]。在 AP 中,智能体在多个最佳响应中随机选择 NE。另外,在有偏集的 AP(Biased AP,BAP)[96]中,智能体确定地选择最优响应动作,

并将其作为属于 D 的 NE。假设 W_t 表示从最近的 n 个联合动作中提取的 k 个样本的集合,满足了以下两个条件:①联合动作 $A' \in D$ 使得 $\forall A, A \in W_t, A_{-i} \subset A$, $A_{-i} \in A'$;②必须存在至少一个联合动作 $A \in D$,使得 $A \in W_t$ 和 $A \in D$。如果满足上述两个条件,则智能体 i 选择其最佳响应动作 a_i,使得 $a_i \in a^{t'}$,其中

$$t' = \max\{T \mid a^T \in W_t \wedge a^T \in D\} \tag{1.47}$$

式(1.47)的原理是动作 a_i 是属于 D 的最近 NE 的分量。如果不满足以上两个条件,则 AP 被实现。因此,可以得出结论:WAGB 上的 BAP 收敛于属于 D 的 NE 或严格 NE。上述方式仅在博弈结构已知时适用。在未知的博弈中学习的多智能体,则需要采用 ε 最优性条件。根据定义,如果 $Q_t(S,A) + \varepsilon \geq \max_{A'} Q_t(A, A')$,$\forall A' \in \{A\}$,则联合动作是联合状态 S 和时间 t 处 ε 最优的,设 ε 最优联合动作的集合使 Q_t 以较慢的速率收敛于 Q^*,则 VG_t 收敛于 VG_t^*。在这里,ε 与函数 $B(N_t) \in [0,1]$ 成比例变化,其中 N_t 为状态－动作对采样所需的最小时间,$B(N_t)$ 随着 N_t 单调而缓慢地减小到零。OAL 的算法在算法 1.9 中给出。文献[96]给出了 OAL 算法的收敛性证明。

算法 1.9　OAL 算法

输入:智能体 i 在联合状态 S 的动作集 A_i,$\forall i$,折扣因子 $\gamma \in [0,1]$;

输出:智能体 i 最佳联合动作值函数 $Q^*(S,A)$;

初始化:$t = 0, n_t(S,A) = 1, T_t(S^l \mid (S,A)) = \dfrac{1}{|S|}, R_t(S,A) = 0, \varepsilon_t \in C, A^{\varepsilon_t}(S) = A, D = A$;

重复//$n_t(S,A)$ 为在联合状态 S 执行动作 A 直到时间 t 的次数。

　If $t \leq m$

　　随机选择动作 a_i,$\forall i$;

　Else //$t > m$

　　开始

　　更新在联合状态 S 的虚拟行动 VG_t;

　　从 n 个新近的其他智能体在联合状态 S 的联合动作中随机选择;

　　基于式(1.45),估计在联合状态 S 执行虚拟行动个体动作 a_i 得到的回报,基于式(1.46)构建最优响应;

　　If BAP 下的条件 1、条件 2 为真

　　　选择相对于偏置集合 D 的最优响应动作;

　　Else

　　　从 $BR_i^t(S)$ 中随机选择一个最优响应动作;

　　End if

```
End if
智能体 i 获得即时奖励 $r_t^i(S,A)$;
更新: $n_t(S,A) \leftarrow n_t(S,A) + 1, R_t(S,A) \leftarrow R_t(S,A) + \frac{1}{n_t(S,A)}(r_t^i(S,A) - R_t(S,A)), T_t(S' \mid (S,A)) \leftarrow$
$T_t(S' \mid (S,A)) \frac{1}{n_t(S,A)}(1 - T_t(S' \mid (S,A)))$
$Q_{t+1}(S,A) \leftarrow R_t(S,A) + \gamma \sum_{\forall S' \in |S|} T_t(S' \mid (S,A)) \times \max_{\forall A' \in |A|} Q_t(S',A'), t \leftarrow t+1, N_t \leftarrow \min_{S,A} n_t(S,A);$
If $\varepsilon_t > CB(N_t)$
    $\varepsilon_t > CB(N_t), Q^*(S,A) \leftarrow Q(S,A), \forall i;$
    $A^{\varepsilon_t(S)} \leftarrow \{A \mid Q_t(S,A) + \varepsilon_t \geq \max_{A' \in |A|} Q_t(S,A')\}$
End if
直至动作值函数 $Q(S,A)$ 收敛;
```

稀疏协同 Q 学习(SCQL) 多智能体系统求解的主要瓶颈之一是维数灾难,即随着智能体数量的增加,其空间和时间复杂度呈指数增长。Kok 等[97]观察到,在大多数多智能体系统中,智能体只需要在少数几个状态协同它们的动作,而在其余的状态,它们独立地行动。在协同联合状态 S 中,智能体 i 的动作值由 $Q_i(S,A)$ 表示。然而,如果 S 是不需要协同的联合状态,则智能体 i 的动作值由 $Q_i(S,a_i)$ 表示。在非协同的联合状态下,对于 m 个智能体,全局动作值 $Q(S,A)$ 的定义由式(1.48)给出,它是各个智能体的 Q 值之和,即

$$Q(S,A) = \sum_{i=1}^{m} Q_i(S,a_i) \tag{1.48}$$

基于上述观察结果,Kok 和 Vlassis 在文献[97]中提出了 SCQL,其中智能体的 Q 表保持了如上文分析的稀疏性。

序贯 Q 学习(SQL) 在文献[98]中,Wang 和 Silva 提出了 SQL 来处理紧耦合多智能体物品携运中智能体的冲突行为。在 SQL 中,机器人智能体不会同时选择动作,而是根据预先定义的优先级顺序来选择动作。SQL 算法通过避免选择与前面智能体相同的动作来解决行为冲突的问题。假设第 i 个机器人智能体用 $R_i, i \in [1,m]$ 表示,所有智能体按特定顺序排列。R_i 中的下标 i 可以指示其在序列中的位置。所有智能体重复算法 1.10 中给出的步骤,得到避免经典多智能体 Q 学习中常规步骤的联合动作。算法 1.10 提供的联合动作避免了紧耦合多机器人智能体物品携运中的行为冲突问题。

第1章 基于强化学习与进化算法的多智能体协同

算法 1.10　SQL 算法中的联合动作队形

初始化:$\psi = \varnothing$;// $\varnothing$ 指空集
观察当前联合状态 S;
从 $i = 1$ 到 m 循环:
　估计当前的动作集 $\Delta_i = A_i - (A_i \cap \psi)$,其中 A_i 是智能体 i 的动作集;
　智能体 R_i 依概率 $P(a_i^j) = \dfrac{e^{Q_i(s,a_i^j)}}{\sum_{r=1}^{|\Delta_i|} e^{Q_i(s,a_i^r)}}$ 选择动作 $a_i^j = \Delta_i$;
　将动作 a_i^j 纳入集合 ψ
结束循环
执行动作 $a_i^j, \forall i$

频率最大奖励 Q 学习(FMRQ)　在文献[99]中,Zhang 等提出了一种用于完全合作任务的多智能体强化学习算法——FMRQ,其目的是实现最优 NE,以使利益度量方面的系统性能最大化。在 FMRQ 中,使用修改的即时奖励信号,其通过识别最高的全局即时奖励而获得。在 FMRQ 中,智能体只需要在每个学习轮次中与剩余的智能体共享其状态和奖励信息。

在 FMRQ 中,Zhang 等考虑了两个问题:第一,NE 是否足够好地用于完全合作的 MAS;第二,通过在联合状态个体动作空间存储 Q 值来考虑多智能体强化学习的维数灾难问题。

为了描述 FMRQ 的动力学,我们对包括双智能体两动作重复博弈和三智能体两动作重复博弈的四种情况建立了微分方程。在每种情况下,分析了微分方程的临界点,观察到在所有 5 种情形下,FMRQ 都收敛到具有最大整体回报的均衡[99]。在情形 1 中,仅存在一个全局即时奖励。情形 2 和情形 3 分别在对角位置和同一行具有两个最大即时奖励。情形 4 中存在三个最大即时奖励,情形 5 中仅存在一个全局即时奖励[99]。

在 FMRQ 中,智能体 i 的 Q 表的大小为 $|\{S\}| \times |\{A_i\}|$。在 FMRQ 算法(算法 1.11)中,用 $r_i(a_i)$ 表示的智能体 i 的即时奖励被由相同动作 a_i 表示的获得最大全局即时奖励的频率 $\text{fre}(a_i)$ 代替,其定义为

$$\text{fre}(a_i) = \frac{n_{\max\_a_i}}{n_{a_i}} \tag{1.49}$$

式中:n_{a_i} 指由智能体 i 选择动作 a_i 的次数,并且 $n_{\max\_a_i}$ 是智能体 i 实现最大全局

即时奖励的次数。此外,通过两个实例研究验证了 FMRQ 算法的优越性:一个是 4 智能体的 12 顶点装箱问题,另一个是分布式传感器网络优化问题。算法 1.11 给出了重复博弈中针对智能体 i 的 FMRQ 算法。

算法 1.11 在重复博弈中针对智能体 i 的 FMRQ 算法

输入:智能体 i 的动作集 A_i,学习率 $\alpha \in [0,1)$;

输出:最佳联动作值函数 $Q^*(a_i)$;

初始化:$Q(a_i) \leftarrow 0$,选择动作 a_i 的次数 $n_{a_i} = 0$,实施动作 a_i 得到全局最大即时奖励的次数 $n_{\max\_a_i} = 0$,实施动作 a_i 得到全局最大即时奖励的频率 $\text{fre}(a_i) = 0$;

重复

 基于玻耳兹曼探索策略选择动作 a_i;

 $n_{a_i} = n_{a_i} + 1$;

 执行动作 a_i,更新 $n_{\max\_a_i}$ 与 $rh(a_i)$;// $rh(a_i)$ 指实施动作 a_i 得到全局最大即时奖励的历史数据

 For 对动作 $a_i \in A_i$,循环

  开始:

   基于式(1.49)估计 $\text{fre}(a_i)$;

   更新动作值函数 $Q(a_i) \leftarrow Q(a_i) + \alpha[\text{fre}(a_i) - Q(a_i)]$;

   置 $n_{a_i} = 0$、$n_{\max\_a_i} = 0$、$\text{fre}(a_i) = 0$;

  结束

 End for

直至动作函数 $Q(a_i)$ 收敛;

---

2. 竞争型多智能体强化学习

下面讨论竞争型多智能体强化学习算法。讨论主要涉及两种竞争型多智能体强化学习算法,一种是针对两个智能体的 Minimax – Q 学习,另一种是在 Minimax – Q 学习算法基础上对两个以上智能体一般和博弈扩展的 HAMRL。

Minimax – Q 学习 在文献[100]中,Littman 提出了一个竞争算法,即针对两个智能体的 Minimax – Q 学习。在 Minimax – Q 学习中,两个智能体的目标冲突,分别是最大化其各自的期望折扣回报之和。换句话说,一个智能体试图最大化某个奖励函数,而它的对手试图将其最小化。在文献[2]和[90]中,作者意识到在没有数学模型描述的前提下,一个智能体须在学习阶段与其他智能体和环境交互。另外,MDP[46,84] 是博弈论的延伸,虽然有时直接假定环境是静止的,但它并不能处理多智能体问题。Littman[100] 研究了两玩家的零和马尔

可夫博弈问题。在零和博弈中,两个智能体的回报之和为零[41]。在每一个 MDP 中,至少有一种策略是稳定的、确定的和最优的[100]。但在大多数情况下,最优策略是概率性的。例如,在图 1.23(石头剪刀布游戏,例 1.3)中,玩家如果选择确定性策略都会导致惩罚,从而被击败。概率策略要求用来表示关于智能体的动作选择。假设对手智能体有一个动作 $O \in \{O\}$ 并且 Q 值由式(1.50)中引入的 $Q(S,A,O)$ 表示。

$$Q(S,A,O) \leftarrow r(S,A,O) + \gamma \sum_{S'} P(S' | (S,A)) \times V(S') \quad (1.50)$$

其中,

$$V(S') = \max_{\pi \in P(\{A\})} \min_{O \in \{O\}} \pi_A \cdot Q(S,A,O) \quad (1.51)$$

式(1.51)表示对手玩家选择 $O \in \{O\}$ 动作时智能体通过策略 π 得到的期望奖励,$P(\{A\})$ 指动作集合 $\{A\}$ 上的概率分布。算法 1.12[100]给出了 Minimax – Q 学习算法。算法 1.12 在两玩家马尔可夫博弈中进行了测试,并将其结果与 Q 学习结果进行了比较,结果表明 Minimax – Q 学习算法的收敛性得到了保证,即使在最坏的情况下,它所提供的策略也是一个安全的选择。

算法 1.12　Minimax – Q 学习算法

输入:在联合状态 S 智能体动作集 $A \in \{A\}$ 及对手的动作集 $O \in \{O\}$,学习率 $\alpha \in [0,1)$,折扣因子 $\gamma \in [0,1)$;

输出:最佳动作值函数 $Q^*(S,A,O)$;

初始化:$Q(S,A,O) \leftarrow 0, \pi(S,A) = \dfrac{1}{|A|}$;

开始

　重复

　　基于策略 $\pi(S,A)$ 选择动作;

　　收到即时奖励 $r(S,A,O)$;

　　更新动作值函数 $Q(S,A,O) \leftarrow (1-\alpha)Q(S,A,O) + \alpha[r(S,A,O) + \gamma V(S')], S \leftarrow S', \pi(S,A) = \underset{\pi(S,A)}{\mathrm{argmax}} \left[\underset{O}{\mathrm{Min}} \sum_{\forall A} \pi(S,A) \times Q(S,A,O) \right], V(S') = \underset{\pi \in P(A)}{\max} \underset{O \in \{O\}}{\min} \pi_A Q(S,A,O), Q^*(S,A,O) \leftarrow Q(S,A,O)$;

　　直至动作值函数 $Q(S,A,O)$ 收敛;

结束

启发式加速多智能体强化学习(HAMRL)　在文献[101]中,Bianchi 等提出了 HAMRL,试图通过使用启发式函数进行动作选择来平衡探索/利用机制,

从而加速多智能体强化学习的收敛性。许多学者开展了使用启发式函数来提高多智能体强化学习收敛速度的研究[101-104]。其中,文献[101]的工作是对文献[104]工作的扩展,而在文献[104]中,Littman 的 Minimax – Q 学习是启发式加速的。Bianchi 等定义了一个启发式函数 $H:\{S\} \times \{A\} \times \{O\} \to \mathbb{R}$,当一个智能体在状态 $S \in \{S\}$ 针对对手的动作 $O \in \{O\}$ 执行动作 $A \in \{A\}$ 时,它会影响智能体在学习阶段的动作选择。在文献[101]中,作者采用了改进的 ε 贪婪学习规则,包括式(1.52)给出的启发式函数 $H(S,A,O)$。

$$\pi^c(S) = \arg\max_A \min_O [Q(S,A,O) + \xi H(S,A,O)^\beta] \quad (1.52)$$

式中:$\xi \in \mathbb{R}$,$\beta \in \mathbb{R}$ 是表征启发函数置信度的权重。在式(1.52)中,如果 $\xi = 0$,则它将变为式(1.53),此即标准的 ε 贪婪策略:

$$\pi(S) = \begin{cases} \pi^c(S), & \text{如果 } p \geq \varepsilon, \varepsilon \in [0,1] \\ \text{随机选择 1 个动作}, & \text{其他情形} \end{cases} \quad (1.53)$$

其中 $p \in [0,1]$ 是一个随机数。当 $\xi = \beta = 1$ 时,启发函数由下式给出

$$H(S,A,O) = \begin{cases} \max_i Q(S,i,O) - Q(S,A,O) + \eta, & \text{如果 } A = \pi^H(S) \\ 0, & \text{其他情形} \end{cases}$$
$$(1.54)$$

式中:$\eta \in R$,$\pi^H(S)$ 是启发式策略。通过两个智能体足球比赛的实验,验证了 HAMRL(算法 1.13)的优越性。

算法 1.13 针对零和博弈的 HAMRL 算法

输入:在联合状态 S,智能体动作集 $A \in \{A\}$ 及对手的动作集 $O \in \{O\}$,学习率 $\alpha \in [0,1)$,折扣因子 $\gamma \in [0,1)$,$\varepsilon \in [0,1)$;
输出:最佳动作值函数 $Q^*(S,A,O)$;
初始化:$Q(S,A,O) \leftarrow 0$,$H(S,A,O)$,π^H,η;
开始
  重复
    基于改进的 ε 贪婪规则,选择动作 $A \in \{A\}$;
    执行动作 $A \in \{A\}$,观察对手的动作 $O \in \{O\}$;
    收到即时奖励 $r(S,A,O)$;
    更新动作值函数 $Q(S,A,O) \leftarrow (1-\alpha)Q(S,A,O) + \alpha[r(S,A,O) + \gamma V(S')]$,$S \leftarrow S'$,$H(S,A,O)$,
    其中 $V(S') = \max_{A \in \{A\}} \min_{O \in \{O\}} Q(S,A,O)$,

```
   Q*(S,A,O)←Q(S,A,O);
   直至动作值函数 Q(S,A,O)收敛;
结束
```

3. 混合型多智能体强化学习

此处介绍的算法均属于混合型多智能体强化学习。混合型多智能体强化学习可以是合作型或竞争型。它根据所涉及的联合状态的数量可以分为静态算法和动态算法。

1)静态强化学习方法

在图 1.36 中进一步扩展了静态多智能体强化学习算法。

基于信任的学习规则 在基于信任的学习算法中,一个智能体保持对其余智能体动作策略的信任,下面将介绍基于信任的学习规则。

虚拟博弈 虚拟博弈[105]是一种基于信任的学习规则。在这里,信任是指玩家适应了对手玩家的策略,并按照所学习到的策略行事。在虚拟博弈中,通过同一个智能体反复玩游戏,智能体可以解决一个协同博弈中的均衡选择问题[38]。虚拟博弈是协同博弈中达到均衡的有效方法。按照虚拟博弈,智能体 i 通过式(1.55)中给出的模型学习所有其他智能体 $j(j\neq i)$ 的模型。

$$P_{a_j}^i = \frac{C_{a_j}^j}{\sum_{\forall \tilde{a}_j} C_{\tilde{a}_j}^j} \tag{1.55}$$

式中:$P_{a_j}^i$ 为智能体 i 对智能体 j 策略模型的估计或智能体 i 对智能体 j 采取动作 $a_j \in A_j$ 的假设;$C_{a_j}^j$ 为智能体 i 观察到智能体 j 执行动作 a_j 的次数。在协同博弈中,式(1.55)提供的策略导致了一个均衡,其中在多个均衡的情况下,智能体随机选择任何一个。此外,在虚拟博弈中,玩家不需要了解对手玩家的奖励,而是保持对对手特征策略的信任。如果虚拟博弈收敛到 Π^*,则 Π^* 是 NE。

元策略 在文献[106]中,Powers 和 Shoham 针对重复博弈提出了一个直接的多智能体强化学习算法,它有两个要求:第一个要求是指定一类对手,针对它们,算法产生接近与最佳响应相似的奖励;第二个要求是算法提供的奖励满足安全级别奖励的阈值。在约束上述要求的情况下,该算法在自我博弈中获得了接近最优的收益。基于上述条件,文献[106]中提出了一种仅针对固定对手的算法,然而为了在重复博弈中学习,需要发展具有学习能力的算法。在学习算法中,智能体利用其对手动作策略的先验概率信息来发挥其最佳响应。文献

[106]中使用文献[60]发展的GAMUT来检验算法的优越性。

文献[107]给出了算法合理性和收敛性两个性质。根据阶段博弈的合理性,如果其他玩家的策略收敛到平稳策略,则算法学习结果将收敛到平稳策略,这是对其他玩家策略的最佳响应。另一个性质与收敛性有关,通过这种性质,智能体将必然收敛到平稳策略。

在文献[107]中,Bowling和Veloso提出了一个针对两个玩家两个动作重复博弈的算法。文献[108]中的Conitzer和Sandholm将文献[107]中的工作扩展到所有重复博弈。文献[106]研究发现:文献[107-108]中提出的考虑自我博弈的算法并不是针对所有可能的对手都是收敛的。在图1.30、图1.31和图1.34中,通过针锋相对(Tit-for-Tat)算法,在囚徒困境和老鹰捉小鸡游戏中,采用自我博弈提供了比NE更高的平均奖励。为了避免遇到目标设置之外的对手,在式(1.56)中定义了安全值V_s。

$$V_s = \max_{\pi_1 \in |\pi_1|} \max_{\pi_2 \in |\pi_2|} V_e(\pi_1, \pi_2) \tag{1.56}$$

总之,Powers和Shoham融合了虚拟博弈[39]、霸凌算法[109]和Minimax[100]策略,旨在创建最为强大的混合算法[106]。

通过虚拟博弈,一个智能体利用其他智能体选择动作的历史,给出针对静止对手的最佳对策。在文献[106]中,最佳对应策略为

$$B_r(\pi) \leftarrow \underset{x \in X}{\mathrm{argmax}}(OV_e(x, \pi)) \tag{1.57}$$

其中,

$$X = \{y \in \Pi_1 : EV(y, \pi) \geq \max_{z \in \pi_1}(EV(z, \pi)) - \varepsilon\} \tag{1.58}$$

在文献[106]中,将霸凌算法(算法1.14)扩展到通过最大化对手的动作值来处理具有相等回报的多个策略。在霸凌算法中,有一整套混合策略

$$\mathrm{Bullymixed} \leftarrow \underset{x \in X}{\mathrm{argmax}}(OV_e(x, B_r(x))) \tag{1.59}$$

$$X = \{y \in \Pi_1 : V_e(y, B_{r0}(y)) = \max_{z \in \Pi_1}(V_e(z, B_{r0}(z)))\} \tag{1.60}$$

算法1.14 霸凌算法
开始
智能体i发起选举;
智能体i将选举信息发送给具有较好ID的智能体,等待反馈;
If 反馈为Not OK
智能体i变为协同者,并将协同信息发送到所有具有较低ID的智能体;
Else

```
    智能体 i 离队,并等到协同信息;
End if
If 智能体收到选举信息
    立刻发送协同信息给具有最高 ID 号的智能体;
Else
    返回 OK,然后开始新的选举;
End if
If 智能体收到协同信息
    智能体 i 将信息发送者视为协同者;
End if
结束
```

霸凌算法用于在具有唯一 ID 的 m 个智能体分布计算中的动态协同。在分布式人工智能中,算法需要充当领导者(或协同者)。在分布式算法中,假设每个智能体都具有唯一的 ID,算法的目标是找出 ID 最高的智能体。在算法 1.14 中给出了霸凌算法。最后,Minimax 策略定义为

$$\text{maximin} \leftarrow \underset{\pi_1 \in \Pi_1}{\text{argmax}} \min_{\pi_2} V_e(\pi_1, \pi_2) \tag{1.61}$$

算法 1.15 的初始部分涉及协同/探索,以确定对手的类别并在三个策略中选择一个策略。如果静态策略和霸凌策略都不成立,则采用最佳反应策略。该算法选择性地利用三种策略中的一种策略,它将平均奖励维持在安全级别内,并在当策略获得奖励过低时改进最大策略,其中 $d_{t_1}^{t_2}$ 是指在从 t_1 到 t_2 的时间段内对手动作的分布。AVG_n 表示在最后 n 个学习轮数间由智能体实现的平均值。V_{Bully} 代表 $V_e(\text{Bullymixed}, B_{r0}(\text{Bullymixed}))$。

```
算法 1.15    元策略算法
开始
    将策略置为 Bullymixed;
    在时间步 t₁ 实施策略;
    在时间步 t₂ 实施策略;
    If 策略为 Bullymixed 并且 AVGValue_H < V_Bully - ε₁ 的概率为 P
        则设置策略为 B_{rε₂}(d₀ᵗ) 运行;
    End if
    If ‖ d₀^{t₁} - d_{t-t₁}^t ‖ < ε
        设置最佳策略为 B_{rε₂}(d₀ᵗ);
```

```
Else If 策略为 Bullymixed 并且 AVGValue_H > V_Bully - ε_1
    则将最佳策略置为 Bullymixed;
Else
    将最佳策略置为"最优响应";
End if
直到博弈结束;
If AVGValue_{t-t_0} < V_security - ε_0
    在时间步 t_3 选择极大极小化策略;
Else
    在时间步 t_3 选择最优策略;
End if;
结束
```

AWESOME 根据文献[108],多智能体系统的最低要求是:当所有的智能体都在使用相同的算法时,多智能体系统的要求是智能体对静止的对手进行最佳学习,并收敛到一个 NE。Wolf – IGA[107]在假设对手策略可观的情况下,满足了两智能体两动作重复博弈的上述标准。在文献[108]中,Conitzer 和 Sandholm 提出了**当每个人都静止时进行调整,否则移动到平衡状态**(AWESOME),即保证两个以上的智能体具有上述属性,并假设对手的动作(不是策略)是可观察的。在 AWESOME 算法中,智能体的目标,或者是适应对手智能体的当前策略,或者它们收敛到已学习的 NE。一旦上述两个假设都被丢弃,智能体将依据 AWESOME 算法流程重新开始学习。

AWESOME 的基本理念是直观的。如果其他智能体遵循固定策略,则 AWESOME 向其他智能体提供其最佳策略。但是,如果其他智能体调整了它们的策略,那么 AWESOME 遵循一个已经学会的均衡。尽管有上述基本思想,但在提出 AWESOME 算法之前,进行了以下附加说明。

(1)从一开始就规定了 AWESOME 算法重复和重新开始学习的均衡,以避免混淆。

(2)重新启动后,为简单起见,智能体将忘记其所学的内容。在已经计算的其他均衡策略中遵循一个均衡策略可能导致与均衡的偏离。尽管存在零假设,但在没有充分证实的情况下,AWESOME 算法不会拒绝该假设。

(3)如果一个智能体通过自己的混合策略选择自己的行为,那么 AWESOME 算法就会拒绝均衡策略,以避免非均衡策略。

第1章 基于强化学习与进化算法的多智能体协同

(4) AWESOME 算法拒绝均衡策略后,从动作集中随机选择一个动作,并改变其策略。

(5) 在 AWESOME 算法中,除了动作,其他智能体的策略是不可观的,因此需要具体说明如何拒绝所有智能体共有的均衡策略。

AWESOME 算法是基于上述规则开发,其流程在算法 1.16 中给出[108]。文献[108]表明 AWESOME 在对抗静止对手时学习到最好的策略,它在自我博弈中收敛到 NE。

算法 1.16　AWESOME 算法

For $i = 1$ 到 m,开始循环
　$\pi_i^* \leftarrow$ ComEquStrategy(i);//针对智能体 i 算平衡策略
End for
重复
　For $i = 1$ 到 m,开始循环
　　Ini2Empty(h_i^{prev});
　　Ini2Empty(h_i^{curr});
　End for
　APPE←true;//所有玩家采用平衡解
　APS←true;//所有玩家处于静态
　β←false;//β←true 如果平衡假设弃用
　t←0;//t 指学习轮数,在每次算法重新开始前置 0
　$\phi \leftarrow \pi_{Me}^*$//指 AWESOME 玩家当前的策略
　While APPE 为 True,循环
　　For $j = 1$ 到 N^t,开始循环
　　　执行策略 ϕ;
　　　For $i = 1$ 到 m,开始循环
　　　　更新 h_i^{curr};
　　　End for
　　End for
　　If APPE 为 False,则
　　　If β 为 false
　　　　For $i = 1$ 到 m,开始循环
　　　　　If$(\|h_i^{cur} - h_i^{prev}\|) > \varepsilon_S^t$,则
　　　　　　APS←false;

```
            End if
         End for
      End if
   则 β←false;
   a←argmax V(a, h_{-Me}^{curr});
         a
   If   V(a, h_{-Me}^{curr}) > V(φ, h_{-Me}^{curr}) + n |A| ε_S^{t+1} μ, 则
      φ←a;
   End if
End if
If APPE 为 True, 则
   For i=1 到 m, 开始循环
      If ‖ h_i^{cur} - π_i^P ‖ > ε_e^t, 则
         APS←false;
         φ←RandAct();
         β←true;
      End if
   End for
End if
For i=1 到 m, 开始循环
   h_i^{cur} ← h_i^{prew};
   InitEmpty(h_i^{cur});
End for;
t←t+1;
End while
```

超 Q 学习 Q 学习是一种学习最优策略的著名方法,它通过智能体在无限试错中获得的累积回报来学习最佳策略。然而,这不适用于多智能体中非平稳环境中的学习。大多数多智能体 Q 学习中,多智能体都需要了解其他智能体在每个学习时期的奖励和动作值函数[72,95,100]。这些多智能体强化学习算法在特定条件下是收敛的,但是在实践中这些条件可能并不满足。这些条件包括:第一,一个智能体可以观察到所有智能体的奖励。第二,所有智能体遵循相同的学习算法。在文献[110]中,Gerald 提出了超 Q 学习。超 Q 学习只学习混合策略,其余智能体的策略采用贝叶斯推理进行估计。超 Q 学习的目标是通过将环境建模为重复的随机游戏来克服多智能体系统的上述局限性,其中只有剩余智

能体的动作是可观的,但获得的奖励则是不可观的。

假设采用超 Q 学习在随机马尔可夫博弈中进行学习,智能体的奖赏函数成为可用联合动作的函数。在随机马尔可夫博弈中,智能体不是以概率 1 选择最优联合动作(纯策略),而是选择概率最优的动作(混合策略)。超 Q 学习的更新规则为

$$\Delta Q(S,p_i,p_{-i}) \leftarrow \alpha [r(S,p_i,p_{-i}) + \gamma \max_{a'_i} Q(S,p'_i,p'_{-i}) - Q(S,p_i,p_{-i})] \quad (1.62)$$

式中:p_i 和 p'_i 分别为在当前联合状态 S 与下一联合状态 S' 处选择动作 a_i 和 a'_i 的混合策略;p_{-i} 和 p'_{-i} 分别为除智能体 i 外所有智能体在当前联合状态 S 与下一联合状态 S' 选择联合动作 A_{-i} 和 A'_{-i} 的混合策略。文献[110]中指出:基于泛化近似的连续情形 Q 学习比离散情形的 Q 学习的收敛更加困难。如果所有的智能体都以类似的探索策略进行探索,然后就像在超 Q 学习中一样,智能体在无限访问联合状态后,可能无法在策略空间中找到最优的混合策略。在静态对手策略的情况下,随机博弈将变成一个具有稳定状态转移和奖励的 MDP。在上述情况下,超 Q 学习将会收敛。文献[110]还给出了其他收敛条件。为了估计对手策略,文献[110]给出了基于贝叶斯推理的策略估计。根据贝叶斯估计,有

$$P(S|H) = \frac{P(H|S)P(S)}{\sum_{S'} P(H|S')P(S')} \quad (1.63)$$

式中:H 为观察动作的历史;S 和 S' 分别为离散的当前状态和下一状态。针对例 1.3 给出的两玩家三动作的矩阵博弈游戏——石头剪刀布游戏,超 Q 学习在收敛速度和对抗智能体策略建模方面的突出性能得到了验证[110]。

基于直接策略搜索的算法 基于直接策略搜索的算法可进一步分为固定学习率算法和可变学习率算法,如图 1.36 所示。

固定学习率算法 具有固定学习率的算法将在下文中加以介绍。

无穷小梯度上升(IGA) 在文献[111]中,Singh 和 Kearns 基于智能体预期奖励的积极变化提出了 IGA。IGA 是在一个两玩家两动作的迭代一般和博弈中进行测试的。文献[111]证明了智能体动作决策收敛于 NE,但一旦不能收敛于 NE,就永远达不到 NE。该论文研究表明智能体动作收敛于 NE,但限制了 NE 的适用性[88]。梯度上升(正变化)是机器学习算法中最常见的做法,但是不能保证在两玩家两动作迭代博弈中按梯度上升计算的策略收敛于 NE。不过平均奖励将收敛到 NE。例如,对于一个两玩家两动作的一般和游戏。图 1.44 给出了"行"玩家(R)和"列"玩家(C)的奖励矩阵。

"行"玩家以概率 $0 \leqslant r \leqslant 1$ 随机选择动作 a_1，"列"玩家以概率 $0 \leqslant c \leqslant 1$ 随机选择动作 a_1。"行"玩家和"列"玩家的期望收益分别由式(1.64)和式(1.65)给出。

$$\begin{array}{c|cc}
 & a_1 & a_2 \\
\hline
a_1 & r_{11}, c_{11} & r_{12}, c_{12} \\
a_2 & r_{21}, c_{21} & r_{22}, c_{22}
\end{array}$$

图1.44　两玩家博弈中的收益矩阵

$$V_R(r,c) = r_{11}(rc) + r_{22}[(1-r)(1-c)] + r_{12}[r(1-c)] + r_{21}[(1-r)c] \quad (1.64)$$

$$V_C(r,c) = c_{11}(rc) + c_{22}[(1-r)(1-c)] + c_{12}[r(1-c)] + c_{21}[(1-r)c] \quad (1.65)$$

这里策略对 (r,c) 称为 NE 当且仅当下述两个条件满足：

(1) 对于任何混合策略 r'，式(1.66)成立，即

$$V_R(r',c) \leqslant V_R(r,c) \quad (1.66)$$

(2) 对于任何混合策略 c'，式(1.67)成立，即

$$V_C(r,c') \leqslant V_R(r,c) \quad (1.67)$$

考虑到 $u = (r_{11} + r_{22}) - (r_{21} + r_{12})$ 和 $u' = (c_{11} + c_{22}) - (c_{21} + c_{12})$，"行"玩家和"列"玩家的梯度分别由式(1.68)和式(1.69)给出，为

$$\frac{\delta V_R(r,c)}{\delta r} = cu - (r_{22} - r_{12}) \quad (1.68)$$

$$\frac{\delta V_C(r,c)}{\delta c} = ru' - (c_{22} - c_{12}) \quad (1.69)$$

混合策略更新规则由式(1.70)和式(1.71)给出，其中 η 表示步长参数。

$$r \leftarrow r + \eta \frac{\delta V_R(r,c)}{\delta r} \quad (1.70)$$

$$c \leftarrow c + \eta \frac{\delta V_C(r,c)}{\delta c} \quad (1.71)$$

假设梯度上升算法是完全信息博弈，博弈双方都知道对手在前一步骤中的博弈矩阵和执行的混合策略。

根据博弈论[43]，随着时间的推移，策略序列可能永远不会收敛到 NE。然而在文献[111]中，Singh 等证明了两个玩家的平均奖励总是一致的。可以基于一个二维动力系统来分析两个玩家根据 IGA 选择动作带来的状态变换。考虑($\eta \to 0$)的极限情况，文献[111]提出了 IGA。通过式(1.66)~式

(1.71),设置 $\eta \to 0$,策略对的无约束动力学可以表示为下面式(1.72)中时间的函数:

$$\begin{bmatrix} \frac{\delta r}{\delta t} \\ \frac{\delta c}{\delta t} \end{bmatrix} = \begin{bmatrix} 0 & u \\ u' & 0 \end{bmatrix} \begin{bmatrix} r \\ c \end{bmatrix} + \begin{bmatrix} -(r_{22} - r_{12}) \\ -(c_{22} - c_{21}) \end{bmatrix} \quad (1.72)$$

令上式中的系数矩阵为

$$U = \begin{bmatrix} 0 & u \\ u' & 0 \end{bmatrix} \quad (1.73)$$

如果式(1.73)中给出的矩阵 U 是可逆的,则两玩家两动作随机对策问题中无约束策略的轨迹要么具有极限环行为,要么具有发散性质。这些轨迹的方向和结构取决于 u 和 u' 的具体值。

通过求解式(1.72),可得到 (r^*, c^*) 为

$$(r^*, c^*) = \left[\frac{c_{22} - c_{21}}{u'}, \frac{r_{22} - r_{12}}{u} \right] \quad (1.74)$$

在以下任一条件满足之后,IGA 玩家的平均期望奖励将收敛到 NE。一个条件是策略对的轨迹将自动收敛到一个 NE。另一个条件是策略对的轨迹不会收敛,但是两个玩家的平均奖励将会收敛到 NE。为了证明这些条件,考虑以下排他和穷举的情况[112]。

(1) U 是不可逆的,如果 $u \neq 0 / u' \neq 0$ 或 $u \neq 0, u' \neq 0$。这种情况可以出现在团队协作、零和博弈和一般和博弈游戏中。

(2) U 是可逆的,如果式(1.75)的特征值是实部为零的虚部,即当 $uu' < 0$ 时。

$$\begin{bmatrix} 0 & u \\ u' & 0 \end{bmatrix} \begin{bmatrix} x \\ y \end{bmatrix} = \lambda \begin{bmatrix} x \\ y \end{bmatrix} \quad (1.75)$$

(3) U 是可逆的,如果 U 的特征值为实且虚部为零,这种情况可能出现在团队任务和一般和博弈中,但不会是零和博弈,即 $uu' > 0$。

如果 U 具有零实部的虚特征值,则基于中心[即 (r^*, c^*)]在二维平面中的位置,存在三种可能性。

(1) 中心 (r^*, c^*) 位于单位正方形的内部;

(2) 中心 (r^*, c^*) 位于单位正方形的边界上;

(3) 中心 (r^*, c^*) 在单位正方形的外部。

广义无穷小梯度上升(GIGA) 凸规划是线性规划的推广,它在机器学习领域有着广泛的应用[113-115]。凸规划的目标是搜索使代价函数最大化的极值点 F。

$$c: F \to R \qquad (1.76)$$

凸规划包括可行集 $F \subseteq R^n$ 和式(1.76)中给出的凸代价函数。在工业优化、非线性设施布置问题[113]、网络路由问题[116]和消费者优化问题[117]等应用中,最终产品的价值在产品生产之前是未知的。文献[118]提出了一种算法,即 GIGA,其使用相同的可行集但不同的代价函数来进行在线凸优化编程。它通常能有效地解决前面的问题。GIGA 是 IGA[111]的扩展,适用于两个以上智能体的情形。根据凸的定义、凸规划问题的定义、在线问题的定义及文献[107]中的假设,文献[118]明确了在线凸优化的概念。有趣的是,文献[107]表明重复博弈是在线线性规划。最后,GIGA 努力减少后悔值(Regret)。[118]

可变学习率算法 下面给出了具有可变学习率的算法。

取胜或速学无穷小梯度上升(WoLF-IGA) 参考前面内容"无限小梯度上升(IGA)",如果中心(r^*, c^*)在具有虚特征值的单位正方形内,则 IGA 和 WoLF-IGA 的收敛性不同。文献[107]研究显示如果(r^*, c^*)位于单位正方形内部,则 IGA 不收敛,而 WoLF-IGA 在这种情况下是收敛的。证明中还指出了玩家赢和输的策略空间。此外,文献[107]中还指出:由于特征值的原因,轨迹在本质上是分段椭圆形并采取螺旋形状趋向中心。文献[107]针对只有虚特征值的假设提出了相应的引理。

根据文献[107]中的"引理 6",如果"行"玩家的学习率(α_r)和"列"玩家的学习率(α_c)保持不变,那么由策略对形成的轨迹为以(r^*, c^*)为中心的椭圆,并以 $\begin{bmatrix} 0 \\ \sqrt{\frac{\alpha_c \mid u}{\alpha_r \mid u'}} \end{bmatrix}, \begin{bmatrix} 1 \\ 0 \end{bmatrix}$ 作为椭圆的轴。文献[107]中的"引理 7"得出结论:如果玩家的策略远离中心,则该玩家获胜。此外,文献[107]中还提到:在一个两玩家两动作迭代的一般和博弈中,如果两个玩家都遵循 WoLF-IGA 算法,它们的学习率分别为 $\alpha_{\max}$ 和 $\alpha_{\min}$,那么它们的策略将收敛到一个 NE,并满足

$$\frac{\alpha_{\min}^r \alpha_{\min}^c}{\alpha_{\max}^r \alpha_{\max}^c} < 1 \qquad (1.77)$$

GIGA 取胜或速学(GIGA-WoLF) 多智能体强化学习中最常见的问题是后悔和收敛,这些问题在基于梯度的 GIGA-WoLF 算法中得到了解决[119]。

GIGA – WoLF 是 GIGA 的无悔性与 WoLF – IGA 的收敛性的综合体现[119]。一个约束界用于测试对手智能体未知策略下 GIGA – WOLF 后悔指标。对于两智能体两动作正规形式的博弈,如果一方遵循 GIGA – WoLF 算法,另一方遵循 GIGA 算法,则其策略收敛于 NE。这两种性质在文献[119]中进行了理论分析和实验验证。在 GIGA – WOLF 中,智能体们必须了解博弈的情况,并且需要有对手的模型。与 GIGA 习得的策略不同,在几乎所有的博弈中(除了"有问题的"Shapley 博弈),GIGA – WoLF 习得的策略确实在自我博弈中收敛到平衡状态。

2)动态强化学习方法

动态算法分为均衡相关算法和均衡无关算法。下面列出基于均衡解概念的算法。

均衡相关 均衡相关的多智能体强化学习算法在下面给出。

纳什 Q 学习(NQL) NQL 是 Littman 的 Minimax – Q 学习的扩展[100]。换句话说,它是零和随机博弈到一般和随机博弈的推广。NQL 是一种 MAQL 算法,它在特定条件下可以收敛。该方法在博弈中寻找最优联合动作(NE)。对于博弈中的多个 NE,将 NQL 算法与其他学习技术融合,可以得到整个团队的最优策略。文献[95]采用的框架是随机/马尔可夫博弈。马尔可夫博弈是具有两个以上智能体的 MDP 推广。不同于零和博弈,在一般和随机博弈中智能体的收益并不等于其对手的损失。在一般和博弈中,智能体的奖励依赖于其他智能体的选择,因此需要使用 NE。在 NE 中,智能体不能单方面偏离,同时假定智能体之间没有通信,没有智能体可以观察到其他智能体的策略和奖励。此外,状态转移概率和奖励函数是未知的。NQL 算法被设计成使得所有的智能体都有限制地收敛到 NE。NQL 保证所有智能体收敛到 NE。但是对于多 NE 解,不能保证所有的智能体收敛于相同的 NE。在文献[80]中,Filar 和 Vrieze 指出在平稳策略中每个一般和折扣随机博弈至少有一个平衡点。与单智能体 Q 学习[84]和 Minimax – Q 学习[100]不同,对于智能体 i,NQL 中的 Q 函数的更新规则为

$$Q_i(S,A) \leftarrow (1-\alpha)Q_i(S,A) + \alpha[r_i(S,A) + \gamma \text{Nash}Q_i(S')], \forall i \quad (1.78)$$

其中,

$$\text{Nash}Q_i(S') = \pi_1(S')\cdots\pi_m(S') \cdot Q_i(S') \quad (1.79)$$

文献[71]给出了 NQL 的一个在线实现版本以及在网格游戏 1 和网格游戏 2 中的模拟结果。算法 1.17 给出了针对一般和随机博弈的 NQL 算法,文献[71]给出了算法 1.17 的收敛性证明。

> **算法 1.17　一般和博弈中的 NQL 算法**
>
> 输入:智能体 i 在状态 $s_i \in S_i$ 的动作集 $a_i \in A_i$,学习率 $\alpha \in [0,1)$,折扣因子 $\gamma \in [0,1)$;
>
> 输出:最佳动作值函数 $Q_i^*(S,A), \forall i;//S = \{s_i\}_{i=1}^m, A = \{a_i\}_{i=1}^m$
>
> 初始化:$Q_i(S,A) \leftarrow 0, \forall i$;
>
> 开始:
>
> 　重复:
>
> 　　智能体选择动作 $a_i \in A_i, \forall i$;
>
> 　　智能体收到即时奖励 $r_i(S,A), \forall i$;
>
> 　　更新动作值函数 $Q_i(S,A) \leftarrow (1-\alpha)Q_i(S,A) + \alpha[r_i(S,A) + \gamma \mathrm{Nash}Q_i(S')], \forall i, S \leftarrow S'; Q_i^*(S, A) \leftarrow Q_i(S,A), \forall i;// \mathrm{Nash}Q_i(S') = \pi_1(S') \cdots \pi_m(S') \cdot Q_i(S')$
>
> 　直到 $Q_i(S,A)$ 收敛,$\forall i$。
>
> 结束

相关 Q 学习(CQL)　在文献[72]中,Greenwald 和 Hall 发展了一种 MAQL 算法——CQL 算法。在 CQL 中,智能体的 Q 值在 CE 处更新。CQL 推广了一般和随机博弈中的 NQL 和 FFQ。如果 NE 和 CE 不相交,则与 CE 处的奖励相比,智能体在 NE 处收到的奖励较少。文献[72]定义了 CE 的四种变体,前文定义 1.18 给出了 CE 的具体定义。算法 1.18 给出了 CQL 的算法。文献[72]在马尔可夫博弈框架下对上述均衡的收敛性进行了分析。

> **算法 1.18　CQL 算法**
>
> 输入:智能体 i 在状态 $s_i \in S_i$ 的动作集 $a_i \in A_i$,学习率 $\alpha \in [0,1)$,折扣因子 $\gamma \in [0,1)$;
>
> 输出:最佳动作值函数 $Q_i^*(S,A), \forall i$;
>
> 初始化:$Q_i(S,A) \leftarrow 0, \forall i$;
>
> 开始:
>
> 　重复:
>
> 　　智能体选择动作 $a_i \in A_i, \forall i$;
>
> 　　智能体收到即时奖励 $r_i(S,A), \forall i$;
>
> 　　更新动作值函数 $Q_i(S,A) \leftarrow (1-\alpha)Q_i(S,A) + \alpha[r_i(S,A) + \gamma V_i(S')], \forall i, S \leftarrow S'; V_i(S') = CE(Q_1(S'), Q_2(S'), \cdots, Q_m(S')), \forall i; Q_i^*(S,A) \leftarrow Q_i(S,A), \forall i$;
>
> 　直到 $Q_i(S,A)$ 收敛,$\forall i$。
>
> 结束

非对称 Q 学习(AQL)　在文献[120]中,Ville 提出了 AQL 算法,其中领导者智能体通过向跟随者智能体提供其他跟随者智能体策略的信息来引导跟随者智能体。AQL 具有下述优点：

(1)在每个状态中，领导者都有唯一的平衡点。

(2)尽管 MSNE 存在，但不对称 Q 学习总是很快达到 PSNE。

(3)相较传统算法，AQL 算法对存储空间和计算量要求更低。

在文献[120]中，Könönen 将现有的多智能体 Q 学习算法划分为三类。第一类是利用智能体价值函数的直接梯度方法。第二类是对价值函数进行估计，然后用这种估计来计算过程中的均衡。第三类是对直接策略梯度的使用。AQL 算法是在斯塔克尔伯格均衡(Stackelberg Equilibrium, SE)[44]基础上发展形成的。算法 1.19 与算法 1.20 分别给出了领导者算法和跟随者算法。领导者智能体能够维护所有智能体的动作值函数 Q 表，跟随者智能体不能掌握所有智能体的动作值，它们只是最大化它们的回报。在网格游戏中对该算法进行了实验，验证了 AQL 算法的良好效果。

算法 1.19　针对领导者的 AQL 算法

输入：智能体 i 在状态 $s_i \in S_i$ 的动作集 $a_i \in A_i$，学习率 $\alpha \in [0,1)$，折扣因子 $\gamma \in [0,1)$；

输出：最佳动作值函数 $Q_i^*(S,A), \forall i$；

初始化：$Q_i(S,A) \leftarrow 0, \forall i$；

开始：

　重复：

　　智能体选择动作 $a_i \in A_i, \forall i$；

　　智能体收到即时奖励 $r_i(S,A), \forall i$；

　　更新动作值函数 $Q_i(S,A) \leftarrow (1-\alpha)Q_i(S,A) + \alpha[r_i(S,A) + \gamma V_i(S')], \forall i, S \leftarrow S'; V_i(S') = SE(Q_1(S'), Q_2(S'), \cdots, Q_m(S')), \forall i; Q_i^*(S,A) \leftarrow Q_i(S,A), \forall i$；

　直到 $Q_i(S,A)$ 收敛，$\forall i$；

结束

算法 1.20　针对跟随者的 AQL 算法

输入：智能体 i 在状态 $s_i \in S_i$ 的动作集 $a_i \in A_i$，学习率 $\alpha \in [0,1)$，折扣因子 $\gamma \in [0,1)$；

输出：最佳动作值函数 $Q_i^*(S,A), \forall i$；

初始化：$Q_i(S,A) \leftarrow 0, \forall i$；

开始：

　重复：

> 智能体选择动作 $a_i \in A_i, \forall i$;
> 智能体收到即时奖励 $r_i(S,A), \forall i$;
> 更新动作值函数 $Q_i(S,A) \leftarrow (1-\alpha)Q_i(S,A) + \alpha[r_i(S,A) + \gamma \max_{A'} Q_i(S',A')], \forall i, S \leftarrow S'$;
> $Q_i^*(S,A) \leftarrow Q_i(S,A), \forall i$;
> 直到 $Q_i(S,A)$ 收敛公式输入有误, $\forall i$;
> 结束

敌友 Q 学习(FFQ) 在文献[121]中，Littman 提出了多智能体强化算法的一个变体——FFQ 算法。在一般和随机博弈框架下，与 NE 算法相比，FFQ 算法通过指示智能体将其他智能体视为朋友或敌人，具有较强的收敛性保证。不过，FFQ 是 NQL 的改进。在 FFQ 中，使用了 NE 两种变体：一种是对抗均衡，另一种是协同均衡。在 Minimax - Q 学习(零和博弈)[100]中，所有的均衡都是对抗均衡。然而，在一般和博弈中，所有的均衡都不是协同均衡。式(1.80)给出了协同均衡中智能体 $i(i \in [1,m])$ 可能获得的最高奖励[121]。

$$R_i(\pi_1, \cdots, \pi_m) = \max_{a_1 \in A_1, \cdots, a_m \in A_m} R_i(a_1, \cdots, a_m) \quad (1.80)$$

除完全合作博弈外，协同均衡不一定总是存在的。图 1.25 对对抗均衡和协同均衡进行了介绍。纳什操作与极大化或极小极大化操作的区别在于后者有唯一的解。然而，纳什操作提供了两种不同的解决方案：对抗均衡和协同均衡，具体采用何种方案取决于问题的类型。

Littman 在文献[121]中提出并证明了两个命题。根据命题结论，如果一个单阶段博弈具有协同/对抗均衡，那么所有的协同/对抗均衡都具有相同的价值。算法实现中存在两个收敛型条件[121]，简言之，条件是博弈存在对抗均衡或者协同均衡。后来，文献[95,121]提出了两个更强的收敛性条件。这些条件可以总结为：在博弈中存在对抗/协同均衡，并且每个游戏都由在学习阶段期间适配的动作价值函数来定义。后面的条件也不足以保证收敛。Hu 和 Wellman[95]陈述了两个定理，即通过后两个条件，NQL 算法将收敛到 Nash - Q 均衡，直到在学习阶段所有均衡被适应为止，这两个定理是唯一的。同样，通过后两个条件，NQL 可使智能体动作收敛到 NE，直到在式(1.82)中采用了所需的均衡。

在 FFQ 算法中，式(1.81)和式(1.82)分别给出了朋友 Q 学习(协同均衡)和敌人 Q 学习(对抗均衡)的 $NashQ_i(S')$，如下：

$$NashQ_i(S') = \max_{A'} \sum_{A'} P(A') \cdot Q_i(s',A') \quad (1.81)$$

第1章 基于强化学习与进化算法的多智能体协同

$$\text{Nash}Q_i(S') = \max_{a_1,\cdots,a_x} \min_{a_1,\cdots,a_y} \sum_{\forall A''} P(A'') Q_i(S', A'') \qquad (1.82)$$

式中：$A' = \langle a_1, \cdots, a_m \rangle$；$A'' = \langle a_1, \cdots, a_x, a_1, \cdots, a_y \rangle$；$y$ 为敌人（对手智能体）的数量。FFQ 学习的收敛性取决于纳什算子是 max 或 minimax 算子[121]。和 NQL 一样，FFQ 中使用了两个网格游戏[95,121]来进行模拟。文献[121]中描述了6种不同变体的对手。然而，如果既不存在协同均衡也不存在对抗均衡，则 NQL 和 FFQ 都不能解决寻找均衡的问题。算法 1.21 给出了 FFQ 学习的算法。

算法 1.21　FFQ 学习算法

输入：智能体 i 在状态 $s_i \in S_i$ 的动作集 $a_i \in A_i$，学习率 $\alpha \in [0,1)$，折扣因子 $\gamma \in [0,1)$；

输出：最佳动作值函数 $Q_i^*(S,A)$, $\forall i$；

初始化：$Q_i(S,A) \leftarrow 0$, $\forall i$；

开始：

　重复：

　　智能体选择动作 $a_i \in A_i$, $\forall i$；

　　智能体收到即时奖励 $r_i(S,A)$, $\forall i$；

　　针对朋友智能体与敌人智能体，分别基于式(1.81)与式(1.82)估计 $\text{Nash}Q_i(S')$, $\forall i$；

　　更新动作值函数 $Q_i(S,A) \leftarrow (1-\alpha) Q_i(S,A) + \alpha [r_i(S,A) + \gamma \text{Nash}Q_i(S')]$, $\forall i, S \leftarrow S'$；$Q_i^*(S,A) \leftarrow Q_i(S,A)$, $\forall i$；

　直到 $Q_i^*(S,A)$ 收敛, $\forall i$。

结束

基于协商的 Q 学习（NegoQ）　在文献[122]中，Hu 等提出了一种不需要相互分享值函数的多智能体强化学习算法。作者指出，由于在分布式智能体的情况下系统的局部限制和智能体的隐私，价值函数的相互交换是不切实际的。这样做似乎不可能在一个短期博弈中估计均衡。在上述情况下，作者提出了一种多步骤协商过程来评估三种纯策略：PSNE、均衡占优策略组合（Equibrium-Dominating Strategy Profile, EDSP）和非严格 EDSP，而不是计算量更大的 MSNE，并证明了上述三种策略都是对称元策略。综合以上技术，Hu 等在文献[122]中提出了 NegoQ。

NegoQ 可以处理纯策略均衡。然而，在一些博弈（如例 1.3 的石头剪刀布游戏）中，不存在 PSNE。另一个障碍是一个策略可能是帕布托（Pareto）最优的，因此它不是一个 PSNE。在囚徒困境中，只有一个 PSNE（C,C），如图 1.34 所示。尽管（D,D）是更好的选择，但是（D,D）是帕布托最优的而不是 PSNE。它

67

是优于 NE 的一个帕布托最优策略,即 EDSP。EDSP 的定义如下:

❖**定义 1.19** 在一个包含 m 个智能体($m \geq 2$)正规形式博弈中,如果有一个 PSNE $A_N \in \{A\}$ 满足

$$Q_i(A) \geq Q_i(A_N), i = [1, m] \tag{1.83}$$

那么联合动作 $A \in \{A\}$ 是一个 EDSP,根据定义 1.19,可以得出如下结论:每个遵循 EDSP 的智能体比遵循 PNSE 的智能体可以获得更多的奖励。

在定义非严格 EDSP 之前,图 1.45 给出了一个标准形式的博弈。图 1.45 中有两个 PSNE:(a_1, b_1) 和 (a_2, b_2)。显然,策略 (a_1, b_3) 和 (a_3, b_3) 向玩家 A 提供比策略 (a_1, b_1) 更大的奖励,并且向玩家 B 提供比 (a_2, b_2) 更大的奖励。故 (a_1, b_3) 和 (a_3, b_3) 的优先级分别大于 A 的 (a_1, b_1) 和 B 的 (a_2, b_2)。因此,对于 A 和 B,非均衡策略组合 (a_1, b_3) 和 (a_3, b_3) 部分优于现有的 PSNE。在文献[122]中,Hu 等将其定义为非严格 EDSP,如下:

❖**定义 1.20** 在一个包含 m 个智能体($m \geq 2$)正规形式博弈中,如果存在一个 PSNE $A_N^i \in \{A\}$ 满足

$$Q_i(A) \geq Q_i(A_N^i), i = [1, m] \tag{1.84}$$

那么联合动作 $A \in \{A\}$ 是一个非严格 EDSP,在计算上述三个纯策略的多步骤协商过程中,智能体根据二元答案交换它们对联合动作的偏好。图 1.46 说明了多步骤协商过程。在图 1.46 中,"Y"和"N"分别表示"是"和"否"。联合动作是纯策略当且仅当两个智能体的回复为"是"。协商过程包括三种类型:

(1)用于找到 PSNE 集合的协商;

(2)用于找到非严格 EDSP 集合的协商;

(3)从上述两个步骤得到的集合中选择均衡解(联合动作)的协商。

由于 EDSP 是非严格 EDSP 的一个特例,因此对 EDSP 的估计从对非严格 EDSP 的估计开始。算法 1.22 给出了估计智能体 i 的 PSNE 的协商算法。算法 1.23 给出了估计智能体 i 的非严格 EDSP 的协商算法。基于协商算法(算法 1.22 与算法 1.23)来估计纯策略组合,算法 1.24 给出了针对马尔可夫博弈的 NegoQ 算法,通过网格游戏测试了算法 1.24 相对于其他最新参考算法的性能。

		B →		
		b_1	b_2	b_3
A	a_1	**(20, 40)**	(4, 22)	(29, 30)
↓	a_2	(18, 9)	**(36, 19)**	(7, 4)
	a_3	(17, 26)	(15, 38)	(27, 38)

图 1.45 正常情况下的非严格 EDSP

第 1 章　基于强化学习与进化算法的多智能体协同

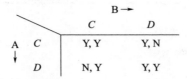

图 1.46　智能体 A 和智能体 B 之间的多步骤协商过程

算法 1.22　正规博弈中估计智能体 i 的 PSNE 的协商算法

输入:智能体 i 的动作集 $a_i \in A_i, i \in [1,m], Q_i(A) ;// A \in \{A\} = x_{i=1}^m A_i$

输出:PSNE 集 $\{A_N\}$;

初始化:$\{A_N\} \leftarrow \varphi$;

对智能体 iMS_i,估计最大奖励集;

For 所有的 $A_{-i} \in \{A_{-i}\}$,开始循环:

 $a_i = \arg\max_{a_i'} Q(a_i', A_{-i})$;

 $\{A_N\} \leftarrow \{A_N\} \cup \{a_i, A_{-i}\}$;

End for

For 所有的联合动作 $A \in \{A_N\}$,开始循环:

 询问其余智能体 $\{A_N\}$ 是否包括动作 A;

 If $\{A_N\}$ 不包括动作 A,则:

  $\{A_N\} \leftarrow \{A_N\}/A$;

  通知其他智能体从 $\{A_N\}$ 中移除动作 A;

 End if

End for

For 所有的从其余智能体收到的联合动作 A',开始循环:

 If A' 属于集合 MS',则:

  向剩余智能体回复 Yes;

 Else

  向剩余智能体回复 No;

 End if

End for

算法 1.23　正规博弈中估计智能体 i 的非严格 EDSP 的协商算法

输入:智能体 i 的动作集 $a_i \in A_i, i \in [1,m]$,从算法 1.22 得到的动作集 $\{A_N\}, Q_i(A) ;// A \in \{A\} = x_{i=1}^m A_i$

输出:非严格 EDSP 集 $\{A_{nP}\}$;

初始化:$\{A_{nP}\} \leftarrow \varphi$;

$\{X\} \leftarrow A \backslash \{A_N\}$;
For 所有的 ESPN $A_N \in \{A_N\}$,开始循环:
  For 所有联合动作 $A \in \{X\}$,开始循环:
    If $Q_i(A) \geqslant Q_i(A_N)$,则:
      $\{X\} \leftarrow \{X\} \backslash A$;
      $\{A_{nP}\} = \{A_{nP}\} \cup A$;
    End if
  End for
End for
For 所有的联合动作 $A \in \{A_{nP}\}$,开始循环:
  询问其余智能体 $\{A_{nP}\}$ 是否包括动作 A;
  If $\{A_{nP}\}$ 不包括动作 A,则:
    $\{A_{nP}\} \leftarrow \{A_{nP}\} / A$;公式输入有误
  End if
End for
For 所有的从其余智能体收到的联合动作 A',开始循环:
  If A' 属于 A_{nP},则:
    向剩余智能体回复 Yes;
  Else
    向剩余智能体回复 No;
  End if
End for

算法1.24 马尔可夫博弈中智能体 i 的 NegoQ 算法

输入:联合动作空间 $\{A\}$,智能体总数 m,状态空间 $\{S\}$,学习率 α,折扣因子 γ,探索因子 ε;
输出:最佳联合动作值函数 $Q^*(S,A)$;
初始化: $Q(S,A) \leftarrow 0$;
开始
  重复
    基于算法1.23与1.24,与剩余智能体进行协商;
    采用 ε 贪婪策略选择纯策略平衡动作 A';
    收到经验组 $\langle S,A,r_i(S,A),S' \rangle$;// $r_i(S,A)$ 为即时奖励,S' 为下一状态更新动作值函数 $Q_i(S,A) \leftarrow (1-\alpha)Q_i(S,A) + \alpha[r_i(S,A) + \gamma Q_i(S',A')], S \leftarrow S', Q_i^*(S,A) \leftarrow Q_i(S,A)$;
  直至动作值函数 $Q_i(S,A)$ 收敛;
结束

带均衡转移的 MAQL　Hu 等在文献[123]中指出:对于不同的一次性博弈,智能体在联合状态下评估相同的均衡(NE 或 CE)。在这里,当且仅当策略概率分布之间的欧几里得距离小于预定义阈值时,两个均衡称为相同的。对先前计算的均衡(或均衡转移)的重用随着基于均衡的 MAQL 收敛时间的减少而减少,其中转移损失可忽略不计。假设 G 和 G' 是访问同一联合状态 S 的两个一次性博弈。对于 NE 和 CE,式(1.85)和式(1.86)分别给出了 G 的均衡策略 p 和 G' 的均衡策略 p' 之间的欧几里得距离。

$$d^{NE}(p,p') = \sqrt{\sum_{i=1}^{n}\sum_{a_l \in A_l}[p_i(a_i) - p'_i(a_i)]^2} \quad (1.85)$$

$$d^{CE}(p,p') = \sqrt{\sum_{A \in \{A\}}[q(A) - q'(A)]^2} \quad (1.86)$$

如果 $d^{NE}(p,p')$ 或 $d^{CE}(p,p')$ 小于阈值,则认为 G 中的 p 与 G' 中的 p' 是相同的。因此,通过均衡转移,可以直接使用 G' 中 p。由于对均衡的复核比计算容易得多,这样做可以显著地节省计算成本。Hu 等在文献[123]中测量了均衡转移损失,并根据该损失,定义了均衡转移的条件。令 p^* 和 q^* 分别表示 G 和 G' 的 NE 和 CE,则从 G 转移到 G' 的平衡 p^* 和 q^* 导致的损失分别由式(1.89)和式(1.90)给出。

式(1.89)与式(1.90)中,$Q_i^{G'}$ 是指 G' 中智能体 i 的 Q 值。

现在,智能体 i 的 NE:p^* 的转移损失条件由下式给出:

$$\begin{aligned} Q_i^G(p^*) + \varepsilon^{NE} &\geq Q_i^G(p^*) + \max_{a_1 \in A_1}[Q_i^G(a_i, p^*_{-i}) - Q_i^{G'}(p^*)] \\ &= Q_i^G(p^*) + \max_{a_1 \in A_1} Q_t^G(a_i, p^*_{-i}) - Q_i^{G'}(p^*) \\ &= \max_{a_1 \in A_1} Q_i^{G'}(a_i, p^*_{-i}) \end{aligned} \quad (1.87)$$

类似地,对于 CE,可以推导出下述条件:

$$\sum_{A_{-i}} q^*(a_i, A_{-i}) \times Q_i^{G'}(a_i, A_{-i}) + \varepsilon^{CE} \geq \sum_{A_{-i}} q^*(a_i, A_{-i}) \times Q_i^{G'}(a'_i, A_{-i}) \quad (1.88)$$

算法 1.25 给出了基于均衡转移的 MAQL 算法。算法 1.25 的优越性已在网格游戏、墙游戏和足球游戏中得到验证。

算法 1.25　带均衡转移的 MAQL 算法

输入:智能体在状态 $s_i \in S_i$ 的动作 $a_i \in A_i$,学习率 $\alpha \in [0,1)$,折扣因子 $\gamma \in [0,1)$,探索因子 ε,损失转换阀值 τ,在联合状态 S 处的一次性博弈 G_c,之前计算的在联合状态 S 处的平衡 p^*;

输出:最优联合动作状态值函数 $Q_i^*(S,A)$, $\forall i$; // $S \in \{S\} = \times_{i=1}^m S_i$, $A \in \{A\} = \times_{i=1}^m A_i$

初始化:$Q_i(S,A) \leftarrow 0$, $\forall i$;

重复

 If 访问过联合状态 S,则:

  估计最大可用性损失 ε^Ω,转移到 G_c 的 $\Omega \in \{NE, CE\}$;

 Else

  $\varepsilon^\Omega \leftarrow +\infty$;

 End if

 If $\varepsilon^\Omega > \tau$,则:

  估计 G_c 对应的 p^*;

 Else

  重用 G_c 对应的 p^*;

 End if

 基于 p^* 选择联合动作 A;

 收到经验组 $\langle S, A, r_i(S,A), S' \rangle$, $\forall i$;

 估计下一状态 S' 的平衡 p';

 估计 $V_i(S') \leftarrow S'$ 处的期望值 p',更新动作值函数 $Q_i(S,A) \leftarrow (1-\alpha) Q_i(S,A) + \alpha[r_i(S,A) + \gamma V(S')]$, $S \leftarrow S'$;

直至动作值函数 $Q_i^*(S,A)$ 收敛;

$$\varepsilon^{NE} = \max_{i \in N} \max_{a_i \in A_i} [Q_i^{G'}(a_i, p_{-i}^*) - Q_i^{G'}(p^*)] \tag{1.89}$$

$$\varepsilon^{CE} = \max_{i \in N} \max_{a_i \in A_i} \max_{a_i' \in A_i} \sum_{A_{-i}} q^*(a_i', A_{-i}) \times [Q_i^{G'}(a_i', A_{-i}) - Q_i^{G'}(a_i', A_{-i})] \tag{1.90}$$

均衡无关算法 基于不同的学习率设定策略,可以对均衡无关 MARL 算法进行分类,具体介绍如下。

可变学习率算法 下面给出具有可变学习率的强化学习算法。

取胜或速学策略爬山在文献[124]中,Bowling 和 Veloso 提出了基于随机博弈的取胜或速学爬山算法。在存在其他自适应智能体时,该算法满足合理性和收敛性要求。合理性表示所有智能体的策略都可以收敛到固定的策略,而该策略是对它们策略的最佳响应。[124]收敛性指智能体策略必然收敛到一个平稳的策略。此外,如果所有智能体的策略都是合理且收敛的,则它一定收敛于纳什均衡。文献[31]和文献[125]中的学习算法要么收敛到次优策略,要么不收敛。在该文提出的取胜或速学算法中,当智能体失败时采用较大的学习率,当智能体胜利的时采用较小的学习率。

策略爬山(Policy Hill-Climbing,PHC)算法是 Q 学习算法的直接扩展,用于处理混合策略问题。算法 1.26 给出了策略爬山算法的具体实现策略爬山算法学习最新的混合策略,它根据学习率 $\delta \in (0,1)$ 选择价值最高的动作来更新混合策略。当 $\delta = 1$ 时,该算法等同于单智能体 Q 学习算法。在 Q 学习中,Q 价值函数和策略都是收敛的。

文献[124]提出的算法利用可变学习率和取胜或速学原理对策略爬山算法进行了扩展。

算法 1.26　策略爬山算法

输入:智能体在状态 $s_i \in S_i$ 的动作 $a_i \in A_i$,学习率 $\alpha \in [0,1)$,折扣因子 $\gamma \in [0,1)$;
输出:最优动作策略 $\pi_i^*(S,A)$;
初始化:$Q_i(S,A) \leftarrow 0, \pi_i(S,A) = \dfrac{1}{|A|}$;
开始
　重复:
　　智能体 i 依据随机策略 $\pi_i(S,A)$ 选择动作 $a_i \in A$;
　　智能体 i 收到即时奖励 $r_i(S,A)$;
　　更新行为值函数 $Q_i(S,A) \leftarrow (1-\alpha)Q_i(S,A) + \alpha[r_i(S,A) + \gamma \max\limits_{A'} Q_i(S',A')], S \leftarrow S', \pi_i(S,A) \leftarrow$

$$\pi_i(S,A) + \begin{cases} \delta, & A = \mathop{\mathrm{argmax}}\limits_{A'} Q(S,A') \\ \dfrac{-\delta}{|A_i| - 1}, & \text{其他} \end{cases};$$

　　$\pi_i^*(S,A) \leftarrow \pi_i(S,A)$;
　直到策略函数 $\pi_i^*(S,A)$ 收敛;
结束

可变学习率算法在保证合理性的前提下对学习率进行调整。在取胜或速学算法中,当智能体失败时采用较大的学习率,当智能体胜利时采用较小的学习率[124]。取胜或速学策略爬山算法具有失败学习率和胜利学习率两种学习率。其中,智能体的胜负是通过对比当前奖励和在一段时间内获得的平均奖励来确定的。如果智能体失败了,就采用较大的学习率。取胜或速学策略爬山算法[124]在算法 1.27 中给出。文献[124]在矩阵博弈、网格游戏和足球游戏中测试了取胜或速学策略爬山算法的收敛性和合理性。在所有的测试中,取胜或速学策略爬山算法性能都优于其他参考算法。

算法1.27　取胜或速学策略爬山算法

输入:所有智能体在状态 $s_i \in S_i$ 采取的动作 $a_i \in A_i$,学习率 α, $\delta_l > \delta_w$ 和折扣因子 $\gamma \in [0,1)$;
输出:最优策略 $\pi_i^*(S,A)$;
初始化:$C(S) \leftarrow 0, Q_i(S,A) \leftarrow 0$;
开始
　重复:
　　根据概率分布 $\pi_i(S,A)$ 选择一个动作 $a_i \in A$;
　　得到一个即时奖励 $r_i(S,A)$;
　　$C(S) \leftarrow C(S) + 1$;
　　$S \leftarrow S'$;
　　$\pi(S,A') \leftarrow \pi(S,A') + \dfrac{1}{C(S)}[\pi_i(S,A') - \pi(S,A')]$;
　　$\pi_i(S,A) \leftarrow \pi_i(S,A) + \begin{cases} \delta, & A = \arg\max Q(S,A') \\ \dfrac{-\delta}{|A_i|-1}, & 其他 \end{cases}$;
　　$\delta = \begin{cases} \delta_w, & \sum\limits_A \pi_i(S,A) Q_i(S,A) > \sum\limits_A \pi(S,A) Q_i(S,A) \\ \delta_l, & 其他 \end{cases}$;
　　$\pi_i^*(S,A) \leftarrow \pi_i(S,A)$
　直到 $\pi_i^*(S,A)$ 收敛;
结束

基于动态策略的取胜或速学算法(PD – WoLF)　除一般和博弈问题外,无限小梯度上升算法[111]可以保证智能体的策略合理地收敛于纳什均衡。文献[107]将无穷小梯度上升推广到取胜或速学无穷小梯度上升,并且给出了取胜或速学无穷小梯度上升在一个 2×2 博弈问题中的收敛性证明(假设智能体知道其他智能体的均衡策略)。在文献[126]中,Banerjee 和 Peng 对取胜或速学和基于动态策略的取胜或速学算法进行了实验比较,确定了基于动态策略的取胜或速学算法在双矩阵博弈和一般和博弈问题中的优越性。

考虑到纯虚特征值的情况,在"无穷小梯度上升"中,U 和 (r^*, c^*) 都在单位平方内。无约束动力学方程(1.72)的解由式(1.91)给出[127],其中 β 和 ϕ 的值取决于 α 和 β 的初始值。

$$r(t) = B\sqrt{u}\cos(\sqrt{uu'}\,t + \phi) + r^* \qquad (1.91)$$

智能体的 PD – WOLF 评价标准由式(1.92)给出

$$\alpha_r(t) = \begin{cases} \alpha_{\min}, & \Delta_t \Delta_t^2 < 0 \\ \alpha_{\max}, & \text{其他} \end{cases} \quad (1.92)$$

式中:$\Delta_t = r_t - r_{t-1}$,$\Delta_t^2 = \Delta_t - \Delta_{t-1}$。很明显,式(1.92)独立于其他智能体的策略。

固定学习率算法 下面给出了学习率固定的多智能体强化学习算法。

非平稳收敛策略 多智能体Q学习的一个主要缺点是假设环境是静态的。在文献[128]中,Michael和Jeffrey提出了非平稳收敛策略算法。在非平稳收敛策略算法中,智能体动作策略并不会收敛到一个均衡点,而是寻求非平稳对手的最佳响应策略。在著名的一般和随机博弈(具有多个联合状态的博弈)或矩阵博弈(只有一个联合状态的博弈)测试平台中,非平稳收敛策略精确地预测了对手的非平稳策略,并根据相对于对手的最佳响应策略采取行动。多智能体Q学习算法[71-72,81,95,100]收敛到纳什均衡或相关均衡。由文献[129]可知,基于均衡的多智能体Q学习算法是存在问题的。在该算法中,智能体会在均衡点处停止学习,然而均衡点不一定是目标点。此外,在存在多个均衡的情况下,还会出现另一个问题。非平稳收敛策略算法的目标是在考虑其他智能体存在的情况下调整最佳奖励。在双玩家一般和随机博弈中,当对手处于静止状态时,智能体的策略收敛到最佳响应策略[130]。非平稳收敛策略算法在算法1.28中给出。仿真结果验证了非平稳收敛策略算法相对于参考算法的优越性。

算法1.28 非平稳收敛策略

输入:在状态$s_i \in S_i$时采取的策略$a_i \in A_i$,其中$i \in [1,m]$,学习率$\alpha \in [0,1)$和折扣系数$\gamma \in [0,1)$;

输出:最优Q价值函数$Q_i^*(S,A)$,$i \in [1,m]$;

初始化:$Q_i(S,A) \leftarrow 0$,$\pi^i(S,A) = \dfrac{1}{|A|}$,$i \in [1,m]$;

开始

 重复:

  观察所有智能体采取的动作$A \in \{A\}$;

  接收即时奖励$r_i(S,A)$,$i \in [1,m]$;

  更新其他智能体的策略$\pi_{-i}(S,A) = \dfrac{1}{|A|}$,$i \in [1,m]$;

  选择最佳响应策略$\pi_i^{br}(S,A)$;

  最大化$BR(S') = \sum\limits_{a_1}\sum\limits_{a_2}\cdots\sum\limits_{a_m} \pi_i^{br}(S',a_i) \cdot \prod\limits_{\forall -i} \hat{\pi}_i(S',a_i) \cdot Q_i(S',A)$;

$$Q_i(S,A) \leftarrow (1-\alpha)Q_i(S,A) + \alpha[r_i(S,A) + \gamma BR(S')];$$
$$S \leftarrow S';$$
直到对于所有 $i \in [1,m]$, $Q_i(S,A)$ 都收敛；
$$Q_i^*(S,A) \leftarrow Q_i(S,A), i \in [1,m];$$
结束

扩展最优响应学习 Hu 和 Wellman[95] 将 Littman[100] 提出的零和随机博弈扩展为一般和随机博弈，通过这些算法智能体在随机博弈中收敛到纳什均衡。与之相反，在文献[95]和文献[100]中，智能体的动作策略总是试图收敛到纳什均衡而忽略其他智能体的策略。此外，所有智能体必须在存在多个纳什均衡的情况下选择一个纳什均衡。因此，文献[95]和文献[100]中提出的算法在上述意义下是不适用的。在文献[131]中，Nobuo 和 Akira 将最佳响应扩展到 EXORL，其中智能体会根据其他智能体的适应性收敛到纳什均衡。与纳什 Q 学习[95]类似，在 EXORL 中，假设智能体可以观察其他智能体的奖励和状态-动作二元组，并且这个智能体会将所有智能体的状态-动作二元组记录下来。EXORL 针对其余智能体具有适应性并且动作策略会收敛到纳什均衡的情形，旨在得到对应于其他智能体策略的最佳响应。算法 1.29 中给出了 EXORL 算法实现。JAL[81] 根据自己的动作学习 Q 值并估计队友的策略。设 π_i 为智能体 i 在状态 S 的策略。

$$\sigma(S,\pi_i) = \max_{\pi_{-i}}[(\pi_i)^T Q_{-i}(S)\pi_{-i}] - (\pi_i)^T Q_{-i}(S)\pi_{-i}(S) \quad (1.93)$$

式中：$\pi_{-i}(S)$ 是对除智能体 i 之外的其他所有智能体联合策略的估计。如果一个策略偏离了纳什均衡，那么该策略将不适合用来估计其余智能体的策略。这个问题在文献[131]中得到解决，其采用的更新规则由式(1.94)和式(1.95)给出。

$$Q_i(S,\pi_i) = (\pi_i)^T Q_i(S)\pi_{-i}(S) - \rho\sigma(S,\pi_i) \quad (1.94)$$

$$\sigma(S,\pi_i) = \max_{\pi_{-i}}[(\pi_i)^T Q_{-i}(S)\pi_{-i}] - (\pi_i)^T Q_{-i}(S)\pi_{-i}(S) \quad (1.95)$$

式中：$\sigma(S,\pi_i)$ 为智能体 i 折扣回报的预期增量。因此，为了最大化 $\sigma(S,\pi_i)$，智能体 i 必须最大化式 $\max_{\pi_{-i}}[(\pi_i)^T Q_{-i}(S)\pi_{-i}]$，同时最小化 $(\pi_i)^T Q_{-i}(S)\pi_{-i}(S)$。此外，式(1.95)是一个分段线性凹函数，它有且只有一个极大值。文献[131]表明，在 EXORL 算法中，当 ρ 较小且敌方智能体采取固定策略时，智能体表现较好。文献[131]在猜硬币游戏、总统游戏[80]和性别博弈问题中对 EXORL 算法进行了验证。

算法 1.29　EXORL 算法

输入:在状态 $s_i \in S_i$ 时采取的策略 $a_i \in A_i$,其中 $i \in [1,m]$,学习率 $\alpha \in [0,1)$ 和折扣因子 $\gamma \in [0,1)$;

输出:最优 Q 价值函数 $Q_i^*(S,A), i \in [1,m], S = \{s_i\}_{i=1}^m, A = \{a_i\}_{i=1}^m$;

初始化: $Q_i(S,A) \leftarrow 0, \pi^i(S,A) = \dfrac{1}{|A|}, \pi_{-i}(S,A_{-i}) \leftarrow \dfrac{1}{|x_{j=1,j\neq i}^m A_j|}$;

开始

　重复:

　　对所有 $i \in [1,m]$ 选择一个动作 $a_i \in A_i$;

　　接收即时奖励 $r_i(S,A), i \in [1,m]$;

　　$Q_i(S,A) \leftarrow (1-\alpha)Q_i(S,A) + \alpha[r_i(S,A) + \gamma Q_i(S',A)]$;

　　$S \leftarrow S'$;

　　$\pi_{-i}(S) \leftarrow (1-\beta)\pi_{-i}(S) + \beta \cdot \pi_{-i}(S')$,其中 $\pi_{-i}(S') = \begin{cases} 1, & A_{-i} = A'_{-i} \\ 0, & \text{其他} \end{cases}$;

　直到对于所有 $i \in [1,m], Q_i(S,A)$ 都收敛;

　$Q_i^*(S,A) \leftarrow Q_i(S,A), i \in [1,m]$;

结束

1.3.6　基于多智能体 Q 学习方法的规划与协同

在本书中,对于智能体间没有任何通信的多智能体协同与规划,我们重点研究了如"均衡依赖"一节所述的基于均衡的多智能体 Q 学习。由于智能体之间缺乏通信,每个智能体需要在联合状态-动作空间中保存所有智能体的动作-状态价值表。图 1.47 描述了多智能体携杆问题的协同和规划机制。携杆问题是指将一根杆从初始位置运输到指定地点。如图 1.47(c)所示,当前两个智能体处于状态⟨4,7⟩。由于每个智能体在状态-动作空间都有所有智能体的动作-状态价值表,因此智能体通过估计均衡来寻找最佳动作。如图 1.47 所示,为了估计均衡,智能体从状态⟨4,7⟩[图 1.47(a)和图 1.47(b)]和纯策略纳什均衡中获取信息,按照纳什均衡的定义评估"FL"。在这里,两个智能体评估相同的纯策略纳什均衡。因此,在智能体之间没有任何通信的情况下,智能体团队采取动作"FL"将杆移动到下一个状态⟨5,4⟩。

1.3.7　多智能体 Q 学习方法性能分析

上述多智能体 Q 学习算法解决了多智能体 Q 学习面临的几个挑战,这些挑

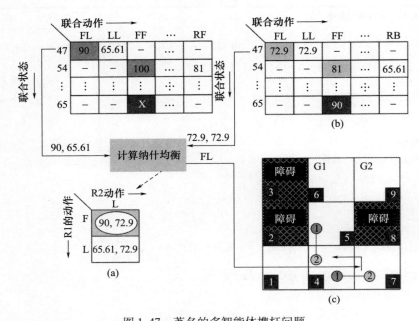

图 1.47 著名的多智能体携杆问题
(a)机器人智能体 1 的动作 – 状态价值表;(b)机器人智能体 2 的动作 – 状态价值表;
(c)基于(a)和(b)的携杆问题。

战包括:平衡探索/利用的动作选择问题,在联合状态—动作空间中动作—状态价值 Q 表的更新策略选择问题,多个均衡之间的均衡选择问题以及随着智能体数量的增加,空间和时间复杂度呈指数增长的"维数灾难"问题。为了对比一种多智能体 Q 学习算法相对于其他多智能体 Q 学习算法的性能,将多智能体 Q 学习中的度量指标总结如下。

在 JAL[81]中,玻耳兹曼策略被扩展到最优玻耳兹曼、加权最优玻耳兹曼及其组合。以平均累积奖励为性能指标,验证了采用组合方法的 JAL 算法的优越性。频率最大 Q 值启发式算法收到最优联合动作的收敛性作为性能指标来说明算法的优越性。在团队 Q 学习[92]中,智能体的平均回报作为考察指标,在整个学习期间内被最大化。分布式 Q 学习[91]以较少的存储和计算成本收敛到最优联合动作。因此,在分布式 Q 学习中,计算成本和存储需求应当作为性能指标。在最优自适应学习[96]算法中,智能体以概率 1 在多个纳什均衡中选择最优纳什均衡。因此,在最优自适应学习中,最优均衡的选择是度量标准。在稀疏协同 Q 学习中,状态 – 动作价值 Q 表的存储采用稀疏形式,其采用计算成本与存储大小作为度量指标来与其他参考算法进行对比。在序贯 Q 学习[98]中,度量指标为从起始状态到达目标状态所需的步数,即在智能体之间不产生任何行为冲突的前提下联合动作的选取次数。在频率最大奖励 Q 学习中,将每个回合的平均步数(推箱子问题)与平均奖励(分布式传感器网络问题)作为性能指标,智能体实现了协同型最优纳什均衡。在极小极大 – Q 算法[100]中,两个智能体都学习到了最优策略,并且通过测量智能体在游戏环境中的获胜百分比,在双人网格游戏的框架中测试了算法的效率。启发式加速多智能体强化学习算法[101]的性能是根据收敛速度来衡量的。虚拟博弈[105]解决了协同博弈中的均衡选择问题。元策略[106]的性能是根据智能体获得的平均奖励来衡量的。AWESOME[108]学习考虑策略固定对手的最佳响应,其性能是根据到均衡和最佳响应的距离来衡量的。超 Q 学习[110]则是使用在线贝尔曼误差和学习中的平均奖励变化作为性能指标。在文献[111]中,Singh 等基于无限小梯度上升算法采用了一种使智能体有条件地收敛于纳什均衡的方法。广义无限小梯度上升[118]、取胜或速学无限小梯度上升[107]和取胜或速学广义无限小梯度上升[119]算法的性能是根据收敛速度来衡量的。在纳什 Q 学习[95]中,Hu 等使用游戏中实现纳什均衡的百分比作为性能指标。在相关 Q 学习[72]中,其采用的性能指标是平均 Q 价值误差。在非对称 Q 学习[120]中,Könönen 使用智能体 Q 价值随学习时间的变化作为性能指标。敌友 Q 学习[121]算法中智能体动作策略总是收敛到一个纳什均衡,该算法能否收敛到一个纳什均衡作为性能指标。基于协商的 Q 学习使用每一轮次的平均回报和需要的学习轮次作为性能指标。基于均衡转移的多智能体 Q 学习[123]使用了三个性能指标:第一个性能指标是学习速度,第二个性能指标是改进的平均奖励,第三个性能指标是空间复杂度的降低程度。在取胜或速学策略爬山算法[124]中,策略要么收敛于纳什均衡,要么收敛于次优纳什均衡,该文中将智能体赢得游戏的百分比用作性能指标。在基于动态策略的取胜或速学算法[111]中,平均奖励是学习阶段采用的性能指标。在非平稳收敛策略[128]中,Weinberg 和 Rosenschein 使用完成任务所需的平均时间作为学习过程中的性能指标。在 EXORL[100]中,Littman 使用学习到的策略和 Q 价值函数作为性能指标。

如 1.3.6 节所述,在基于多智能体 Q 学习的协同中,智能体需要重新评估纳什均衡/相关均衡。由于评估纳什均衡/相关均衡的计算代价非常高,算法的计算复杂度是基于多智能体 Q 学习的协同问题中的一个重要性能指标。另一方面,空间复杂性、任务能否成功完成、系统资源利用率等也可以用来作为考察基于多智能体 Q 学习的协同算法的性能指标[98]。

1.4　智能优化协同算法

较大的内存需求和通常陷于次优解是基于搜索的协同算法和多智能体 Q 学习算法的共同瓶颈,对于这两个问题,可以采用群体智能(Swarm Intelligence,SI)[61-62]和进化算法[62]解决群体智能算法具有可扩展性、适应性、集体鲁棒性和个体简单性。因为群体智能算法采用的作用机制不依赖于群大小,所以群体智能算法的可扩展性是非常明显的[45]。群体智能算法利用自动配置和自组织能力,对快速变化的环境有非常快的响应,使得群体能够在线适应动态环境[66]。集体鲁棒性表明群体智能算法是分布式的,因此不存在单点故障的可能性[67]。尽管在任何群体智能算法中每个群体的行为都非常简单,但是大量个体的集合可以实现复杂的群体行为[67]。粒子群优化算法(Particle Swarm Optimization,PSO)和萤火虫算法(Firefly Algorithm,FA)是两种常见的群体智能算法。在粒子群优化算法中,适应值函数可以是不可导的,研究表明该算法在高维问题中获得高质量解的速度优于其他算法。因此相较于其他算法,粒子群优化算法常被用来更快地获得高维问题的优化解。然而,粒子群优化算法在高维问题中很有可能陷入局部最优解。与之相较,萤火虫算法有很大的概率探索到全局最优解。

进化算法的优点在于能够处理不连续、非线性约束、多峰和多目标优化问题。然而,进化算法不能保证在有限的时间内收敛到最优解。差分进化(Differential Evolution,DE)是一种进化算法。相较于遗传算法,差分进化算法的一个极大的优点是它具有稳定性。帝国竞争算法(Imperialist Competitive Algorithm,ICA)[67]是一种基于社会政治属性的进化算法。帝国竞争算法在连续的和离散的搜索空间中都存在邻域运动。然而,帝国竞争算法并不能保证收敛到最优解。此外,与粒子群优化算法、萤火虫算法和差分进化算法相比,帝国竞争算法需要调整更多的参数。在上述情况下,将多种算法进行"杂交"是一个很好的解决方法。通过"杂交"将两种或两种以上算法的优点进行融合,可能产生一种更加强大的算法。多智能体携杆问题的一种解决方法如文献[91]所述,该论文将萤火虫算法[48]中萤火虫的运动动力学融入基于社会政治进化的元启发式搜索算法中,并将其称为帝国竞争萤火虫算法(Imperielist Competitive Firefly Algorithm,ICFA)。上述算法都被用于解决图 1.48 所述的多智能体协同问题。下面分别对它们进行介绍。

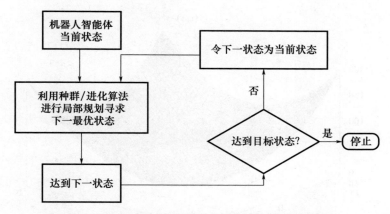

图 1.48　采用群/进化算法进行多智能体局部规划

1.4.1　粒子群算法

Kennedy 和 Eberhart 提出的一种模仿鸟群行为的非线性函数优化技术[61]，粒子群优化算法是对式(1.96)给出的一维非线性函数进行优化，粒子群优化算法的目标是寻找使式(1.96)最大化或最小化的决策变量 X，其中最大化还是最小化取决于问题定义。因此，可以认为式(1.96)的可行解集是一个 n 维超空间。

$$f(X) = f(x_1, \cdots, x_n) \tag{1.96}$$

$$f(x,y) = x^2 + y^2 \tag{1.97}$$

$$f(x,y) = x\sin(4\pi y) + y\sin(4\pi x + \pi) + 1 \tag{1.98}$$

考虑式(1.97)[48]中给出的二维问题，在式(1.97)中，$x \in [-10,10]$，$y \in [-10,10]$。图 1.49 给出了函数式(1.97)在定义域内的图像。从图 1.49 可以看出，点(0,0)是 $f(x,y)$ 唯一的极小值点。可以直观的看到，函数式(1.97)的极小值点容易求解。图 1.50 给出了函数式(1.98)的图像，与图 1.49 不同，图 1.50 中存在多个最优解。在这些最优解中寻找全局最优解是非常困难的。粒子群优化算法采用多智能体并行搜索技术，每个智能体从不同的初始位置出发对解空间进行探索，直到寻找出全局最优解。在粒子群优化算法中，智能体之间可以相互通信并共享它们探索到的适应值函数值信息。

在粒子群优化算法中，每个智能体以不同的初始位置和速度开始探索多维解空间。智能体的初始位置记为 $X = \{x_i\}_{i=1}^{S}$，初始速度记为 $V = \{v_i\}_{i=1}^{S}$。第 i

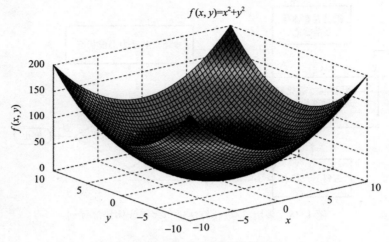

图1.49 函数式(1.97)的曲面图

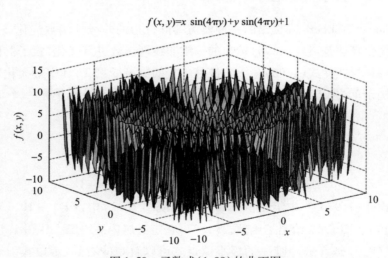

图1.50 函数式(1.98)的曲面图

个智能体位置和速度的第 d 维分量演化分别由式(1.99)和式(1.100)给出。

$$x_{id}(t+1) = x_{id}(t) + v_{id}(t+1) \quad (1.99)$$

$$v_{id}(t+1) = \omega \cdot v_{id}(t) + C_1\varphi_1 \cdot [P_{id}(t) - x_{id}(t)] + C_2 \cdot \varphi_2 \cdot [g_{id}(t) - x_{id}(t)]$$
$$(1.100)$$

等式(1.100)中等号右边第一个分量是第 i 个智能体的初始速度。ω 指惯性权重因子。C_1 和 C_2 分别代表自我学习因子和群体学习因子的常系数。式

(1.100)中引入的两个随机数 $\varphi_1 \in [0,1]$ 和 $\varphi_2 \in [0,1]$ 分别决定了 $p(t)$ 和 $g(t)$ 对式(1.100)的影响。在 $t=0$ 时将 $p(t)$、$g(t)$ 和 $x(t)$ 初始化为 0,即 $p(0) = g(0) = x(0)$。之后,每个智能体的速度和位置会根据式(1.99)和式(1.100)进行更新。算法 1.30 中给出了粒子群优化算法实施流程[48]。

算法 1.30　粒子群优化算法(PSO)

输入:粒子群大小(S),C_1,C_2,$\varphi_1 \in [0,1]$,$\varphi_2 \in [0,1]$,ω 和 V_{max};

输出:近似全局最优解 X^*;

初始化:初始化位置向量 $X_i(0)$ 和速度向量 $V_i(0)$;

开始

　While 不满足终止条件,循环:

　　For $i=1$ 到 S,开始循环:

　　　评估适应度 $f(X_i)$;

　　　更新 p_i 和 g_i;

　　　分别通过式(1.99)和式(1.100)更新位置和速度;

　　End for;

　End while;

结束

Pugh 等[69]提出了用于多智能体系统避障的抗噪粒子群优化算法。在文献[70]中 Pugh 进一步通过设置最佳邻域对抗噪粒子群优化算法进行了改进。

$$x_i^{*\prime} = x_i^{*\prime\prime}, \text{如果 fitness}(x_i^{*\prime\prime}) > \text{fitness}(x_i^{*\prime}) \qquad (1.101)$$

式中:$x_i^{*\prime}$ 表示第 i 个粒子(这里指智能体)的最优邻居;$x_i^{*\prime\prime}$ 表示第 i 个粒子新的最优邻居。

1.4.2　萤火虫算法

在萤火虫算法[93]中,优化问题的可能解由萤火虫在搜索空间中的位置决定,萤火虫位置处的光强度对应于该解的适应值。为了获得最优解,每一只萤火虫通过朝着具有更强光强的萤火虫的方向飞行来更新自身位置。

1. 初始化

萤火虫算法初始时包含一个萤火虫种群 NP,萤火虫种群中的任何一只萤火虫都具有一个 D 维的位置信息 $X_i(t)$,$X_i(t) = \{x_{i,1}(t), x_{i,2}(t), x_{i,3}(t), \cdots, x_{i,D}(t)\}$。在 $t=0$ 时,在搜索范围 $[X^{min}, X^{max}]$ 内对 $X_i(t)$ 进行随机初始化,其

中，$X^{\min} = \{x_1^{\min}, x_2^{\min}, \cdots, x_D^{\min}\}$，$X^{\max} = \{x_1^{\max}, x_2^{\max}, \cdots, x_D^{\max}\}$。第 i 只萤火虫的第 d 个分量由下式给出：

$$x_{i,d}(0) = x_d^{\min} + \text{rand}(0,1) \times (x_d^{\max} - x_d^{\min}) \tag{1.102}$$

式中：rand(0,1) 是介于 0 和 1 之间的均匀分布的随机数；$d = [1, D]$。将第 i 只萤火虫的目标函数值（在最小化问题中，与萤火虫的亮度式反比）记为 $f(X_i(0))$，其中 $i = [1, NP]$。

2. 萤火虫的相互吸引

在最小化问题中，当 $f(X_j(t)) < f(X_i(t))$ 时，萤火虫 $X_i(t)$ 会被吸引到更亮萤火虫 $X_j(t)$ 的位置，其中，$i,j = (1, NP)$，$i \neq j$。萤火虫 $X_i(t)$ 对萤火虫 $X_j(t)$ 的吸引力 $\beta_{i,j}$ 与萤火虫 $X_i(t)$ 看到的萤火虫 $X_j(t)$ 的光强度成正比，但是吸引力 $\beta_{i,j}$ 随它们之间距离 $r_{i,j}$ 的增大呈指数下降，$\beta_{i,j}$ 的计算方法由式(1.103)给出。

$$\beta_{i,j} = \beta_0 \exp(-\gamma \times r_{i,j}^m), m \geq 1 \tag{1.103}$$

式中：β_0 为第 i 只萤火虫在其自身所处位置受到的最大吸引力（即 $r_{i,j} = r_{i,i} = 0$ 时）；γ 为光吸收系数，它控制着 $\beta_{i,j}$ 随 r_{ij} 的变化。参数 γ 负责控制 FA 的收敛速度。当 $\gamma = 0$ 时吸引力 $\beta_{i,j}$ 是一个常数，而当 γ 趋近无穷大时就等价于完全随机搜索。在式(1.104)中，m 是一个正的非线性调节指数。使用欧几里得范数来计算萤火虫 $X_i(t)$ 和萤火虫 $X_j(t)$ 之间的距离 $r_{i,j}$，计算公式如下：

$$r_{i,j} = \| X_i(t) - X_j(t) \| \tag{1.104}$$

对所有 $i, j = [1, N]$ 重复此步骤。

3. 萤火虫运动

位于 $X_i(t)$ 处的萤火虫根据位置更新公式(1.105)朝着更亮的萤火虫（即 $f(X_j(t)) < f(X_i(t))$）占据的位置 $X_j(t)$ 移动，其中，$i,j = [1, NP]$，但是 $i \neq j$。

$$X_i(t+1) = X_i(t) + \beta_{i,j} \times (X_j(t) - X_i(t)) + \alpha \times (\text{rand}(0,1) - 0.5) \tag{1.105}$$

位置更新公式(1.105)中的右端第一项表示第 i 只萤火虫当前的位置，右端第二项表示在 $X_i(t)$ 处的萤火虫朝着位于 $X_j(t)$ 处的更亮的萤火虫移动产生的位置变化。显而易见，当前萤火虫种群 P_t 中最亮萤火虫将不会产生任何运动，因此可能会陷入局部最优解。为了解决这个问题，在位置更新公式(1.105)引入一个步长为 $\alpha \in (0,1)$ 的随机运动（右端第三项）。其中 rand(0,1) 是介于 0 和 1 之间的均匀分布的随机数。对所有 $i = [1, NP]$ 重复此步骤。在完成了位置更新后，第 i 只萤火虫的新位置由 $X_i(t+1)$ 表示，$i = [1, NP]$。

每次进化后，重复"萤火虫的相互吸引"和"萤火虫运动"，直到满足下列收敛条件之一。收敛条件包括达到迭代次数和满足精度要求,如果二者都满足则以较早出现的为准。在算法 1.31 中,使用迭代次数作为收敛条件。

算法 1.31　传统萤火虫算法(Firefly Algorithm,FA)

输入:$X = (x_1, x_2, \cdots, x_D)$,适应度函数 $f(X)$;
输出:$X_i, i \in [1, n]$;
初始化:$X_i, i \in [1, n], \alpha \in (0,1), \beta_0 = 1$ 和 $\gamma \in [0.1, 10]$;
当 t 小于最大世代数时进行循环:
　　For k = 1 到 D,开始循环:
　　　For i = 1 到 n,开始循环:
　　　　For j = 1 到 n,开始循环:
　　　　　如果 $f(X_i(t)) < f(X_j(t))$,将 $X_i(t)$ 向 $X_j(t)$ 移动;
　　　　　$X_{ik}(t+1) = x_{ik}(t) + \beta r_{ij} \times [x_{jk}(t) - x_{ik}(t)] + \alpha(\mathrm{rand} - 0.5)$;
　　　　End for;
　　　End for;
　　End for;
　　根据当前适应度对萤火虫进行排序,并找到适应度最优的萤火虫;
结束循环

1.4.3　帝国竞争算法

帝国竞争算法是一种基于种群的随机算法,其灵感来源于社会进化和殖民国家拓展影响范围的竞争策略,其因求解优化问题的高效性而得到了广泛的关注[89]。与其他进化算法一样,帝国竞争算法也要创建初始种群,称为"国家"。根据统治权力大小(与目标函数值成反比)将国家分为两组——殖民国家和殖民地国家。每个殖民国家和受其统治的殖民地国家共同组成了"帝国"。在每个"帝国"中,殖民国家都奉行同化政策以改善其所辖殖民地的经济、文化和政治局势,从而赢得他们的"忠诚"。此外,为了获得更多的殖民地,帝国之间将展开竞争。在帝国竞争算法中,殖民地对各自宗主殖民国家的趋同化以及殖民国家之间的竞争最终会导致世界上只有一个殖民国家,其他所有的国家则会成为这个殖民国家的殖民地。下面介绍帝国竞争算法的主要步骤。

1. 初始化

在 $[X^{\min}, X^{\max}]$ 中随机生成初始种群 P_t 作为当前代 $t=0$ 的解,初始种群包括 NP 个 D 维的国家,$X(t) = \{x_{i,1}(t), x_{i,2}(t), x_{i,3}(t), \cdots, x_{i,D}(t)\}, i = (1, NP)$。

其中 $\boldsymbol{X}^{\min} = \{x_1^{\min}, x_2^{\min}, \cdots, x_D^{\min}\}$，$\boldsymbol{X}^{\max} = \{x_1^{\max}, x_2^{\max}, \cdots, x_D^{\max}\}$。在 $t = 0$ 时，第 i 个国家的第 d 维元素的计算方式为

$$x_{i,d}(0) = x_d^{\min} + \text{rand}(0,1) \times (x_d^{\max} - x_d^{\min}), d = [1, D] \quad (1.106)$$

其中 $\text{rand}(0,1)$ 是介于 0 和 1 之间的均匀分布的随机数。国家 $\boldsymbol{X}_i(0)$ 的目标函数值被评估为 $f(\boldsymbol{X}_i(0))$，$i = [1, NP]$。

2. 殖民国家和殖民地国家

对于最小化问题，将初始国家群体 P_0 按照价值函数 $f(\boldsymbol{X}_i(0))$ 从小到大排列，$i = [1, NP]$。前 N 个国家沦为殖民国家，而剩余的 $M = NP - N$ 个国家则沦为殖民地国家。因此，所有的国家被分为殖民国家和殖民地国家两类。

3. 帝国形成

第 j 个殖民国家统治下的帝国是建立在其统治权力基础上的。为此，首先用式(1.107)评估第 j 个殖民国家的统治权力 P_j，其中 $f(\boldsymbol{X}_{NP}(0))$ 是当前国家群体 P_0 中最弱的国家的目标函数值。

$$p_j = \frac{f(\boldsymbol{X}_{NP}(0)) - f(\boldsymbol{X}_j(0))}{\sum_{l=1}^{N} f(\boldsymbol{X}_{NP}(0)) - f(\boldsymbol{X}_l(0))} \quad (1.107)$$

从式(1.107)可以明显看出，第 j 个殖民国家越强大（即最小化问题中的目标函数值 f 越小），f 的差异越大，这个帝国的统治权力 P_j 越强。第 j 个殖民国家下的初始殖民地数目记为 n_j，n_j 由式(1.108)计算：

$$n_j = \lfloor M \times p_j \rfloor \quad (1.108)$$

则

$$\sum_{j=1}^{N} n_j = M \quad (1.109)$$

其中 $\lfloor \ \rfloor$ 代表向下取整函数。由式(1.108)可知，更强大的殖民国家拥有更高的统治权力，从而统治更强大的帝国。因此 p_j 象征着第 j 个殖民国家占领的殖民地的比例。随后，假设两个不同的殖民国家之间不存在共同的殖民地，则通过从 M 个殖民地国家中随机选择 n_j 个国家来隶属于第 j 个殖民国家。因此，包括殖民国家在内的第 j 个帝国共包含 $n_j + 1$ 个国家。设第 j 个帝国内的第 k 个国家用 $\boldsymbol{X}_k^j(t)$ 表示，$k = [1, n_j + 1]$。将第 j 个帝国内的国家按照当前的目标函数值进行升序排列，这样第 j 个帝国内殖民国家 $\boldsymbol{X}_1^j(t)$ 就出现在了第一位。对所有 $j = [1, N]$ 重复此步骤。

4. 殖民地同化

每个殖民国家都在试图通过增强对其殖民地的社会政治影响来增强自己。为了实现这一点,第 j 个帝国中的殖民地国家 $X_k^j(t)$ 依据式(1.110)改变其政治文化特征向统治它的殖民国家 $X_1^j(t)$ 移动,$k=[2,n_j+1]$。

$$X_k^j(t+1) = X_k^j(t) + \beta \times \text{rand}(0,1) \times (X_1^j(t) - X_k^j(t)) \tag{1.110}$$

式中:rand(0,1)为介于 0 和 1 之间的均匀分布随机数;β 为同化系数。对所有殖民地的目标价值函数 $f(X_k^j(t+1))$ 进行更新,其中 $k=[2,n_j+1]$。同化结束后,将第 j 个帝国内的所有国家按照目标函数值重新进行升序排列,排名第一的国家成为这个帝国的下一任殖民国家 $X_1^j(t+1)$(即 $t=t+1$)。对所有 $j=[1,N]$ 重复此步骤。

5. 殖民地革命

殖民地革命导致帝国中的国家在经济、文化和政治上发生剧变。在这个过程中,殖民国家及其所辖的殖民地国家可以随机改变其社会政治属性。这一过程类似于传统 EA 算法中的变异算子。算法中的革命比例参数 η 代表每个帝国中进行革命的殖民地比例。较高的革命比例会增强算法的全局探索能力,降低局部搜索能力。最好采用中等取值的革命比例参数。革命的具体实现过程为,在第 j 个帝国($j=[1,N]$)中随机选择 $\eta \times n_j$ 个国家(包括殖民国家),其中 η 为一个随机因子,n_j 为第 j 个帝国中所有国家的数目。随机初始化这些国家的社会政治特征。革命结束后,将帝国中的所有国家根据目标函数值进行升序排列,排在首位的就是新的殖民国家。对所有帝国重复这一过程。

6. 帝国竞争

所有帝国都参与帝国竞争,它们根据其实力的大小来占领其他实力较弱的帝国的殖民地。实力较弱的帝国中的殖民地将逐渐从相应殖民国家的统治中脱离,随后被其他一些实力较强的帝国所控制。因此,较弱的帝国将逐渐失去权力,最终可能会从竞争中消失。帝国竞争和崩溃机制将导致强大帝国的力量逐步增加,弱小帝国的力量逐步减弱。帝国竞争包括以下几个步骤。

帝国权力评估

第 j 个帝国的权力由殖民国家的目标函数值 $X_1^j(t+1)$ 和所有殖民地国家的目标函数值 $X_k^j(t+1)$ 共同决定。第 j 个帝国的帝国权力评估方法为:

$$tc_j = f(X_1^j(t+1)) + \xi \cdot \frac{1}{n_j} \sum_{k=2}^{n_j+1} X_k^j(t+1) \tag{1.111}$$

式中:$0<\xi<1$,用来调节帝国中殖民地对帝国权力的影响。当 ξ 值很小时,第 j 个帝国的权力主要由殖民国家的目标函数值 $X_1^j(t+1)$ 决定,随着 ξ 的增大,殖民地国家的目标函数值对帝国权力的影响逐渐增加。将所有帝国按照帝国权力值 tc_j 升序排序。第 j 个帝国的标准化权力 pp_j 的计算方式如式(5.13)所示,其中 tc_N 为所有帝国中权力最小的帝国的权力值。

$$pp_j = \frac{tc_N - tc_j}{\sum_{l=1}^{N} tc_N - tc_l} \qquad (1.112)$$

从式(1.112)可以看出,第 j 个帝国越强大(即最小化问题的总目标函数值 tc_j 越小),其标准化权力 pp_j 越大,它从弱小的帝国集团手中攫取殖民地的概率越大。对 $j=[1,N]$ 重复此步骤。

殖民地的重新分配和帝国的瓦解

标准化权力 pp_j 最小的帝国将会在帝国竞争中被击败。将这个最弱的帝国中最弱的殖民地表示为 X_{worst},它将会被从当前的帝国中移除,并根据攫取殖民地的概率重新分配给一个更强大的帝国。值得注意的是,X_{worst} 不一定会被分配给最强大的帝国,但是越强大的帝国获得它的概率越大。第 j 个帝国获得它的概率如下,$j=[1,N]$:

$$prob_j = pp_j - \text{rand}(0,1) \qquad (1.113)$$

现在 X_{worst} 作为一个新的殖民地被分配给了捕获概率 $prob_j$ 最大的帝国。如果最弱的帝国中只存在 X_{worst} 一个国家,X_{worst} 就是最弱的帝国中的殖民国家,那么 X_{worst} 的移除将会导致这个帝国的瓦解。

帝国合并

两个帝国之间的分歧可以通过其各自社会政治特征的差异来衡量。任意两个帝国 j 和 l 之间的这种差异是根据相应殖民国家 $X_1^j(t+1)$ 和 $X_1^l(t+1)$ 之间的欧几里得距离来评估的,如公式(1.114)所示,对于任何 $j,l=[1,N]$,

$$Dist_{j,l} = \| X_1^j(t+1) - X_1^l(t+1) \| \qquad (1.114)$$

当两个国家之间的欧几里得距离 $Dist_{j,l}$ 小于一个预设的阈值 Th 时,这两个帝国就会合并成一个新的帝国。$X_1^j(t+1)$ 和 $X_1^l(t+1)$ 中的较强者则会成为新帝国中的殖民国家。

每次进化后,都从"4. 殖民地同化"节开始继续重复上述操作,直到满足达到迭代次数、满足精度要求和只剩下一个帝国集团这三个收敛条件之一。

1.4.4 差分进化算法

差分进化(DE)算法[132]是一种基于种群的随机全局优化算法,差分进化算法常用于优化实参数和实值函数[48]。差分进化算法的步骤如图1.51所示。

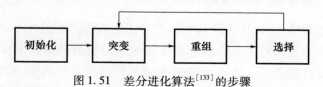

图 1.51　差分进化算法[133]的步骤

1. 初始化

定义每个参数的范围,即每个参数的上下边界,然后随机对这些参数进行初始化。

2. 突变

突变步骤扩展了搜索空间。突变遵循式(1.115),其中 $F \in [0,2]$ 是突变因子。$x_{r_1,G}$,$x_{r_2,G}$ 和 $x_{r_3,G}$ 是随机选择的变量,其中,i,r_1,r_2,r_3 和 G 是索引。$v_{i,G+1}$ 是变异向量。

$$v_{i,G+1} = x_{r_1,G} + F(x_{r_2,G} - x_{r_3,G}) \tag{1.115}$$

3. 重组

根据式(1.116),使用目标向量 $x_{i,G}$ 和变异向量 $v_{i,G+1}$ 的元素对试验解向量 $u_{i,G+1}$ 进行评估。

$$u_{i,j,G+1} = \begin{cases} v_{i,j,G+1}, & \text{rand}() \leqslant CR \text{ 或 } j = I_{\text{rand}} \\ x_{i,j,G}, & \text{rand}() > CR \text{ 或 } j \neq I_{\text{rand}} \end{cases} \tag{1.116}$$

式中:$i = [1, N]$;$j = [1, D]$;CR 为给定参数;I_{rand} 确定 $v_{i,G+1} \neq x_{i,G}$ 是否成立。

4. 选择

将目标解向量 $x_{i,G}$ 与试验解向量 $u_{i,G+1}$ 进行比较,并根据式(1.117)选择下一代。

$$x_{i,G+1} = \begin{cases} u_{i,G+1}, & f(u_{i,G+1}) \leqslant f(x_{i,G}) \\ x_{i,G}, & \text{其他} \end{cases} \tag{1.117}$$

式中:$i = [1, N]$。重复以上步骤2至步骤4直至满足终止条件。

1.4.5 离线优化

由于群体智能算法和进化优化算法的计算时间成本相当高,因此只适用于离线优化。在多智能体协同的问题中,智能体根据系统资源(时间和/能量)利用率离线评估最优轨迹(坐标集合)。对轨迹进行离线优化后,再在真实智能体中执行。

1.4.6 智能优化算法的性能分析

群体智能算法、进化算法及其"杂交"算法的性能需要通过一定的性能指标进行分析。在固定时间内解的质量和收敛时间是衡量群体智能算法和进化算法的两个重要性能指标。此外,函数评估的平均最佳目标函数、精确度、搜索空间的维度也可以作为性能指标。针对上述性能指标,可以对算法的性能进行统计检验,相关方法介绍如下。

1. 弗里德曼检验

弗里德曼检验[64]是一种非参数统计检验,可在固定维度的情况下对独立运行的每个算法的平均目标函数值进行检验。为了进行弗里德曼检验,首先将每个算法在所有 N 个基准函数中得到的排名平均值作为该算法平均排名(R_i)。计算方法如下:

$$R_i = \frac{1}{N} \sum_{j=1}^{N} r_i^j \tag{1.118}$$

式中:r_i^j 为第 i 种算法在第 j 个基准函数中得到的排名,最终结果考虑了 N 个基准函数。得到 R_i 后,使用式(1.119)评估正式定义的弗里德曼统计量,它遵循一个自由度为 $(k-1)$ 的 χ_F^2 分布。

$$\chi_F^2 = \frac{12N}{k(k+1)} \left[\sum_{i=1}^{k} R_i^2 - \frac{k(k+1)^2}{4} \right] \tag{1.119}$$

2. 伊曼-达文波特检验

除弗里德曼检验外,还可以采用伊曼-达文波特检验[65]来验证先前统计分析的结果。它在弗里德曼检验的基础上发展而来,可以给出更准确可信的结果。伊曼-达文波特统计量 F_F 的计算方式如下:

$$F_F = \frac{(N-1) \times \chi_F^2}{N \times (k-1) - \chi_F^2} \tag{1.120}$$

弗里德曼检验的分析结果表明,如果 χ_F^2 的计算值大于自由度为 $(k-1)$ 的 χ_F^2 分布的临界值,则原假设被拒绝的概率为 $\alpha(\chi_{3,\alpha}^2)$。同样地,如果伊曼-达文波特统计量 F_F 的计算值大于具有自由度为 $(k-1)$ 和 $(k-1) \times (N-1)$ 的 F_F 分布的临界值,则原假设被拒绝的概率为 $\alpha(F_{(k-1),(N-1),\alpha})$。

1.5 本章小结

本章介绍了解决现实中复杂多智能体协同问题的强化学习、博弈论、动态规划和进化算法,首先对现有的强化学习文献进行了全面的调研,总结了比较不同算法性能的度量指标。然后简要介绍了可用于多智能体协同的智能优化算法,并概述了对算法性能进行考察的统计检验方法。总体而言,基于强化学习的方法可应用于不同类型(如合作型、竞争型或混合型)的静态与动态博弈问题,进行算法则可以用于实现系统建模基础上的多智能体协同。

参考文献

[1] Arkin, R. C. (1998). Behavior-Based Robotics. MIT Press.

[2] Sen, S., Sekaran, M., and Hale, J. (1994). Learning to coordinate without sharing information. Proceedings of the American Association for Artificial Intelligence 94:426–431.

[3] Kapetanakis, S. and Kudenko, D. (2002). Reinforcement learning of coordination in cooperative multi-agent systems. Proceedings of the American Association for Artificial Intelligence 18:326–331.

[4] Konar, A., Chakraborty, I. G., Singh, S. J. et al. (2013). A deterministic improved Q-learning for path planning of a mobile robot. IEEE Transactions on Systems, Man, and Cybernetics: Systems 43(5):1141–1153.

[5] Sadhu, A. K., Rakshit, P., and Konar, A. (2016). A modified Imperialist Competitive Algorithm for multi-robot stick-carrying application. Robotics and Autonomous Systems 76:15–35.

[6] Stentz, A. (1997). Optimal and efficient path planning for partially known environments. In: Intelligent Unmanned Ground Vehicles, vol. 388 (eds. M. Hebert and C. Thorpe), 203–220. Boston, MA: Springer.

[7] Xu, X., Zuo, L., and Huang, Z. (2014). Reinforcement learning algorithms with function approximation: recent advances and applications. Information Sciences 261:1–31.

[8] Buşoniu, L., Lazaric, A., Ghavamzadeh, M. et al. (2012). Least-squares methods for policy iteration. In: Reinforcement Learning (eds. M. Wiering and M. van Otterlo), 75–109. Berlin Heidelberg: Springer.

[9] Xu, X., Hu, D., and Lu, X. (2007). Kernel-based least squares policy iteration for reinforcement learning. IEEE Transactions on Neural Networks 18(4):973–992.

[10] Golub, G. and Kahan, W. (1965). Calculating the singular values and pseudoinverse of a matrix. Journal of the Society for Industrial and Applied Mathematics, Series B: Numerical Analysis 2(2):205–224.

[11] Lagoudakis, M. G. and Parr, R. (2003). Least-squares policy iteration. The Journal of Machine Learning Research 4:1107–1149.

[12] Martins, M. F. and Demiris, Y. (2010). Learning multirobot joint action plans from simultaneous task execu-

tion demonstrations. Proceedings of the 9th International Conference on Autonomous Agents and Multiagent Systems 1:931 – 938.

[13] Cao, Y. U. , Fukunaga, A. S. , and Kahng, A. B. (1997). Cooperative mobile robotics: antecedents and directions. Autonomous Robots 4(1):7 – 27.

[14] Farinelli, A. , Iocchi, L. , and Nardi, D. (2004). Multi – robot systems: a classification focused on coordination. IEEE Transactions on Systems, Man, and Cybernetics, Part B: Cybernetics 34(5):2015 – 2028.

[15] Szer, D. , Charpillet, F. , and Zilberstein, S. (2005). MAA*: a heuristic search algorithm for solving decentralized POMDPs. Proceedings of the 21st Conference on Uncertainty in Artificial Intelligence – UAI, Edinburgh, Scotland(26 – 29 July 2005).

[16] Dias, M. B. , Zlot, R. , Kalra, N. , and Stentz, A. (2006). Market – based multirobot coordination: a survey and analysis. Proceedings of the IEEE 94(7):1257 – 1270.

[17] Stentz, A. and Dias, M. B. (1999). A Free Market Architecture for Coordinating Multiple Robots. Technical Report, CMU – RI – TR – 99 – 42, Robotics Institute, Carnegie Mellon University.

[18] Dias, M. B. and Stentz, A. (2002). Opportunistic optimization for market – based multirobot control. IEEE/RSJ International Conference on Intelligent Robots and Systems 3:2714 – 2720.

[19] Dias, M. B. (2004). Traderbots: a new paradigm for robust and efficient multirobot coordination in dynamic environments. Doctoral dissertation, Carnegie Mellon University Pittsburgh.

[20] Sandholm, T. (2002). Algorithm for optimal winner determination in combinatorial auctions. Artificial Intelligence 135(1):1 – 54.

[21] Berhault, M. , Huang, H. , Keskinocak, P. et al. (2003). Robot exploration with combinatorial auctions. Proceedings IEEE/RSJ International Conference on Intelligent Robots and Systems, (IROS 2003) 2:1957 – 1962.

[22] Dias, M. B. , Zlot, R. , Zinck, M. et al. (2004). A versatile implementation of the TraderBots approach for multirobot coordination. Proceedings of the 8th Conference on Intelligent Autonomous Systems(IAS – 8), Amsterdam, Netherlands(10 – 12 March 2004).

[23] Badreldin, M. , Hussein, A. , and Khamis, A. (2013). A comparative study between optimization and market – based approaches to multi – robot task allocation. Advances in Artificial Intelligence 2013:1 – 11.

[24] Konar, A. , Chakraborty, I. G. , Singh, S. J. et al. (2013). A deterministic improved Q – learning for path planning of a mobile robot. IEEE Transactions on Systems, Man, and Cybernetics: Systems 43(5):1 – 13.

[25] Marden, J. R. , Arslan, G. , and Shamma, J. S. (2009). Cooperative control and potential games. IEEE Transactions on Systems, Man, and Cybernetics, Part B: Cybernetics 39(6):1393 – 1407.

[26] Fax, A. and Murray, R. M. (2004). Information flow and cooperative control of vehicle formations. IEEE Transactions on Automation Control 49:1465 – 1476.

[27] Kashyap, A. , Başar, T. , and Srikant, R. (2006). Consensus with quantized information updates. Proceedings of the 45th IEEE Conference on Decision and Control, San Diego, CA(13 – 15 December 2006).

[28] Olfati – Saber, R. , Fax, A. , and Murray, R. M. (2007). Consensus and cooperation in networked multi – a-

gent systems. Proceedings of the IEEE 95(1):215-233.

[29] Mohanty,M.,Mishra,A.,and Routray,A. (2009). A non-rigid motion estimation algorithm for yawn detection in human drivers. International Journal of Computational Vision and Robotics 1(1):89-109.

[30] LaValle,S. M. (2006). Planning Algorithms. Cambridge university press.

[31] Nilsson,N. J. (2014). Principles of Artificial Intelligence. Morgan Kaufmann.

[32] Konar,A. (1999). Artificial Intelligence and Soft Computing:Behavioral and Cognitive Modeling of the Human Brain. CRC Press.

[33] Bhattacharya,P. and Gavrilova,M. L. (2008). Roadmap-based path planning:using the Voronoi diagram for a clearance-based shortest path. IEEE Robotics and Automation Magazine 15(2):58-66.

[34] Gayle,R.,Moss,W.,Lin,M. C.,and Manocha,D. (2009). Multi-robot coordination using generalized social potential fields, Proceedings of the IEEE International Conference on Robotics andAutomation. Kobe,Japan(12-17May 2009),pp. 106-113.

[35] Sutton,R. S. and Barto,A. G. (1998). Reinforcement Learning:An Introduction. Cambridge,MA:The MIT Press.

[36] Krishna,K. M. and Hexmoor,H. (2004). Reactive collision avoidance of multiple moving agents by cooperation and conflict propagation. IEEE International Conference on Robotics and Automation(ICRA)3:2141-2146.

[37] Farinelli,A.,Iocchi,L.,and Nardi,D. (2004). Multirobot systems:a classification focused on coordination. IEEE Transactions on Systems,Man,and Cybernetics,Part B(Cybernetics)34(5):2015-2028.

[38] Myerson,R. B. (1991). Game Theory:Analysis of Conflict. Cambridge:Harvard University Press.

[39] Brown,G. W. (1951). Iterative solution of games by fictitious play. Activity Analysis of Production and Allocation 13(1):374-376.

[40] Kandori,M.,Mailath,G. J.,and Rob,R. (1993). Learning,mutation,and long run equilibria in games. Econometrica:Journal of the Econometric Society 61:29-56.

[41] Neumann,L. J. and Morgenstern,O. (1947). Theory of games and economic behavior,vol. 60. Princeton:Princeton University Press.

[42] Nash,J. (1951). Non-cooperative games. Annals of Mathematics 54:286-295.

[43] Owen,G. (1995). Game Theory. Academic Press.

[44] Basar,T. and Olsder,G. J. (1999). Dynamic Noncooperative Game Theory,vol. 23. SIAM.

[45] Fudenberg,D. and Kreps,D. M. (1992). Lectures on Learning and Equilibrium in Strategic Form Games. Louvain-La-Neuve:Core Foundation.

[46] Howard,R. A. (1960). Dynamic Programming and Markov Processes. The MIT Press.

[47] Bellman,R. E. (1957). Dynamic programming. Proceedings of the National Academy of Science of the United States of America 42(10):34-37.

[48] Yang,X. S. (2009). Firefly algorithms for multimodal optimization,stochastic algorithms:foundations and applications. SAGA,Lecture Notes in Computer Sciences 5792:169-178.

[49] Narimani, R. and Narimani, A. (2013). A new hybrid optimization model based on imperialistic competition and differential evolution meta – heuristic and clustering algorithms. Applied Mathematics in Engineering, Management and Technology 1(2):1 – 9.

[50] Subudhi, B. and Jena, D. (2011). A differential evolution based neural network approach to nonlinear system identification. Applied Soft Computing 11(1):861 – 871.

[51] Ramezani, F., Lotfi, S., and Soltani – Sarvestani, M. A. (2012). A hybrid evolutionary imperialist competitive algorithm(HEICA). In:Intelligent Information and Database Systems, Part I, LNAI, vol. 7196(eds. J. – S. Pan, S. – M. Chen and N. T. Nguyen), 359 – 368. Berlin Heidelberg:Springer.

[52] Khorani, V., Razavi, F., and Ghoncheh, A. (2010). A New Hybrid Evolutionary Algorithm Based on ICA and GA:Recursive – ICA – GA, 131 – 140. IC – AI.

[53] Nozarian, S. and Jahan, M. V. (2012). A Novel Memetic Algorithm with Imperialist Competition as Local Search. International Proceedings of Computer Science and Information Technology 30:54 – 59.

[54] Lin, J. L., Tsai, Y. H., Yu, C. Y., and Li, M. S. (2012). Interaction enhanced imperialist competitive algorithms. Algorithms 5(4):433 – 448.

[55] Coelho, L. D. S., Afonso, L. D., and Alotto, P. (2012). A modified imperialist competitive algorithm for optimization in electromagnetic. IEEE Transactions on Magnetics 48(2):579 – 582.

[56] Bidar, M. and Rashidy, H. K. (2013). Modified firefly algorithm using fuzzy tuned parameters. Proceedings of the 13th Iranian Conference on Fuzzy Systems(IFSC), IEEE, Iran Qazvin(27 – 29 August 2013), pp. 1 – 4.

[57] Seuken, S. and Zilberstein, S. (2007). Memory – Bounded Dynamic Programming for DEC – POMDPs. IJCAI, pp. 2009 – 2015.

[58] Seuken, S. and Zilberstein, S. (2012). Improved memory – bounded dynamic programming for decentralized POMDPs. arXiv preprint arXiv. pp. 1206.5295.

[59] K. Alton and I. M. Mitchell, Efficient dynamic programming for optimal multilocation robot rendezvous. Proceedings of the 47th IEEE Conference on Decision and Control, MEX Cancun(9 – 11 December 2008), pp. 2794 – 2799.

[60] Nudelman, E., Wortman, J., Shoham, Y., and Leyton – Brown, K. (2004). Run the GAMUT:a comprehensive approach to evaluating game – theoretic algorithms. Proceedings of the Third International Joint Conference on Autonomous Agents and Multiagent Systems 2:880 – 887.

[61] Kennedy, J., Eberhart, R., and Shi, Y. (2001). Swarm Intelligence. Los Altos, CA:Morgan Kaufmann.

[62] Das, S., Abraham, A., and Konar, A. (2008). Particle swarm optimization and differential evolution algorithms:technical analysis, applications and hybridization perspectives. In:Advances of Computational Intelligence in Industrial Systems, 1 – 38. Berlin Heidelberg:Springer.

[63] Gargari, E. A. and Lucas, C. (2007). Imperialist competitive algorithm:an algorithm for optimization inspired by imperialistic competition. Proceedings of the IEEE Congress in Evolutionary Computation, CEC, Singapore(25 – 28 September 2007), pp. 4661 – 4667.

第 1 章 基于强化学习与进化算法的多智能体协同

[64] Horng, M. H. and Jiang, T. W. (2010). The codebook design of image vector quantization based on the firefly algorithm. In: International Conference on Computational Collective Intelligence, Part Ⅲ, LNAI, vol. 6423 (eds. J. - S. Pan, S. - M. Chen and N. T. Nguyen), 438 - 447. Berlin, Heidelberg: Springer.

[65] Abidin, Z. Z., Arshad, M. R., and Ngah, U. K. (2011). A simulation based fly optimization algorithm for swarms of mini - autonomous surface vehicles application. Indian Journal of Marine Sciences 40 (2): 250 - 266.

[66] Belal, M., Gaber, J., El - Sayed, H., and Almojel, A. (2006). Swarm intelligence. In: Handbook of Bioinspired Algorithms and Applications, CRC Computer and Information Science, vol. 7 (eds. S. Olariu and A. Y. Zomaya). Chapman and Hall.

[67] M. Dorigo, In The Editorial of the First Issue of: Swarm Intelligence Journal, Springer Science + Business Media, LLC, Vol. 1, No. 1, pp. 1 - 2, 2007.

[68] Hosseini, S. and Al Khaled, A. (2014). A survey on the Imperialist Competitive Algorithm metaheuristic: implementation in engineering domain and directions for future research. Applied Soft Computing 24: 1078 - 1094.

[69] Pugh, J., Zhang, Y., and Martinoli, A. (2005). Particle swarm optimization for unsupervised robotic learning. Proceedings of the Swarm Intelligence Symposium, Pasadena, CA (June 2005), pp. 92 - 99.

[70] Pugh, J. and Martinoli, A. (2006). Multi - robot learning with particle swarm optimization. International Proceedings of the Autonomous Agents and Multi - agent Systems, Japan (8 - 12 May 2006), pp. 441 - 448.

[71] Hu, J. and Wellman, M. P. (2003). Nash Q - learning for general - sum stochastic games. The Journal of Machine Learning Research 4: 1039 - 1069.

[72] Greenwald, A., Hall, K., and Serrano, R. (2003). Correlated Q - learning. Proceedings of the International Conference on Machine Learning 3: 242 - 249.

[73] Kaelbling, L. P., Littman, M. L., and Moore, A. W. (1996). Reinforcement learning: a survey. Journal of Artificial Intelligence Research 4: 237 - 285.

[74] Dijkstra, E. W. (1959). A note on two problems in connexion with graphs. Numerische Mathematik 1: 269 - 271.

[75] Najnin, S. and Banerjee, B. (2018). Pragmatically framed cross - situational noun learning using computational reinforcement models. In: Frontiers in Psychology (Cognitive Science Section), vol. 9, Article 5 (ed. J. L. McClelland).

[76] Fraternali, F., Balaji, B., and Gupta, R. (2018). Scaling configuration of energy harvesting sensors with reinforcement learning. Proceedings of the 6th International Workshop on Energy Harvesting and Energy - Neutral Sensing Systems, Shenzhen, China (4 November 2018), pp. 7 - 13. ACM.

[77] Lawhead, R. J. and Gosavi, A. (2019). A bounded actor - critic reinforcement learning algorithm applied to airline revenue management. Engineering Applications of Artificial Intelligence 82: 252 - 262.

[78] Schawartz, H. M. (2014). Multi - Agent Machine Learning a Reinforcement Approach. Wiley.

[79] Berry, D. and Fristedt, B. (1985). Bandit Problems. Chapman and Hall.

[80] Filar, J. and Vrieze, K. (2012). Competitive Markov Decision Processes. Springer Science & Business Media.

[81] Claus, C. and Boutilier, C. (1998). The dynamics of reinforcement learning in cooperative multiagent systems. Proceedings of the National Conference on Artificial Intelligence 15:746-752.

[82] Jain, R. and Varaiya, P. (2010). Simulation-based optimization of Markov decision processes: an empirical process theory approach. Automatica 46(8):1297-1304.

[83] Kemeny, J. G. and Laurie Snell, J. (1960). Finite Markov Chains. New York, Berlin, Tokyo: Springer-Verlag.

[84] Barto, A. G., Sutton, R. S., and Watkins, C. J. (1989). Learning and Sequential Decision Making. Amhers: University of Massachusetts.

[85] Busoniu, L., Babuska, R., and De Schutter, B. (2008). A comprehensive survey of multiagent reinforcement learning. IEEE Transactions on Systems, Man, and Cybernetics, Part C: Applications and Reviews 38(2):156-172.

[86] Young, H. P. (1993). The evolution of conventions. Econometrica: Journal of the Econometric Society 61(1):57-84.

[87] Fudenberg, D. and Levine, D. K. (1993). Steady state learning and Nash equilibrium. Econometrica: Journal of the Econometric Society 61:547-573.

[88] Kalai, E. and Lehrer, E. (1993). Rational learning leads to Nash equilibrium. Econometrica: Journal of the Econometric Society 61:1019-1045.

[89] Singh, S., Jaakkola, T., Littman, M. L., and Szepesvari, C. (1998). Convergence results for single-step on-policy reinforcement learning algorithms. Machine Learning 38(3):287-308.

[90] Tan, M. (1993). Multi-agent reinforcement learning: independent vs. cooperative agents. Proceedings of the Tenth International Conference on Machine Learning, Amherst(27-29 June 1993), pp. 330-337.

[91] Lauer, M. and Riedmiller, M. (2000). An algorithm for distributed reinforcement learning in cooperative multi-agent systems. Proceedings of the Seventeenth International Conference on Machine Learning, Stanford, CA(29 June to 2 July 2000).

[92] Littman, M. L. (2001). Value-function reinforcement learning in Markov games. Cognitive Systems Research 2(1):55-66.

[93] Littman, M. L. and Szepesvári, C. (1996). A generalized reinforcement-learning model: convergence and applications. Proceedings of the International Conference on Machine Learning 13:310-318.

[94] Szepesvári, C. and Littman, M. L. (1999). A unified analysis of value-functionbased reinforcement-learning algorithms. Neural Computation 11(8):2017-2060.

[95] Hu, J. and Wellman, M. P. (1998). Multiagent reinforcement learning: theoretical framework and an algorithm. Proceedings of the International Conference on Machine Learning 98:242-250.

[96] Wang, X. and Sandholm, T. (2002). Reinforcement learning to play an optimal Nash equilibrium in team Markov games. Advances in Neural Information Processing Systems 2:1571-1578.

[97] Kok, J. R. and Vlassis, N. (2004). Sparse cooperative Q-learning. Proceedings of the International Conference on Machine Learning, Banff, Alberta(4-8 July 2004).

[98] Wang, Y. and de Silva, C. W. (2008). A machine learning approach to multi-robot coordination. Engineering Application of Artificial Intelligence 21:470-484.

[99] Zhang, Z., Zhao, D., Gao, J. et al. (2016). FMRQ: a multiagent reinforcement learning algorithm for fully cooperative tasks. IEEE Transactions on Cybernetics 47:2168-2267.

[100] Littman, M. L. (1994). Markov games as a framework for multi-agent reinforcement learning. Proceedings of the Eleventh International Conference on Machine Learning 157:157-163.

[101] Bianch, R. A. C., Martins, M. F., Ribeiro, C. H. C., and Costa, A. H. R. (2014). Heuristically-accelerated multiagent reinforcement learning. IEEE Transactions on Cybernetics 44(2):252-265.

[102] Bianchi, R. A. C., Ribeiro, C. H. C., and Costa, A. H. R. (2008). Accelerating autonomous learning by using heuristic selection of actions. Journal Heuristics 14(2):135-168.

[103] Bianchi, R. A. C. (2012). Heuristically accelerated reinforcement learning: theoretical and experimental results. Frontiers in Artificial Intelligence and Applications 242:169-174.

[104] Bianchi, R. A. C. (2007). Heuristic selection of actions in multiagent reinforcement learning. Proceedings of the 20th International Joint Conference on Artificial Intelligence, Hyderabad, India (6-12 January 2007), pp. 690-695.

[105] Conitzer, V. (2009). Approximation guarantees for fictitious play. Proceedings of the 47th Annual Allerton Conference on Communication, Control, and Computing, IEEE, Allerton House, IL(30 September to 2 October 2009), pp. 636-643.

[106] Powers, R. and Shoham, Y. (2004). New criteria and a new algorithm for learning in multi-agent systems, Advances in Neural Information Processing Systems, Vancouver, British Columbia(13-18 December 2004), pp. 1089-1096.

[107] Bowling, M. and Veloso, M. (2002). Multiagent learning using a variable learning rate. Artificial Intelligence 136(2):215-250.

[108] Conitzer, V. and Sandholm, T. (2007). AWESOME: a general multiagent learning algorithm that converges in self-play and learns a best response against stationary opponents. Machine Learning 67(1-2):23-43.

[109] Stone, P. and Veloso, M. (2000). Multiagent systems: a survey from a machine learning perspective. Autonomous Robots 8(3):345-383.

[110] Tesauro, G. (2003). Extending Q-learning to general adaptive multi-agent systems. Advances in Neural Information Processing Systems, Vancouver and Whistler, British Columbia(8-13 December 2003), pp. 871-878.

[111] Singh, S., Kearns, M., and Mansour, Y. (2000). Nash convergence of gradient dynamics in general-sum games. Proceedings of the Sixteenth Conference on Uncertainty in Artificial Intelligence, San Francisco, CA (30 June to 3 July 2000), pp. 541-548. Morgan Kaufmann Publishers Inc.

[112] Reinhard, H. (1986). Differential Equations: Foundations and Applications. North Oxford: Academic.

[113] Boyd, S. and Vandenberghe, L. (2004). Convex Optimization. Cambridge University Press.

[114] Friedman, J., Hastie, T., and Tibshirani, R. (2001). The Elements of Statistical Learning, Springer series in statistics, vol. 1. Berlin: Springer.

[115] Boser, B. E., Guyon, I. M., and Vapnik, V. N. (1992). A training algorithm for optimal margin classifiers. Proceedings of the Fifth Annual Workshop on Computational Learning Theory, Pittsburgh, PA (27 - 29 July 1992), pp. 144 - 152. ACM.

[116] Bansal, N., Blum, A., Chawla, S., and Meyerson, A. (2003). Online oblivious routing. Proceedings of the Fifteenth Annual ACM Symposium on Parallel Algorithms and Architectures, San Diego, CA, (7 - 9 June 2003), pp. 44 - 49. ACM.

[117] Boot, J. C. (1964). Quadratic Programming: Algorithms, Anomalies, Applications. Rand McNally.

[118] Zinkevich, M. (2003). Online convex programming and generalized infinitesimal gradient ascent. Proceedings of the International Conference on Machine Learning, Washington, DC (21 - 24 August 2003).

[119] Bowling, M. (2005). Convergence and no - regret in multiagent learning. Advances in Neural Information Processing Systems 17: 209 - 216.

[120] Könönen, V. (2004). Asymmetric multiagent reinforcement learning. Web Intelligence and Agent Systems: An International Journal 2(2): 105 - 121.

[121] Littman, M. L. (2001). Friend - or - foe Q - learning in general - sum games. Proceedings of the International Conference on Machine Learning 1: 322 - 328.

[122] Hu, Y., Gao, Y., and An, B. (2015). Multiagent reinforcement learning with unshared value functions. IEEE Transactions on Cybernetics 45(4): 647 - 661.

[123] Hu, Y., Gao, Y., and An, A. (2015). Accelerating multiagent reinforcement learning by equilibrium transfer. IEEE Transactions on Cybernetics 45(7): 1289 - 1302.

[124] Bowling, M. and Veloso, M. (2001). Rational and convergent learning in stochastic games. International Joint Conference on Artificial Intelligence 17(1): 1021 - 1026, Lawrence Erlbaum Associates Ltd.

[125] Weiß, G. (1995). Adaptation and Learning in Multi - agent Systems, Some Remarks and a Bibliography, 1 - 21. Berlin, Heidelberg: Springer.

[126] Banerjee, B. and Peng, J. (2003). Adaptive policy gradient in multiagent learning. Proceedings of the Second International Joint Conference on Autonomous Agents and Multiagent Systems, Melbourne, Victoria (14 - 18 July 2003), pp. 686 - 692. ACM.

[127] Banerjee, B. and Peng, J. (2002). Convergent gradient ascent in general - sum games. In: Machine Learning: ECML (eds. T. Elomaa, H. Mannila and H. Toivonen), 1 - 9. Berlin, Heidelberg: Springer.

[128] Weinberg, M. and Rosenschein, J. S. (2004). Best - response multiagent learning in non - stationary environments. Proceedings of the Third International Joint Conference on Autonomous Agents and Multiagent Systems 2: 506 - 513.

[129] Shoham, Y., Powers, R., and Grenager, T. (2003). Multi - agent Reinforcement Learning: A Critical Survey. Technical Report, Computer Science Department, Stanford University, Stanford.

第1章　基于强化学习与进化算法的多智能体协同

[130] Hu, J. (2003). Best-response algorithm for multiagent reinforcement learning. Proceedings of the International Conference on Machine Learning, Washington, DC(21-24 August 2003).

[131] Suematsu, N. and Hayashi, A. (2002). A multiagent reinforcement learning algorithm using extended optimal response. Proceedings of the First International Joint Conference on Autonomous Agents and Multiagent Systems: Part 1, Bologna Italy(July 2002), pp. 370-377. ACM.

[132] Cortés-Antonio, P., Rangel-González, J., Villa-Vargas, L. A., et al. (2014). Design and implementation of differential evolution algorithm on FPGA for doubleprecision floating-point representation. Acta Polytechnica Hungarica 11(4):139-153.

[133] Storn, R. and Price, K., et al. (1996). Minimizing the real functions of the ICEC'96 contest by differential evolution, In Proceedings of IEEE international conference on evolutionary computation. pp 842-844.

第 2 章　提高多智能体协同任务规划 Q 学习算法的收敛速度

基于学习机制的规划算法在智能体实时规划和协同任务领域中日益受到欢迎,得到了愈加广泛的应用。本章旨在通过利用两个有趣的特性来扩展传统多智能体 Q 学习算法(Traditional Multi-agent Q-learning,TMAQL),以提高其收敛速度,这些特性涉及:①团队目标的探索;②在给定联合状态下联合动作的选择。对于第一点,算法对团队目标的探索是通过允许可实现其目标的智能体在其目标状态进行等待,直到其余的智能体(同步或异步地)达到各自的目标而实现。为了避免不希望出现的无限等待循环问题,根据经验为智能体设置了等待的时间上限。关于第二点联合动作的选择,其是多智能体 Q 学习(Multi-agent Q-learning,MAQL)中的重要问题,算法通过寻求所有智能体偏好联合动作的交集来进行选择。如果动作交集为空,那么智能体将以随机方式选择动作,或者按照 TMAQL 方式(如 ε 贪婪算法)进行选择。理论研究和实验结果均表明本章发展的 MAQL 算法在收敛速度上显著优于传统算法。为了确保在规划每步中都能选择正确的联合动作,算法在学习阶段为团队目标的探索提供高额奖励,而对个体目标的探索提供零值奖励。上述策略的引入使联合动作值函数 Q 表具有更加丰富的信息,从而可在多智能体规划期间显著改善机器人智能体任务协同的性能。针对提出的学习机制规划算法,本章进一步开展了专为物体运输应用设计的硬件实现工作,证实了该算法相对于其他对比算法的优势。

2.1　本章概述

强化学习是一种实时学习的理论与技术,智能体通过获得与环境交互的奖励/惩罚信息来学习给定目标下的最佳动作策略[1-10]。在给定的状态-动作空间下,智能体基于其动作序列对应的奖励/惩罚信息来调整与优化其动作策略,直至获得的最大的奖励回报值[11-15]。这种基于与环境交互、给出相应状态下

第2章 提高多智能体协同任务规划Q学习算法的收敛速度

最优动作的学习机制有许多有趣的应用,如电子游戏中生成操纵动作[16-17]、移动机器人在受约束环境中的复杂任务规划和运动规划[18]。在强化学习中,通常采用具有未知状态转移概率和未知奖励模型的马尔可夫决策过程(MDP)对环境进行描述[6],MDP提供了离散动力系统的基本数学模型[19]。

在各种强化学习算法中,Q学习算法是最为基本与流行的算法。Q学习算法不需要知道智能体所处环境的任何背景知识,允许智能体在未知的环境中进行学习,因为属于无模型算法,它摆脱了对环境模型的依赖,而这也大大地促进了Q学习方法的广泛应用[20]。在Q学习中,每个状态-动作对的最优策略是基于著名的贝尔曼(Bellman)方程,通过动态规划方法进行迭代求解的[21]。在单智能体Q学习算法中,状态转移的实现仅由智能体自身的动作决定,但是对于多智能体情形,所有智能体的动作都会影响环境中的状态,每个智能体通过选择各自的动作,从而在联合状态空间中形成联合动作。

由于多智能体对环境的共同作用,MAQL[2,12,18,22-51]中的环境对于单个智能体而言是动态的,多智能体学习的环境不满足单智能体环境的静态特性。类似于单智能体学习,多智能体学习过程也可以通过MDP来加以描述,称为多智能体马尔可夫决策过程(MMDP)[23,33]。学者们针对多智能体问题,将单智能体Q学习进行了直接扩展,但是在许多基本问题上,MAQL与单智能体Q学习存在很大的不同,包括[2,18,22-51]:

(1) 联合动作的选择;
(2) 连续状态-动作空间中联合动作值函数Q表的更新策略选择;
(3) 团队目标的探索。

尽管文献中已经提供了解决前面两个问题的方案,但是最后一个问题还未得到广泛的关注。在本章中,我们发展了可有效处理团队目标探索问题的MAQL算法,并展示了它在多智能体协同规划中的广泛适用性。

在单智能体Q学习中,可以使用多种方法来选择智能体的动作,其中特别需要提及的方法包括:ε贪婪探索[6]、玻耳兹曼策略[15,52]、基于启发式频率最大Q值的扩展玻耳兹曼策略[43]以及随机选择策略。联合动作的选择通常分为两个步骤进行:首先通过上述任一种方法来选择个体动作,其次将各个动作组合起来形成联合动作。然而,在某些情况下,这样获得的联合动作对于给定的环境是不可行的。在TMAQL中,研究人员并不复核动作的可行性,因为不可行动作往往会受到惩罚,从而会在随后的学习阶段被自动摒弃。

Wang等学者在他们提出的序贯Q学习(SQL)算法中发展了一种新的联合

动作选择技术[18],该技术包括两个步骤:在第一步中,利用玻耳兹曼策略实现单个智能体的动作选择,而在第二步中,他们设计了专门的动作选择操作,以避免重复执行相同的动作。

除联合动作的选择外,大量文献还研究了动作价值函数 Q 表的更新策略,除上文提及的 SQL 外,还包括纳什 Q 学习(NQL)[27-28]、相关 Q 学习(CQL)[26]、稀疏 Q 学习[48]、启发式加速多智能体 Q 学习[49]、带均衡转移的智能体 Q 学习(MAQLET)[46]和最大奖励频率 Q 学习(FMRQ)[50]。这些方法各有优点,其适用性取决于具体问题的特点。

在多智能体 Q 学习的三个问题中,我们在上面讨论了前两个问题的主要工作。然而,对于最后一个问题,即对团队目标的探索,目前研究涉及很少。在许多实际问题中,尤其是需要成员间紧密合作的情况下,例如在障碍环境中两个(或更多)机器人智能体携杆问题[53]或推箱子问题[50],通过一个或多个(但不是所有)智能体达到它们个体目标从而实现团队目标的策略不再有效。如果在规划中按这种方式执行动作,则可能使已达到其目标的智能体无法再执行其他的动作。由于无法能使智能体改变它们的状态,可能会出现"锁死"的状况。

为克服上述问题,在本章中,我们在学习阶段发展了如下策略:通过允许一个或多个可能实现其个体目标的智能体在其各自的目标状态中等待一定的时间,从而使得其余智能体有机会(同步或异步地)移动至它们的各自目标,最终实现共同达到团队目标。这种通过多阶段状态转换实现团队目标的处理克服了通过单阶段状态转换实现团队目标做法的局限。在这种方法中,最后阶段的目标状态转换仅积累了某个智能体为团队贡献的高(即时)奖励,从而改善了动作值函数 Q 表中针对团队目标进行状态转换的元素取值,由此获得的 Q 表提供了额外的好处,那就是它可以给出达到团队目标的联合动作。

对于该策略,人们自然可能提出的一个问题是:对于已经达到目标的智能体,它需要等待多长时间才能使其他智能体达到其目标?过短的等待间隔可能不足以让所有的智能体都实现目标。另外,过长的等待间隔可能会使整个团队陷入等待状态。因此,智能体的等待时间是至关重要的参数,它反过来又决定了智能体的学习速度和算法的规划性能。

本章中讨论的另一个重要问题是联合动作的选择。在此,每个智能体结合其他智能体的所有可能动作来确定其偏好个体动作,目的是通过采取这些组合操作来确定团队的偏好联合动作。上面介绍的联合动作选择对于同步动作的多智能体是有用的,因为智能体同步行动时候不需要像文献[18]中那样为它们设置任何优先级。如果无法通过上述方法得到可行的联合动作,则智能体将通过随机方式选择个体行动,或者通过传统Q学习[6,15,37,43]中的常用策略(如玻耳兹曼策略和ε贪婪策略)来确定联合动作。

MAQL中结合以上两种策略提高了多智能体系统的规划性能,因为定义在联合状态-动作空间中的Q表可以利用状态转换时对团队目标探索的高奖励值,同时存储在联合Q表中的奖励值信息还可以通过在位置上更接近团队目标状态的下一个联合状态获得更大的奖励来进行更新,由此得到的联合Q表可以提供到下一个联合状态的动作的正确选择,从而帮助智能体采取从初始联合状态过渡到目标状态的最优或近最优路径来实现团队目标。

综合上述两种策略,本章提出了同时适用于确定性环境与随机性环境的快速协作多智能体Q学习(Fast Cooperative Multi-agent Q-learning,FCMQL)算法及相关的多智能体规划算法。为进行比较,本章还尝试采用其他方法确定联合动作,包括帝国竞争萤火虫算法(ICFA)[53]、改进的抗噪声粒子群优化(Modified Noise-resistant Particle Swarm Optimization,MNPSO)算法[54-55]、差分进化(DE)算法[56-57]和基于演示的多智能体联合动作学习(Multi-robot joint action Learning by Demonstration,MLbD)[58]算法,将它们与基于FCMQL的多智能体规划算法进行了比较,实验结果表明发展的算法在学习收敛时间和规划任务成功率方面均优于这些对比算法。本章的要点包括:

(1)为加快MAQL算法的收敛速度,发展了两个有用的性质:性质2.1给出了探索团队目标的原则,性质2.2则通过确定团队的偏好联合动作来加快智能体Q学习的收敛速度。

(2)在TMAQL方法(包括NQL、CQL、MAQLET和FMRQ方法及变体)中结合上述两个性质,可以显著提高收敛速度。

(3)由于利用信息更为丰富的Q表来处理到目标状态的转换,提出的基于FCMQL的规划算法可以成功地达到团队目标,而基于TMAQL的规划则会陷入"锁死"僵局。

(4)实验验证了FCMQL算法相对于其他对比算法在收敛速度和运行时间复杂度方面的优良性能。

本章安排如下:2.2节进行了相关文献综述,2.3节中介绍了强化学习的基本理论,2.4节和2.5节介绍了提出的FCMQL算法,2.6节详细讨论了多智能体协同规划算法,2.7节列出了实验及结果,2.8节中给出了结论。

2.2 相关研究综述

在文献[18,22-51]中报道了许多关于MAQL研究的有趣工作。在最新的MAQL算法中，需要特别提及以下一些研究。在文献[24]中，Claus和Boutilier旨在通过两种类型的强化学习智能体配合来解决协同问题。第一种叫独立学习者(IL)[24]，它在学习中仅关注本体的行为，而忽略其他个体的影响。第二种称为联合动作学习者(JAL)[24]，它在学习中考虑包括自己在内的所有智能体在联合动作空间的行为。与JAL不同，在Littman提出的团队Q学习(TQL)[51]中，智能体在对联合状态-动作Q值进行更新时不使用其他智能体的奖励信息，其在下一个联合状态的动作值函数是通过在下一联合状态处的最大Q值来估计。在文献[37]中，Ville Könönen提出了非对称Q学习(AQL)算法，其中领导者智能体能够维护所有智能体的Q表，而跟随者智能体不能维护所有智能体的Q表，它们只是最大化自己的回报。在AQL中，尽管确实存在混合策略纳什均衡(NE)[27-28]，但智能体总是会达到纯策略NE。在文献[27]中，Hu和Wellman考虑其他智能体使用NE的动态[27-28,60]，将Littman发展的Minimax-Q学习[29]推广到一般和随机博弈(general-sum-stochastic game)问题(其中所有智能体收益的总和既不是零也不是恒定的)[16,59]，他们还证明了算法的收敛性[40]。在文献[41-42]中，研究者在NE多次出现的情况下最优地选择了某个NE。在文献[30]中，Littman提出了针对一般和博弈(general-sum game)的敌友Q学习(FFQ)算法。在该算法中，智能体在朋友Q学习(Friend Q-Learning, FQL)中将对方智能体视为朋友，或者在敌人Q学习(Foe Q-Learning)中将对方智能体视为敌人。与现有的基于NE的学习算法相比，FFQ提供了更强的收敛性保证[27-28]。在文献[26]中，Greenwald等采用相关均衡(CE)[26]进一步拓展了NQL[27]和FFQ算法[30]。上述MAQL算法的瓶颈包括：①联合状态-动作空间中Q表的自适应策略选择，②随着智能体数量的增加而出现的维数灾难(curse of dimensionality)问题。

针对第2个问题，学者们开展了广泛的研究来处理多智能体Q学习中的维数灾难问题。Kok和Vlassis在文献[48]中提出了稀疏协同Q学习(SCQL)，其中通过识别联合状态下智能体之间的协同需求来实现智能体联合状态-动作空间的稀疏表示。在文献[48]中，智能体仅通过在少数几个联合状态的动作来进行协同。因此，每个智能体都拥有两个Q表：一个是不协同联合状态的个体动作值 Q 表,另一个是代表协同的联合状态联合动作 Q 表。在未协同状态下,通过将各个 Q 值相加来评估全局 Q 值。在文献[47]中,作者发展了一种基于神经网络的方法用于多智能体协同状态空间的广义表示。通过这样的推广,智能体(这里指智能体)可以通过从传感器收集最少的信息来避免与障碍物或其他智能体发生碰撞。在文献[49]中,Bianchi 等提出了一种新颖的启发式算法来加速 TMAQL 算法。在 MAQL 文献[18,22-51]中,智能体要么收敛到 NE,要么收敛到 CE。基于均衡的 MAQL 算法[26-27]因其在给定的联合状态下确定最优策略(均衡)的能力而最受欢迎。在文献[46]中,Hu 等确定了不同联合状态下相似均衡的现象,并引入了均衡转移的概念,用以加快基于均衡的多智能体 Q 学习(NQL 和 CQL)算法的学习速度。在均衡转移中,智能体重复利用之前计算的、具有很小转移损失的均衡。最近,在文献[50]中,Zhang 等开展了减少 NQL 中 Q 表维数的研究,具体是通过允许智能体将 Q 值存储在联合状态-单个动作空间中,而不是联合状态-联合动作空间中来实现降维。但是,据我们所知,目前还没有同时探索智能体各自个体目标的研究工作。

在最新的 MAQL(如 NQL[27-28] 和 CQL[26])中,如何在学习阶段平衡好探索/利用机制是一个重要的问题。这里总结一下 MAQL 中用于平衡探索/利用的传统方法。ε 贪婪探索[6]是广为采用的方法,但使用中需要根据具体问题调整 ε 的值,而这是耗时费力的。玻耳兹曼策略通过调整温度参数并利用在给定状态下所有动作的动作值信息来控制动作选择概率[15],对于这种方法,将温度参数设置为无穷大意味着进行纯探索,而将温度参数设置为零则意味着进行纯利用。不幸的是,玻耳兹曼策略可能对学习速度带来不利影响[43]。在文献[38,43]中,研究者们观察到玻耳兹曼策略朝着更好的性能发展。但是,上述选择机制不适用于选择团队(所有智能体)的偏好联合动作,因为智能体在一个共同的联合状态-动作对上提供的联合 Q 值互不相同。探讨学习过程中联合状态下联合动作选择的文献资料不多,在文献[54]中,Pugh 和 Martinoli 使用 MNPSO 算法来进行动作选择,其中每个智能体都被视为一个群体,它们可以相互通信。文献[58]针对多机器人智能体合作问题,通过学习同步演示(simultaneous demonstrations)来选择智能体团队的联合动作。

2.3 基础知识

本节简要介绍强化学习、单智能体 Q 学习和 MAQL 的基础知识。在强化学习[6,8]中,智能体通过三元组⟨状态 s,动作 a,奖励 r⟩记录与环境交互的信息,以智能体为例,其中状态是指环境中智能体的当前位置(通常为向量)。通过在当前状态下执行动作,智能体会从环境中收到奖励(标量),然后转移到下一个状态,奖励作为环境对智能体动作的反馈,影响智能体动作的选择。图 2.1 提供了智能体通过强化学习与环境进行交互的原理框图。

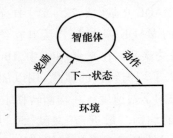

图 2.1　强化学习原理框图

2.3.1　单智能体 Q 学习算法

Watkins 和 Dayan 提出的单智能体 Q 学习是应用最为广泛的强化学习算法之一[20]。在单智能体 Q 学习中(通常针对离散情形),智能体在环境中的状态被划分为有限数量,其动作也被划分为有限数量。在任何状态下,智能体可以根据给定的策略从中选择一个动作。基于贝尔曼方程,智能体使用动态规划原理学习每个状态-动作对的最优动作价值函数(即 Q 值)[21]。在单智能体 Q 学习中,智能体的学习目标是确定使期望(折扣)回报最大的最优策略[11]。单智能体 Q 学习更新规则由式(2.1)给出[20]:

$$Q(s,a) \leftarrow (1-\alpha)Q(s,a) + \alpha\left[r(s,a) + \gamma\sum_{s'}P[s'\mid(s,a)]\max_{a'}Q(s',a')\right]$$

(2.1)

式中:$Q(s,a)$ 和 $r(s,a)$ 分别为智能体在状态 s 执行动作 a 的动作值和即时奖励;$a' \in \{a\}$ 是在下一状态 $s' \in \{s\}$ 中的动作;$s' \leftarrow \delta(s,a)$ 是状态转换函数;$\gamma \in [0,1]$ 表示折扣因子;$\alpha \in [0,1]$ 表示学习率。然而,在确定性环境中,从状态 s 执行动作 a 到达下一个状态 s' 的状态转移概率 $P[s'\mid(s,a)]$ 是确定的。采用式(2.1)给出的更新策略,在无限重访 (s,a) 之后,动作值 $Q(s,a)$ 将收敛至最优动作值 $Q^*(s,a)$。

2.3.2 多智能体 Q 学习算法

与单智能体 Q 学习不同,在 MAQL 中,联合动作值依赖于其他智能体的行为。对于多智能体 Q 学习问题,MDP 需要扩展为 MMDP[23,32],MMDP 的定义如下:

❖**定义 2.1** m 个智能体的 MMDP 可以定义为 5 元组 $\langle \{S\}, m, \{A\}, P_i, \mathbf{R}_i \rangle$,其中 $\{S\} = \times_{i=1}^{m} \{s_i\}$ 是联合状态空间,$S \in \{S\}$ 与 $s_i \in \{s_i\}$ 为智能体 i 的状态,$\times$ 表示笛卡儿积,$\{A\} = \times_{i=1}^{m} \{a_i\}$ 是联合动作空间,$A \in \{A\}$ 与 $a_i \in \{a_i\}$ 为智能体 i 的动作,$P_i: \{S\} \times \{A\} \times \{S\} \to [0,1]$ 是智能体 i 的联合状态转移概率,而 $\mathbf{R}_i: \{S\} \times \{A\} \to \mathbf{R}$ 是智能体 i 的联合状态-动作对应的奖励函数,$\mathbf{R}$ 是实数集。

MAQL 算法[18,22-51]通常可以分为三种类型:合作型、竞争型和混合型[45]。在本文中,我们研究合作型的 MAQL 算法,其中所有智能体都在一个共同的环境中更新 Q 表。由于在共同的环境中进行更新,同时环境变得动态,因此需要智能体之间进行协同以实现团队的最佳性能,具体是通过在均衡状态下更新联合 Q 值使得 Q 值达到这种一致性,如 NE[60]和 CE[26]。NE 和 CE 都包括纯策略和混合策略情形。NE 和 CE 的定义,见定义 2.2 与定义 2.3。

❖**定义 2.2** NE 指存在 m 个相互作用智能体的系统中给定联合状态 S 下的稳定联合动作策略。对于纯策略 NE,只要所有智能体都在联合状态 $S \in \{S\}$ 采用相同的最优联合动作 $A_N = \langle a_i^* \rangle_{i=1}^{m}$,就不会发生单边偏离(某一智能体独立的偏离)。对于混合策略 NE,智能体以概率 $p^*(A) = \prod_{i=1}^{m} p_i^*(a_i)$ 执行联合动作 $A = \langle a_i \rangle_{i=1}^{m}$,其中 $p_i^*: \{a_i\} \to [0,1], p^*: \{A\} \to [0,1]$。

设 $a_i^* \in \{a_i\}$ 是智能体 i 在 s_i 的最优动作,而 $A_{-i}^* \subseteq A$ 是除智能体 i 外处于联合状态 $S = \langle S_j \rangle m_{j=1, j \neq i}$ 的最优联合行动,$Q_i(S,A)$ 是智能体 i 在 S 处执行的联合动作 $A \in \{A\}$ 对应的动作值,那么在状态 S 处纯策略 NE 的条件是[60]:

$$Q_i(S, a_i^*, A_{-i}^*) \geq Q_i(S, a_i, A_{-i}^*), \forall i \Rightarrow Q_i(S, A_N) \geq Q_i(S, A'), \\ \forall i [A_N = \langle a_i^*, A_{-i}^* \rangle, A' = \langle a_i, A_{-i}^* \rangle] \tag{2.2}$$

在状态 S 处混合策略 NE 的条件是[60]:

$$Q_i(S, p_i^*, p_{-i}^*) \geq Q_i(S, p_i, p_{-i}^*), \forall i \tag{2.3}$$

式中：$Q_i(S,p) = \sum_{\forall A} p(A) Q_i(S,A)$，$p_{-i}^*(A_{-i}) = \prod_{j=1,j\neq i}^{m} p_j^*(a_j)$ 是除智能体 i 以外的所有智能体联合动作(用 $A_{-i} \subseteq A$ 表示)的联合概率。

智能体在联合状态 S 分别采用式(2.2)估计纯策略 NE：$A_N = \langle a_i^*, A_{-i}^* \rangle$ 和式(2.3)估计混合策略 NE：$\langle p_i^*(a_i), p_{-i}^*(A_{-i}) \rangle$。Lemke-Howson 方法[61]估计 NE 的效率高，但它仅限于双智能体的问题。为了估计更多智能体情形下的 NE，本章采用文献[62]中提出的一种简单搜索方法。

在 NE 中，智能体被允许最大化其自身的回报。但是在 CE 中，通过联合选择所有智能体的动作来实现所有智能体的综合利益。在文献[26]中，作者概述了 CE 的四种变体，分别是效用均衡(UE)(代表所有智能体的奖励之和)、平等均衡(EE)(取所有智能体奖励中的最小值来进行计算)、共和均衡(RE)(取所有智能体奖励中的最大值得到)和自由均衡(LE)(它为所有智能体奖励的乘积)来评估一个联合动作策略。

❖ **定义 2.3** 在具有 m 个智能体的强化学习中，如果智能体的纯策略满足式(2.4)，那么它是在联合状态 $S = \langle s_i \rangle \prod_{i=1}^{m}$ 处的纯策略 CE：A_c；如果智能体的混合策略满足式(2.5)，则它是在联合状态 $S = \langle s_i \rangle \prod_{i=1}^{m}$ 处的混合策略 CE：$p^*(A_c)$[26]。

$$A_C = \underset{A}{\operatorname{argmax}}[\Phi(Q_i(S,A))] \tag{2.4}$$

$$p^*\{A_C\} = \underset{p(A)}{\operatorname{argmax}}\left[\Phi\left[\sum_A p(A)(Q_i(S,A))\right]\right] \tag{2.5}$$

其中

$$\Phi \in \left\{\sum_{i=1}^{m}, \min_{i=1}^{m}, \max_{i=1}^{m}, \prod_{i=1}^{m}\right\} \tag{2.6}$$

在文献[27]中，Hu 和 Wellman 基于 NE 提出了 NQL 来更新联合状态-动作空间中智能体的奖励回报。在文献[26]中，Greenwald 等则利用 CE，提出了 CQL 以更新智能体在联合状态动作空间的奖励。稍后在文献[46]中，Hu 等试图通过均衡转移来加速 NQL 和 CQL 算法的学习速度。在最近的研究文献[50]中，Zhang 等开展了减少 NQL 中 Q 表维数的研究，通过允许智能体将 Q 值存储在联合状态-个体动作空间中，而不是将它们存储在联合状态-动作空间中来实现降维。算法 2.1 总结了上述基于 NE/CE 的多智能体 Q 学习算法，式(2.7)给出的 $r_i(S,A)$ 表示智能体 i 的即时奖励，其中 $r_{\max}$ 和 $r_{\min}$ 分别为最大即时奖励

第 2 章 提高多智能体协同任务规划 Q 学习算法的收敛速度

和最小即时奖励。

$$\left.\begin{array}{ll} r_i(S,A) & = r_{\max}, \quad \text{如果智能体 } i \text{ 达到其个体目标}, \\ & = r_{\min}, \quad \text{如果智能体 } i \text{ 未达到其个体目标}, \\ & = -r, \quad \text{如果智能体 } i \text{ 冒犯了约束}, r \in \mathbf{R}^+ \end{array}\right\} \quad (2.7)$$

算法 2.1 [27,50] 基于 NE/CE 的多智能体 Q 学习

输入:当前状态 $s_i, \forall i$,动作集 $\{a_i\}$,μ 是用于判断算法终止的小的正阈值,$\gamma \in [0,1)$,$\alpha \in [0,1)$;

输出:智能体 i 的联合动作值函数取值 $Q_i^*(S,A), \forall S, \forall A, \forall i$;

初始化:$Q_i(S,A) \leftarrow 0, \forall S, \forall A, \forall i$;

重复:

    观察当前状态 $s_i, \forall i$;

    在 s_i 随机选择动作 $a_i \in \{a_i\}$ 并执行,$\forall i$;

    接收 $r_i(S,A), \forall i$,评估下一状态 $s_i' \leftarrow \delta_i(s_i, a_i), \forall i$ 以获得下一联合状态 $S' = \langle S_i' \rangle_{i=1}^m$;$Q_i'(S,A) \leftarrow Q_i(S,A), \forall i$;

    更新:

    $Q_i(S,A) \leftarrow (1-\alpha)Q_i(S,A) + \alpha \left[r_i(S,A) + \gamma \sum_{S'} P_i[S' \mid (S,A)] \Psi Q_i(S') \right], \forall i$ //随机情形

    $Q_i(S,A) \leftarrow (1-\alpha)Q_i(S,A) + \alpha [r_i(S,A) + \gamma \Psi Q_i(S')], \forall i$; //确定情形

    $\Psi \in \{NE, CE\}$,$S \leftarrow S'$; // $\Psi Q_i(S')$ 是智能体 i 在联合状态 S 由于 $\Psi \in \{NE, CE\}$ 的相应 Q 值

直到 $|Q_i'(S,A) - Q_i(S,A)| < \mu, \forall S, \forall A, \forall i$;

获得 $Q_i^*(S,A) \leftarrow Q_i(S,A), \forall S, \forall A, \forall i$;

复杂度分析:

为了分析算法 2.1[27,50] 的复杂性,令 $\{S\}$ 为 m 个智能体的联合状态集,$\{A\}$ 为来自每个联合状态 $S \in \{S\}$ 的联合动作集。在 NQL、CQL 和 MAQLET 中,智能体在联合状态 – 动作空间中维护 Q 表。在没有通信的情况下[27],智能体须在联合状态 – 动作空间中维护所有智能体的 Q 表。因此,NQL、CQL 和 MAQLET 算法的空间复杂度为 $m|\{S\}||\{A\}|$。但是在 FMRQ 中,智能体在联合状态下为每个单独的动作调整 Q 值,因此 FMRQ 算法的空间复杂度为 $m|\{S\}||\{A\}|$,其中 $\{a_1\} = \{a_2\} = \cdots = \{a_m\} = \{a\}$。同样在 TMAQL 中,每个学习周期中智能体通过在 NE/CE 处选择下一联合状态中的 Q 值来更新当前联合状态 – 动作对中所有智能体的 Q 值。因此,计算 NE(考虑纯策略 NE)的时间复杂度为 $(|\{A\}|-1) \cdot |\{A\}|^{m-1} = O(|\{A\}|)^m$,计算纯策略 CE 的时间

复杂度为$(m-1)(|\{A\}|-1)=O(m|\{A\}|)$。

2.4 改进的多智能体 Q 学习算法

算法 2.1 存在两个局限性:①对团队目标的探索;②联合动作的选择。克服这些局限可以在多智能体规划阶段获得额外的好处,从而优化团队目标的选择,在这里首先简要概述可以克服上述局限的方法。

本节中我们提出两个重要的性质来克服上述局限,并据此提高 MAQL 算法的收敛速度。在第一个性质中,当一个智能体达到其目标时,它将保持等待状态,而其队友则继续探索各自的目标。第二性质用于确定联合状态下对应于所有智能体最小奖励的联合动作。研究表明这种处理加快了 MAQL 算法中对动作值 Q 表的学习速度,所提出的 FCMQL 算法的收敛速度优于 TMAQL(包括 NQL、CQL、MAQLET 和 FMRQ)算法。下面我们首先定义一个新的概念:智能体 i 的贡献奖励,用 CR_i 表示。

❖ **定义 2.4** 贡献奖励 $CR_i(S,A)$ 指智能体 i 为实现团队目标所贡献的奖励,该量(其为标量)由在联合状态 S 处执行联合动作 A 得到,具体由下式给出:

$$\left.\begin{array}{l} CR_i(S,A) = r_{\max}, \text{如果所有智能体同步达到它们的目标}, \\ = r_{\min}, \text{如果有智能体未能同步达到目标}, \\ = -r, \text{如果有智能体冒犯约束}, r \in \mathbb{R}^+ \end{array}\right\} \quad (2.8)$$

式中: $r_{\max}$ 和 $r_{\min}$ 分别为最大即时奖励和最小即时奖励。约束冒犯通常表示队友之间发生冲突。

$$Q_i(S,A) \leftarrow (1-\alpha)Q_i(S,A) + \alpha\left[CR_i(S,A) + \gamma\sum_{S'}P_i[S'|(S,A)]\Psi Q_i(S')\right] \quad (2.9)$$

式中: $\gamma \in [0,1)$ 和 $\alpha \in [0,1)$ 分别为折扣因子和学习率。根据 TMAQL 设计的联合状态转移函数为:

$$\left.\begin{array}{l} \delta(S,A) = \langle \delta_i(s_i,a_i)\rangle_{i=1}^m \\ = \langle s_i \rangle_{i=1}^m \\ = S' \\ \in \{S\} \end{array}\right\} \quad (2.10)$$

式中：$P_i[S'|(S,A)]$ 为智能体 i 从联合状态 S 通过联合动作 A 到达下一个联合状态 $S' \in \{S\}$ 的转移概率；$\Psi Q_i(S')$ 为智能体 i 在下一个联合状态 S' 根据 $\Psi \in \{NE, CE\}$ 估计的 Q 值，它可以采用简单的搜索方法计算得到[62]。

下文介绍两个有用性质。

提出的 FCMQL 算法所基于的性质将在下面讨论。这些性质对于确定性问题和随机性问题均有效。性质 2.1 是通过约定 2.1 导出的。

约定 2.1 与 TMAQL 不同，在所提出的 FCMQL 中，当一个智能体移动到其目标状态时，它不会通过随机选择一个状态（不包括其目标状态）来重新开始学习过程；相反，它会在其目标状态中等待，并在最后一个智能体达到其个体目标状态时与所有其他所有智能体一起重新学习。

性质 2.1 在 MAQL 中，如果所有的智能体都遵循约定 2.1，那么在一个学习阶段中探索团队目标的概率随着 k 的增加而单调增加，其中 k 指探索个体目标的智能体数量。

证明：设 l 为给定环境中状态的数目，m 为给定环境中合作学习智能体的数目，j 为每个智能体的动作数目。

（1）智能体 1 可以在下一次迭代中占据 l 个状态中的任一个，因此智能体 2 将占据 $(l-1)$ 个可能的下一个状态中的某一个。以类似的方式，可以说明智能体 m 可以占据 $(l-m)$ 个可能的下一状态中的某一个。因此，将有多达 $P_l^m = l(l-1)\cdots(l-m+1)$ 个可能的下一状态，其中 P 为排列算子。

（2）在联合状态 S，由于联合动作 A 得到的下一个联合状态 S' 等于团队目标 G 的概率可由式（2.11）给出：

$$\Pr((S'=G)|(S,A)) = \frac{1}{P_l^m} \tag{2.11}$$

（3）每个智能体可以有 j 个可行动作。因此，两个智能体将具有 $j \times j = j^2$ 个联合动作。与此类似，m 个智能体将有 j^m 个可能的联合动作。因此，从联合动作集合（$\{A\}$）中随机选择处于联合状态（S）的联合动作（A）的概率由式（2.12）给出：

$$\Pr(S,A) = \frac{1}{j^m} \tag{2.12}$$

通过条件概率，可以计算出在联合状态 S 处随机地从联合动作集合 $\{A\}$ 执行联合动作 A 之后，下一联合状态 S' 是团队目标（G）的概率，见式（2.13）。

$$\Pr((S,A) \cap (S'=G)) : A \in \times_{i=1}^{m}\{a_i\};$$
$$S, S' \in \times_{i=1}^{m}\{s_i\}; G = \langle g_i \rangle_{i=1}^{m}) \quad [g_i \text{ 为智能体 } i \text{ 的目标}]$$
$$= \Pr(S,A) \times \Pr((S'=G) \mid (S,A)) \quad [\text{由于 } \Pr(C \cap D) = \Pr(C) \cdot \Pr(D \mid C)] \quad (2.13)$$
$$= \frac{1}{j^m} \times \frac{1}{P_l^m} \quad [\text{通过式}(2.11)\text{与式}(2.12)]$$

通常,假设 k 个智能体已经达到其各自的目标。然后通过约定 2.1,主动学习的智能体数量变为 $(m-k)$。因此,可以像式(2.14)中那样重写式(2.13)。在式(2.14)中,后缀 $-k$ 表示除 k 个智能体和 $\{S\} = \{S_{-k}\} \cup \{S_{m-k}\}$ 等之外的所有情况,其中后缀中的 $(m-k)$ 表示 $(m-k)$ 个智能体的联合状态。

$$\Pr((S_{-k}, A_{-k}) \cap (S'^{-k}=G_{-k})) : A_{-k} \in \times_{n=1}^{m}\{a_n\}; S_{-k}, S'_{-k} \in \times_{n=1}^{m}\{s_n\};$$
$$G_{-k} = \langle g_n \rangle_{n=1}^{m}; n \notin [1,k])$$
$$= \Pr(S_{-k}, A_{-k}) \times \Pr((S'_{-k}=G_{-k}) \mid (S_{-k}, A_{-k})) \quad (2.14)$$
$$[\text{由于 } \Pr(C \cap D) = \Pr(C) \cdot P(D \mid C)]$$
$$= \frac{1}{j^{m-k}} \times \frac{1}{P_l^{m-k}} [\text{由于 } m \leftarrow m-k]$$

式(2.14)给出的结果是 k 的单调递增函数,因此,随着 k 的增加,探索团队目标的概率将单调增加。

在探索团队目标的同时,为了进一步加快学习进度,本章提出了性质 2.2。为了方便读者,下文首先给出了偏好联合动作的定义。

❖ **定义 2.5** 令 $Q_i(S,A)$ 为智能体 i 在联合状态 S 执行联合动作 A 的动作值,则智能体 i 的偏好联合动作集合 A_i^p 定义为:

$$\{A_i^p\} = \underset{A}{\operatorname{argmax}}[Q_i(S,A)] \quad (2.15)$$

将 m 个智能体的共同偏好联合动作定义为

$$\{A^p\} = \bigcap_{i=1}^{m}\{A_i^p\} \quad (2.16)$$

在 $\{A^p\} = \varnothing$ 的情况下,智能体将通过随机方式或传统技术(如 ε 贪婪算法)来选择其个体偏好动作[6,15,43,52]。

在下面介绍的性质 2.2 中,如果在联合状态 S 处只有一个联合动作 A 未曾被使用,则在 S 处执行动作 A 的概率变为 1,即智能体必定选择联合动作 A。换句话说,这表明在一个联合状态下已经采取的联合动作不会重复,直到该联合状态下的所有联合动作都已被探索。

性质 2.2   在 MAQL 中,如果 $\{A^p\}$ 是团队在联合状态 S 处的共同偏好联合动作集,其中 $\{A^p\} = \bigcap_{\forall i}\{A_i^p\} = \bigcap_{\forall i}\{\mathop{\mathrm{argmin}}\limits_{A}[Q_i(S,A)]\} \neq \varnothing$,则 $P(S,A^{p'}) > P(S,A^p)$,其中 $A^{p'}$ 表示下一次迭代中的偏好联合动作。

证明:设对于 m 个智能体,任一状态下每个智能体存在 j 个可行动作,因此在联合状态 S 存在 j^m 个可行的联合动作。取联合状态 S 下为所有智能体设定的联合动作为

$$\left.\begin{array}{l}\{A_i\} = \{A\}, \forall i \\ |\{A\}| = j^m, \forall i\end{array}\right\} \tag{2.17}$$

在 MAQL 中,通常假定初始联合动作值为零,即在首次迭代 $t = 0$ 时 $Q_i(S,A) = 0, \forall S, \forall A, \forall i$。因此,根据定义 2.5,智能体 $i = [1,m]$ 在联合状态 S 处的偏好联合动作集为

$$\{A_i^p\} = \mathop{\mathrm{argmin}}\limits_{A}[Q_i(S,A)],$$

$$\forall i = \{A_i\},$$

$$\forall i [\text{由于} Q_i(S,A) = 0, \forall S, \forall A, \forall i, \text{所以} \mathop{\mathrm{argmin}}\limits_{A}[Q_i(S,A)] \tag{2.18}$$

返回智能体 i 在状态 S 的所有动作 $A] = \{A\}$,

$\forall i. [\text{通过式}(2.17)]$

根据性质 2.2,在联合状态 S 处的团队(m 个智能体)的偏好联合动作集为

$$\begin{aligned}\{A^p\} &= \bigcap_{i=1}^{m}\{A_i^p\} \\ &= \prod_{i=1}^{m}\{A\}\ [\text{通过式}(2.18)] \\ &= \{A\}\end{aligned} \tag{2.19}$$

因此,在联合状态 S 执行联合动作 A^p 的概率为

$$\begin{aligned}\Pr(S,A^p) &= \frac{1}{|\{A^p\}|} \\ &= \frac{1}{|\{A\}|}[\text{通过式}(2.19)]\end{aligned} \tag{2.20}$$

在第一次迭代之后,由于在联合状态 $S \in \{S\}$ 处的偏好联合动作 $A_x^p \in \{A_x^p\} = \langle a_x, A_{-x}\rangle$ 使智能体 $x \in [1,m]$ 的联合动作值得到了改善,因此智能体 x 在联合状态 S 下的联合 Q 值有如下关系

$$Q_x(S;a_x,A_{-x}) > Q_x(S;A), \forall A, A \neq \langle a_x, A_{-x}\rangle \quad (2.21)$$

式中：A_{-x} 为除智能体 x 的动作之外的联合动作；$a_x \in \{a_x\}$。因此，由定义 2.5 更新的智能体 $x \in [1,m]$ 在联合状态 S 的偏好联合动作集为

$$\begin{aligned}\{A_x^p\} &= \underset{A}{\mathrm{argmin}}\left[\hat{Q}_x(S,A)\right] \\ &= \{A_x^p\} - \{A_x^j\}\,[\text{其中}\{A_x^j\}\text{为智能体}\, x \\ &\quad \text{包含动作}\, a_x\, \text{的联合动作集}] \subset \{A_x^p\}\end{aligned} \quad (2.22)$$

因此，根据式(2.17)、式(2.22)以及性质 2.2，更新后的团队（m 个智能体）在联合状态 S 的偏好联合动作集 $\{A^{p'}\}$ 为

$$\begin{aligned}\{A^{p'}\} &= \prod_{\substack{i=1\\i\neq x}}^{m} , \{A_i^p\} \cap \{A_x^{p'}\} \\ &= \bigcap_{\substack{i=1\\i\neq x}}^{m}\{A\} \cap \{A_x^{p'}\}\,[\text{通过式}(2.19)] \\ &= \{A\} \cap \{A_x^{p'}\} \\ &= \{A_x^{p'}\}. \,[\text{由于}\{A_x^{p'}\} \subset \{A\}, x \in [1,m]]\end{aligned} \quad (2.23)$$

在联合状态 S 下执行联合动作 $A_x^{p'}$ 的概率为

$$\begin{aligned}\Pr(S, A^{p'}) &= \frac{1}{|\{A^{p'}\}|} \\ &= \frac{1}{|\{A_x^{p'}\}|}\quad [\text{通过式}(2.23)] \\ &> \frac{1}{|\{A_x^p\}|}\quad [\text{由于式}(2.22)\text{有}|\{A_x^{p'}\}| < |\{A_x^p\}|] \\ &= \frac{1}{|\{A\}|}\quad [\text{通过式}(2.17)] \\ &= P(S, A^p).\quad [\text{通过式}(2.20)]\end{aligned} \quad (2.24)$$

因此，该性质得证。

在性质 2.2 中，如果智能体 i 在从初始值（通常为零）改进其联合 Q 值 $Q_i(S,A)$ 之前，由于联合动作 A 在联合状态 S 处受到惩罚（通过式(2.8)得到负值奖励 $-r$），则该智能体将陷入到前一联合状态 S 中。为克服此问题，此时需将 $Q_i(S,A)$ 重新初始化为零，这种通过重新初始化手段避免陷入局部极小值的做法提高了 FCMQL 的收敛速度。

2.5 FCMQL 算法及其收敛性分析

在本节中,我们提出 FCMQL 算法并分析其收敛性,注意,这里 FCMQL 是指包括 NQLP12(指采用性质 2.1 与性质 2.2 的 NQL 算法)、EQLP12(指采用性质 2.1 与性质 2.2 的 EQL 算法)、UQLP12(指采用性质 2.1 与性质 2.2 的 UQL 算法)、RQLP12(指采用性质 2.1 与性质 2.2 的 RQL 算法)、LQLP12(指采用性质 2.1 与性质 2.2 的 LQL 算法)及 FMRQP12(指采用性质 2.1 与性质 2.2 的 FMRQ 算法)在内的一系列算法。

2.5.1 算法原理

算法 2.2 中提出的 FCMQL 算法具有性质 2.1 和性质 2.2 的优点,这些性质分别对应于快速探索团队目标和加快学习过程。在算法 2.2 中,我们计算纯策略 NE(如果存在);否则,我们计算混合策略 NE。但是需要注意的是,在提出的 FMRQP12 及其相关的变体算法中,智能体在由 $Q_i(S,A) = 0, \forall S, \forall A, \forall i$ 表示的联合状态 – 单个动作空间中维护 Q 表[50]。

复杂度分析:为了分析算法 2.2 的复杂性,假设存在 m 个智能体。设 $\{S\}$ 和 $\{A\}$ 分别为联合状态集和联合动作集。除 FMRQP12 外,文中提出的 FCMQL 算法的空间复杂度为 $m|\{S\}| \cdot |\{A\}|$,而 FMRQP12 的空间复杂度为 $m|\{S\}| \cdot |\{a\}|$,其中 $\{a_1\} = \{a_2\} = \cdots = \{a_m\} = \{a\}$。参考性质 2.1,在发展的 FCMQL 算法中,若智能体间没有通信,则在一个学习周期中,智能体最好和最坏情况下的时间复杂度分别为 $(|\{a\}|-1) = O(|\{a\}|)$ 和 $(|\{A\}|-1)|\{A\}|^{m-1} = O(|\{A\}|^m)$[28]。

算法 2.2　快速协作多智能体 Q 学习

输入:当前状态 $s_i, \forall i$,联合动作集$\{A\}$,μ 是用于判断算法终止的小的正阈值,$\gamma \in [0,1), \alpha \in [0,1)$;

输出:智能体 i 的联合动作值函数取值 $Q_i^*(S,A), \forall S, \forall A, \forall i$;

初始化:$Q_i(S,A) \leftarrow 0, \forall S, \forall A, \forall i$;

重复:

　　观察当前状态 $s_i, \forall i$;

　　If $\bigcap_{\forall i} \{\arg\min_A [Q_i(S,A)]\} \neq \emptyset$:

　　　　基于性质 2.2 选择联合动作;否则随机选择动作 $A \in \{A\}$;

```
Else
    随机选择动作 a_i ∈ {a_i} 并执行, ∀i;
End If
接收即时奖励 r_i(S,A), ∀i, 基于定义 2.4 估计 CR_i;
评估下一状态 s'_i ← δ_i(s_i,a_i), ∀i 以获得下一联合状态 S' = ⟨s'_i⟩_{i=1}^m;
If 对于 i < m 有 s_i = g_i 成立 // g_i 为智能体 i 的目标状态
    智能体 i 在 g_i 处等待, 直到 S_{-i} = G_{-i} 或者直到设定的时间阈值 T_f; // 其中 -i 表示除智能体 i 之外的其他智能体
Else
    通过步骤 2 选择联合动作 A ∈ {A};
End If
If s_i = g_i, ∀i:
    通过随机选择联合状态(除团队目标状态)来重新开始学习;
End If
Q'_i(S,A) ← Q_i(S,A), ∀i
更新:
```

$$Q_i(S,A) \leftarrow (1-\alpha)Q_i(S,A) + \alpha\left[CR_i(S,A) + \gamma\sum_{S'}P_i[S'|(S,A)]\Psi Q_i(S')\right], \forall i // 随机情形$$

$$Q_i(S,A) \leftarrow (1-\alpha)Q_i(S,A) + \alpha[CR_i(S,A) + \gamma\Psi Q_i(S')], \forall i; // 确定情形$$

$S \leftarrow S';$ // $\Psi Q_i(S')$ 是智能体 i 在联合状态 S 由于 $\Psi \in \{NE, CE\}$ 的相应 Q 值

直到 $|Q'_i(S,A) - Q_i(S,A)| < \mu, \forall S, \forall A, \forall i;$

获得 $Q_i^*(S,A) \leftarrow Q_i(S,A), \forall S, \forall A, \forall i;$

2.5.2 收敛性分析

下面给出 FCMQL 算法的收敛性证明，并与 TMAQL 算法进行比较，见定理 2.1。

❖**定理 2.1** 本章提出的 FCMQL 的期望收敛时间小于 TMAQL 的期望收敛时间。

证明：FCMQL 的期望收敛时间 T_e^F 随着探索团队目标的可能性(由 $\Pr(S,A) \times \Pr((S'=G)|(S,A))$ 给出)及联合动作选择概率 $\Pr(S,A)$ 的增加而减少。因此，T_e^F 可以通过团队目标探索联合概率和联合动作选择概率的指数递减函数来建模，即：

$$T_e^F = \exp\{-(\Pr(S,A))^2 \times \Pr((S'=G)|(S,A))\} \qquad (2.25)$$

注意式(2.25)对于 TMAQL 同样有效。但是,在 TMAQL 中,概率 $Pr(S,A)$ 和 $Pr((S'=G)|(S,A))$ 在整个学习周期内保持不变,而在 FCMQL 中,上述两个概率随着学习轮数的增加而增加。因此,对于 TMAQL 和 FCMQL,式(2.25)分别变为式(2.26)和式(2.27)。

$$T_e^{TM} = \exp(-k) \tag{2.26}$$

$$T_e^F = \exp(-k - \delta k(T_e^F)) \tag{2.27}$$

式中:k 为一定的正实数;$\delta k(T_e^F)$ 为 T_e^F 的线性增加函数。通过下面给出的代数变换可以将 T_e^F 作为 k 的非线性函数返回,即:

$$\begin{aligned}
& T_e^F \cdot \exp(\delta k(T_e^F)) = \exp(-k) \\
\Rightarrow\ & T_e^F \cdot \delta k(T_e^F) = \exp(-k)\ [\text{由于 } \delta k(T_e^F) \to 0] \\
\Rightarrow\ & T_e^F \cdot \{\beta \cdot T_e^F\} = \exp(-k)\ [\text{通过 } \delta k(T_e^F) \text{ 的线性近似}] \\
\Rightarrow\ & T_e^P = \sqrt{\frac{1}{\beta} \exp(-k)}
\end{aligned} \tag{2.28}$$

从式(2.26)和式(2.28)可知 $T_e^F < T_e^{TM}$,故定理得证。

2.6 基于 FCMQL 算法的多智能体协同规划

本节对提出的基于 FCMQL 的多智能体协同规划算法进行讨论。在基于 FCMQL 的多智能体规划中,智能体采取纯策略 NE/CE 从当前联合状态转移到下一个联合状态,而 NE/CE 的确定是通过 FCMQL 更新的联合 Q 表并考虑一定的任务约束得到的。其中任务约束指智能体在确定性和/或随机性环境中的规划阶段必须满足的约束。考虑物体携运问题,在这个问题中,需要多个机器人智能体配合将物体(可能是杆、三角形物品或正方形物品)运输到指定的位置,这些智能体需要通过杆的两个末端抓住杆,或通过三角形顶点抓住三角形物品,或通过矩形的角抓住矩形物品,同时智能体之间须保持固定的距离以免携运的物体坠落。此时保持物体不坠落是一项任务约束。这是一种合作型的问题,要求两个(或更多)智能体的合作才能完成的运输任务。

在 TMAQL 中,即时奖励由式(2.7)给出,它旨在衡量单个智能体的表现。但是在提出的 FCMQL 中,即时奖励由式(2.8)给出,不同于式(2.7),其旨在衡量团队的性能。

算法 2.3 给出了基于 FCMQL 的多智能体合作规划算法,它从团队性能度量的角度对所提出奖励函数的益处进行了实现,而定理2.2则进行了相应的理论分析。通过对联合状态转换所需的次数进行度量,定义2.6给出了最佳团队性能的定义,如下:

❖ **定义2.6** 将到达终端(团队目标)联合状态所需的联合状态转移数量作为性能度量,如果规划算法采用NE/CE评估联合状态转换,并且终端状态结束于团队目标,则称智能体具有最佳团队性能。

下述的定理2.2证明了在基于NPQLP12的多智能体规划算法中,非团队目标状态转移的动作不可能是NE,但是它在基于TMAQL的多智能体规划中是一个NE。

❖ **定理2.2** 如果至少一个智能体除外的其他智能体使用NPQLP12或TMAQL在联合状态S执行联合动作A_N来探索其个体目标,则在基于NQLP12的规划中,T_e^r不是NE,而在基于TMAQL的规划中,T_e^r是状态S处的NE。

证明:令智能体$i \in [1, m]$在联合状态S处执行联合动作$A \in \{A\}$的动作值由集合$\{Q_i(S, A) : A \in \{A\}\}$表示,则有关系:

$$r_{\min} \leq Q_i(S, A) \leq r_{\max}, \forall i \quad (2.29)$$

式中:$r_{\min}$和$r_{\max}$分别为智能体的最小即时奖励和最大即时奖励。让智能体$x \in [1, m]$在S处通过执行A_N来探索其个体目标,并通过给定的NQLP12更新智能体x的后续状态-动作对的联合Q值,则有

$$Q_x(S, A_N) = r_{\min} [通过式(2.8)] \quad (2.30)$$

同样通过式(2.29),有

$$r_{\min} \leq Q_x(S_4, A') [其中, x \in [1, m], A' \in \{A\}] \quad (2.31)$$

结合式(2.30)与式(2.31),可以得到

$$Q_x(S, A_N) \leq Q_x(S, A'), A' \in \{A\} \quad (2.32)$$

但是在上述情形中,通过TMAQL更新得到的智能体x的联合动作值函数为

$$Q_x(S, A_N) = r_{\max} [通过式(2.7)] \quad (2.33)$$

同样,通过式(2.29)可以得到

$$r_{\max} \geq Q_x(S, A'), A' \in \{A\} [其中 x \in [1, m], A' \in \{A\}] \quad (2.34)$$

结合式(2.33)与式(2.34),有

$$Q_x(S, A_N) \geq Q_x(S, A'), A' \in \{A\} \quad (2.35)$$

根据多智能体规划算法原理,在联合状态S执行联合动作A_N,令除智能体x以外的所有成员的最大联合Q值为$Q_{-x}(S, A_N) \in \{Q_{-x}(S, A) : A \in \{A\}\}, \forall -x$,则

$$Q_{-x}(S, A_N) \geq Q_{-x}(S, A'), A' \in \{A\}, \forall -x \quad (2.36)$$

由式(2.32)和式(2.36)可知,当 $i=x$ 时 $Q_i(S,A_N) \leq Q_i(S,A')$,而 $i \neq x$ 时 $Q_i(S,A_N) \geq Q_i(S,A')$,$\forall i$。因此,根据定义 2.2,在基于 NQLP12 的规划算法中,联合动作 A_N 不是 S 处的 NE。再次通过式(2.35)和式(2.36)可得出如下结论:$Q_i(S,A_N) \geq Q_i(S,A')$,$\forall i$。因此,根据定义 2.2,在基于 TMAQL 的规划中,联合动作 A_N 是 S 处的 NE。

通过定理 2.2,可以确认在基于 NQLP12 的多智能体合作规划算法 2.3 中,智能体从不执行将导致至少一个智能体发生目标状态转换联合动作。然而,在基于 TMAQL 的规划中,智能体确实更倾向于这种联合动作。在规划阶段达到其个体目标的智能体将不再移动,这会导致达到团队目标的概率较小。简单地说,在提出的基于 FCMQL 的多智能体规划算法的其他变体算法中,除 RQLP12 之外,智能体并不会选择导致非团队目标状态转换的联合动作。

算法 2.3　基于 FCMQL 的多智能体合作规划

输入:Q_i,$\forall i$,可行的联合状态 S_F;

输出:在 S_F 处的 NE(或 CE)A_N(或 A_C);

重复

　　观察当前状态 s_i,$\forall i$;

　　评估遵循式(2.2)(或式(2.4))并满足任务约束的 NE(或 CE)、A_N(或 A_C);

　　在 S_F 执行 A_N(或 A_C),并进入下一个可行的联合状态 S'_F,$S'_F \leftarrow S_F$,对于 S_F 的多个 A_N(或 A_C)方案,选择第一个方案;

直到任务完成

2.7　实验与结果

本节包括四个实验。第一个实验针对团队目标探索,以收敛速度为性能指标,考察 FCMQL 算法相对于其他对照算法的性能。第二个实验为比较算法 2.3 相对于对照算法的性能。第三个实验考察算法 2.3 相对于现有对照算法的优点,采用运行时间复杂度作为指标。文中考虑的进行联合动作选择的对照算法包括 MLbD[58]、MNPSO[54-55]、DE[56-57] 和 ICFA[53] 算法。实验中的计算机仿真采用时钟频率为 3.40GHz 的 Intel(R)Core(TM)i7 – 3770 CPU 进行编码和测试。最后,我们使用两个 Khepera – Ⅱ 移动智能体在真实环境中考察了算法 2.3 的性能(见附录 2.A)。

表 2.1 中给出了研究中采用的 10 个不同的 10×10 网格地图。图 2.2 显示了一个双智能体系统在学习阶段的地图 1（确定性）或地图 4（随机性），其中包括 12 个障碍（标记为黑色矩形）和一个团队目标〈G1,G2〉。每个智能体可以执行四个动作：即左移（L）、前进（F）、右移（R）和后退（B）。在随机性环境中，状态转移概率被指定为随机生成的常数值，它满足马尔可夫矩阵的性质，即其中每个状态的状态转移概率之和为 1。像 TMAQL 算法一样，可以为学习过程中预先定义的固定团队目标状态随机选择起始位置。为了保持一致性，所有算法都通过相同的联合状态进行初始化。利用附录 2.A 中定义的映射功能，为多智能体网格地图中的每个网格分配一个正整数，以指示其在工作空间中的状态。

表 2.1　10×10 网格图细节

智能体数量	地图情况	地图序号	团队目标	开始状态位置	障碍数目	障碍状态位置
2	确定性地图	1	81,91	10,20	12	9,27,40,46,52,54,58,61,63,67,82,84
2		2	55,65	45,55	6	25,48,53,57,68,75
2		3	55,65	45,55	8	25,46,48,53,57,66,68,75
3		7	9,20,19	72,81,71	6	8,28,45,49,73,86,16,29,33,41,47,64,83
4		8	81,82,92,91	10,20,19,9	7	16,29,33,41,47,64,83
2	随机性地图	4	81,91	10,20	12	9,27,40,46,52,54,58,61,63,67,82,84
2		5	55,65	45,55	6	25,48,53,57,68,75
2		6	55,65	45,55	8	25,46,48,53,57,66,68,75
3		9	9,20,19	72,81,71	6	8,28,45,49,73,86
4		10	81,82,92,91	10,20,19,9	7	16,29,33,41,47,64,83

取折扣因子 $\gamma=0.9$，学习率 $\alpha=0.1$。在探索团队目标时，根据式（2.8）设置智能体的奖励函数，其中最大即时奖励 $r_{\max}=100$，最小即时奖励 $r_{\min}=0$。此外，若智能体冒犯约束，则会收到 $r=-1$ 的惩罚。

实验 2.1　收敛速度研究

该实验旨在验证所提出的 FCMQL 相较于对照算法具有更快的收敛速度。研究内容包括：

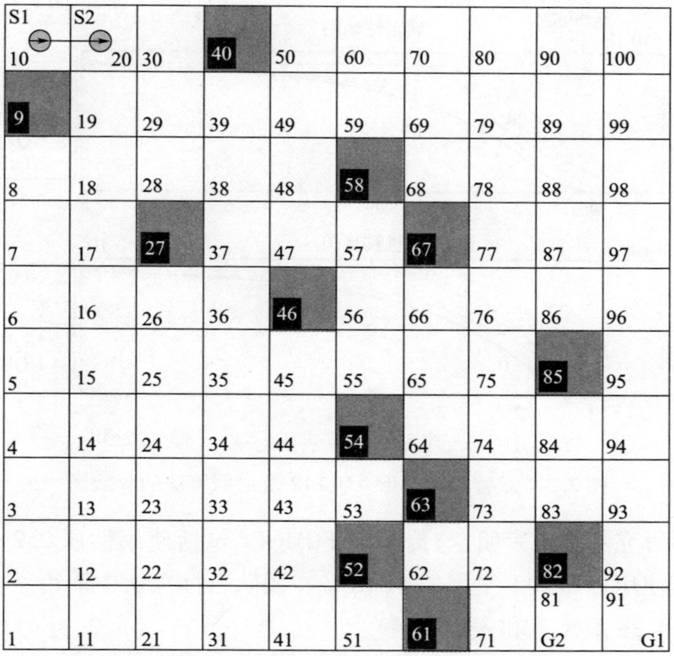

第 2 章 提高多智能体协同任务规划 Q 学习算法的收敛速度

图 2.2 学习阶段中双智能体的实验空间

（1）状态-动作对随着学习轮数的收敛性；

（2）确定在固定数量的学习周期内探索给定团队目标的次数；

（3）m 个智能体的平均奖励，其中一个智能体的奖励是 Q 表中元素值的平均值；

（4）根据性质 2.2 选择联合动作时，状态-动作对随着学习轮数的收敛性。

第一项研究针对 NQL 进行，结果见图 2.3，以及附录 2.A 中的图 2.A.1～图 2.A.3，从图 2.3 以及图 2.A.1～图 2.A.3 中可以看到，FCMQL 对于联合状态-动作对的收敛数量（N_c）优于对照算法。注意此处未将 FMRQP12 与对照算法进行比较。与 FMRQ 一样，智能体并非在联合状态-动作空间中更新其 Q 值，而是在联合状态-个体动作空间中更新其 Q 值。作为补充，在相同实验的后面部分中比较了 FMRQP12。

有趣的是，在表 2.A.1 和表 2.A.2 的第 2 至第 7 列中（见附录 2.A），利用性质 2.1 设计的 FCMQL 算法在度量 N_c 上优于利用性质 2.2 实现的 FCMQL 算法。但从后期的学习结果（表 2.A.1 和表 2.A.2 的第八、第九和第十）可以看到，利用性质 2.2 实现的 FCMQL 算法性能优于利用性质 2.1 设计的 FCMQL 算法。

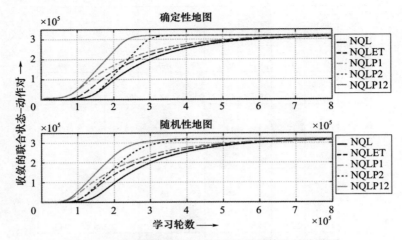

图2.3 双智能体情形 NQLP12 及对照算法的收敛图

第二项研究的结果表明:与传统的 FCMQL(包括使用性质 2.2 开发的 FC-MQL)相比,使用性质 2.1 发展的 FCMQL 在团队目标探索中取得了更高的价值(见图 2.A.4、表 2.A.3 和表 2.A.4)。

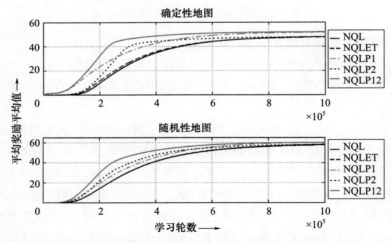

图2.4 双智能体情形 NQLP12 及对照算法的平均回报图(AAR)

第三项研究的结果表明:采用平均奖励平均值(Average of Average Reward, AAR)表示 m 个智能体的平均奖励(其中一个智能体的奖励用其 Q 表平均值来衡量),与 TMAQL 相比,FCMQL 结果中智能体的 AAR 高,这意味着收敛更快,m 个智能体的平均奖励超过了采用 TMAQL 算法的学习结果(参见图 2.4 和图

2. A. 5~图 2. A. 7)。

最后一项研究考察了关于联合状态－动作对随着学习轮数的收敛性,虽然在设计 FCMQL 中使用了性质 2.2,但在联合状态－动作对的收敛性方面,其比 TMAQL 获得了更大的数值(见图 2.5、图 2. A. 8 和图 2. A. 9)。

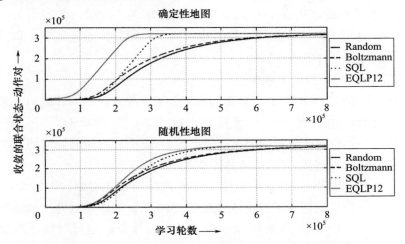

图 2.5 双智能体情形 EQLP12 及对照算法的联合动作选择策略

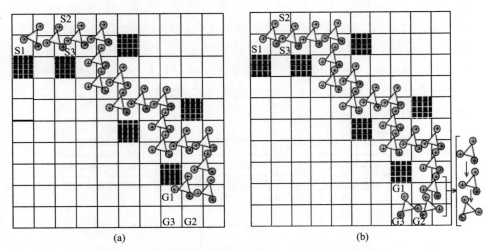

图 2.6 三个智能体在确定性环境中携带三角形物品的合作路径规划
(a)纳什 Q 诱导的多智能体规划,(b)基于 NQLP12 的多智能体协作规划。

实验 2.2 规划性能

本研究的目的是检验规划中任务的完成情况,并通过个数分别为 2、3 和 4

的多机器人智能体在 10×10 网格地图上测试著名的物品携运问题。图 2.6 和图 2.A.10~2.A.14 提供了机器人智能体团队通往指定团队目标的规划路径。值得注意的是,基于 TMAQL 的多智能体规划没有实现其团队目标,而基于 FC-MQL 的多智能体规划则成功地完成了任务。

FCMQL 成功的原因在于 Q 表信息的丰富,因为它在学习阶段引入了性质 2.1。在图 2.6(b) 中,环境外部的箭头指示机器人智能体通过旋转三角形成功地实现了向团队目标状态的转换。

实验 2.3 运行时间复杂度

本研究对基于 FCMQL 的多智能体规划算法以及来自不同领域的一系列著名算法的运行时间进行分析,对照算法包括:ICFA[53]、MNPSO[54-55]、DE[56-57] 和 MLbD[58]。运行时间分析结果显示提出的 FCMQL 相对于其他对照算法具有最小的运行时间复杂度(见表 2.2 和表 2.3)。

对于 ICFA 和 DE,用于物品运输任务的目标函数如文献[53,57]中所示。在 MNPSO 中,群体规模等于智能体的数量。这里,智能体通过并行和分布式的方式进行学习,从而减小随着智能体数量增加而增长的运行时间。通过改变 MNPSO 算法中的智能体数量,可以实现不同物品的携运。另外一方面,本研究中通过同步演示方法学习联合动作的效果并不理想。文献[58]中的 MLbD 是一种新颖的方法,它可以从同步演示中学习多机器人智能体的联合动作,借助 HAMMER 体系结构,智能体学习了从演示中获得的各个动作的顺序[58],然后通过时空聚类算法确定联合动作。我们将来自文献[58]的 MLbD 与所提出的算法 2.3 进行了比较,在 MLbD 中,智能体之间需要相互的信息交流,这就需要额外的时间开销和计算成本。

表 2.2 确定性环境下算法 2.3 相对于对照算法的运行时间复杂度

算法	地图 1(搬运杆)		地图 7(搬运三角形)			地图 8(搬运四边形)			
	智能体运行时间/min		智能体运行时间/min			智能体运行时间/min			
	1	2	1	2	3	1	2	3	4
Algorithm 2.3	**0.195**	**0.191**	**0.244**	**0.246**	**0.242**	**0.309**	**0.313**	**0.310**	**0.304**
MLbD	14.24	14.54	20.57	21.05	20.56	27.56	28.06	27.39	28.10
ICFA	51.16	51.01	60.56	61.10	60.51	64.56	64.10	64.51	64.56
MNPSO	70.43	70.58	50.54	50.38	51.01	40.26	40.45	40.42	40.56
DE	90.45	90.56	86.54	86.34	86.38	79.45	79.34	79.34	79.04

注:粗体值的对应算法优于对照算法。

第 2 章　提高多智能体协同任务规划 Q 学习算法的收敛速度

表 2.3　随机性环境下算法 2.3 相对于对照算法的运行时间复杂度

算法	地图 4(搬运杆)		地图 9(搬运三角形)			地图 10(搬运四边形)			
	智能体运行时间/min		智能体运行时间/min			智能体运行时间/min			
	1	2	1	2	3	1	2	3	4
Algorithm 2.3	**0.184**	**0.182**	**0.218**	**0.220**	**0.221**	**0.293**	**0.302**	**0.301**	**0.302**
MLbD	18.34	18.27	25.28	24.58	25.49	33.56	33.59	33.34	33.09
ICFA	52.27	53.10	60.76	60.25	60.17	63.59	63.55	63.45	63.57
MNPSO	71.54	71.52	51.34	51.65	52.04	39.45	39.34	39.32	39.12
DE	91.04	89.52	83.34	84.58	83.32	80.34	78.26	79.28	80.12

注：粗体值的对应算法优于对照算法。

实验 2.4　实时规划

该实验的目的是检验所提出的 FCMQL 算法在两个 Khepera-Ⅱ智能体携杆问题中的性能(附录 2.A)。携杆问题是指规划机器人智能体通过将杆的两端固定住、将杆从给定的起始位置转移到指定目的地的路径。我们考虑尺寸为 6×6 的正方形网格地图,通过实验在硬件上验证了之前的分析结果。图 2.7 给出了基于对照算法的智能体所采用的路径,图 2.8 提供了实验场景的照片,表 2.4 给出了 Khepera-Ⅱ移动机器人以不同速度达到团队目标所花费的时间。结果表明使用基于 FCMQL 的规划算法,机器人成功地到达了目标位置。

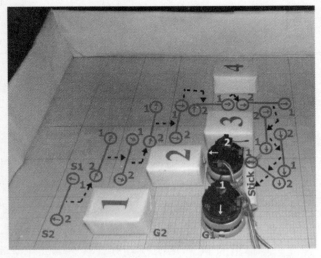

图 2.7　使用 NQIMP 算法的两个 Khepera-Ⅱ移动机器人携杆的协同路径规划

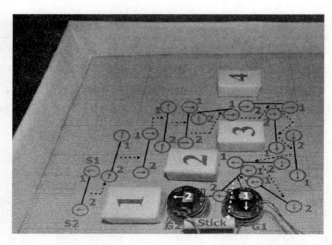

图 2.8 使用算法 2.3 的两个 Khepera–Ⅱ 移动智能体携杆的协同路径规划

表 2.4 算法 2.3 中 Khepera–Ⅱ 移动智能体以不同速度达到团队目标所花费的时间[63]

运行时间	单位速度数	运行时间/s	
		智能体 1	智能体 2
理论值	2	8.75	9.14
	3	5.83	6.09
	5	3.50	3.66
实际值	2	11.71	12.43
	3	9.45	10.23
	5	8.28	9.36

2.8 结论

本章通过两个有用的性质对 TMAQL 算法进行了拓展,这两个性质分别关系到团队目标的探索和联合动作的选择。基于第一个性质可通过智能体的多阶段过渡来异步或同步地探索团队目标,以最终到达团队目标,从而为中间状态到目标状态的转换提供较高的奖励值;第二个性质有助于确定团队的共同偏好联合动作,可以避免在相同的联合状态下执行相同的联合动作,从而提高了智能体的学习速度。将提出的 FCMQL 算法在联合状态 - 动作空间中获得的 Q 表用于多智能体规划算法,它可以基于抵达目标前的状态,根据存储在 Q 表中的高奖励值从非目标状态中自动选择向目标状态转换的动作。基于 TMAQL 的规划算法有时无法达到团队目标,因为 TMAQL 获得的 Q 表中可能缺少 FCMQL 中使用性质 2.1 的操作对应的状态转换。

❖ **定理 2.1** 证明了 FCMQL 算法的收敛性,FCMQL 算法的期望收敛时间小于 TMAQL 算法的期望收敛时间,复杂度分析也表明了所提出的 FCMQL 算法优于 TMAQL 算法。为了验证 FCMQL 和基于 FCMQL 的规划算法性能,文中进行了四个不同的实验,并与其他对照算法进行了比较。在实验 2.1 中,FCMQL 算法在收敛速度、团队目标探索和 AAR 参数方面均优于对照算法。在实验 2.2 中,将任务的成功完成作为性能指标,算法 2.3 的性能优于对照算法。在实验 2.3 中,将运行时间要求作为性能指标,在物品携运问题中验证了算法 2.3 相对于对照算法(包括 ICFA[53]、MNPSO[51,58]、DE[56-57] 和 MLbD[50] 算法)的优势。在实验 2.4 中,通过两个 Khepera-Ⅱ 移动智能体实时规划实验验证了算法 2.3 相对于对照算法的优越性。

2.9 本章小结

本章针对多智能体协同和规划问题,将传统的多智能体 Q 学习算法(NQL 和 CQL)进行了扩展发展了基于学习交互机制的规划算法。这种扩展是通过利用两个有用的性质来实现的。第一个性质涉及所有智能体同时成功抵达目标状态的团队目标的探索,第二个性质涉及给定联合状态下联合动作的选择。团队目标的探索是通过允许有能力实现其目标的智能体在其目标状态下等待,直到其他智能体同步或异步地达到各自的目标来实现的。联合动作的选择是传统多智能体 Q 学习中的一个关键问题,它是通过求出所有智能体偏好联合动作的交集来实现的,如果所得到的交集为空,则按照随机方式或其他经典方式选择个体动作。通过与其他对照算法进行对比,验证了所提出的学习算法以及相应的基于学习的规划算法在收敛速度和运行时间复杂度方面具有更优异的性能。

附录 2.A 关于实验结果的更多细节

2.A.1 实验 2.1 的其他细节

对于 $n \times n$ 的网格地图,采用一定的映射函数,将 2 个智能体的离散状态(用 s_1 和 s_2 表示)映射到单个整数 S 中(联合状态):

$$S = (s_2 - 1) \times n + s_1 \qquad (2.\text{A}.1)$$

对于 3 个和 4 个智能体的情形,映射函数分别由式(2.A.2)和式(2.A.3)给出,其中 s_3 和 s_4 分别是第 3 个和第 4 个智能体的状态。

$$S = (s_3 - 1) \times n^2 + (s_2 - 1) \times n + s_1 \qquad (2.\text{A}.2)$$

$$S = (s_4 - 1) \times n^3 + (s_3 - 1) \times n^2 + (s_2 - 1) \times n + s_1 \qquad (2.\text{A}.3)$$

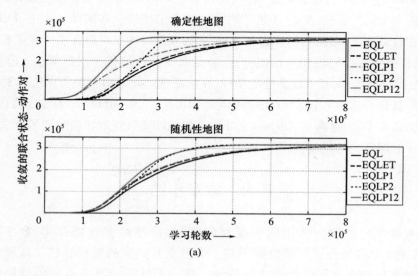

(a)

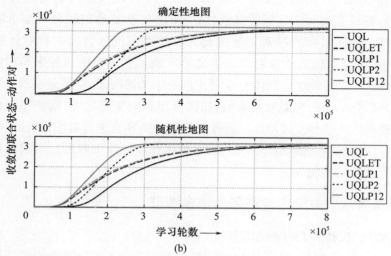

(b)

第 2 章　提高多智能体协同任务规划 Q 学习算法的收敛速度

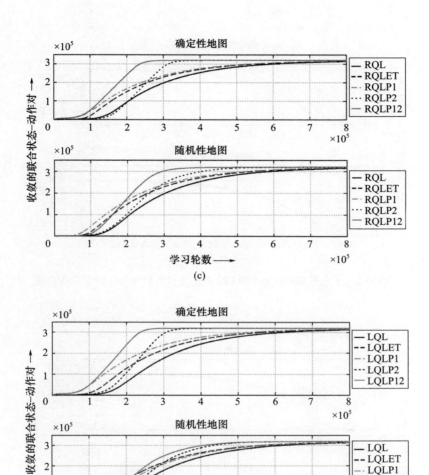

图 2.A.1　双智能体情形的 FCMQL 及对照算法的结果收敛图
（a）EQLP12 及其他对照算法；（b）UQLP12 及其他对照算法；
（c）RQLP12 及其他对照算法；（d）LQLP12 及其他对照算法。

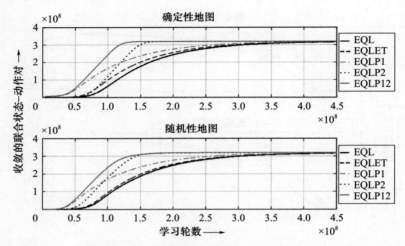

图 2.A.2　3 个智能体情形 EQLP12 算法及其他对照算法的结果收敛图

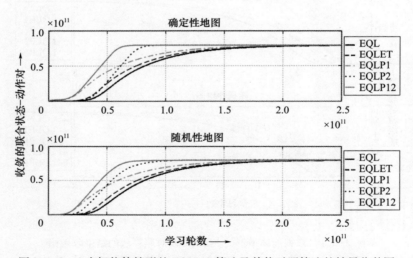

图 2.A.3　4 个智能体情形的 EQLP12 算法及其他对照算法的结果收敛图

第 2 章　提高多智能体协同任务规划 Q 学习算法的收敛速度

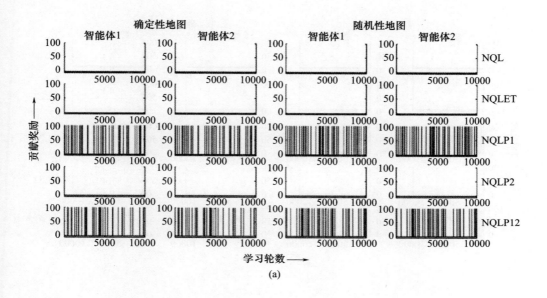

(a)

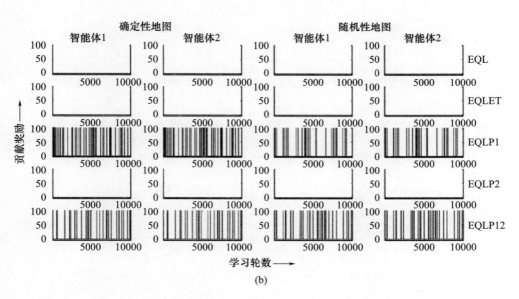

(b)

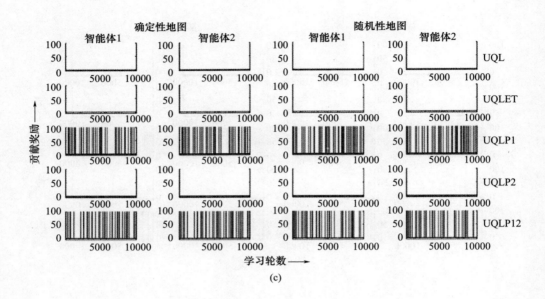

(c)

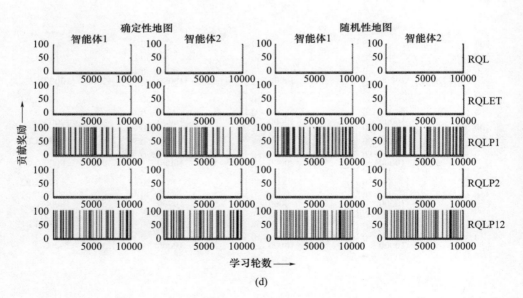

(d)

第 2 章　提高多智能体协同任务规划 Q 学习算法的收敛速度

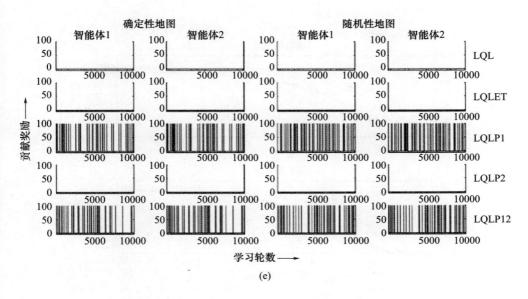

(e)

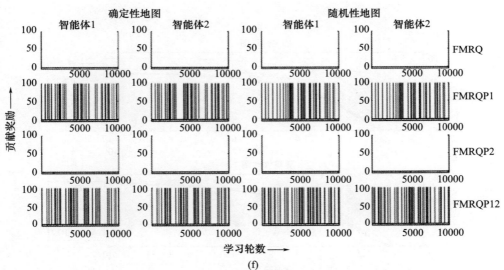

(f)

图 2.A.4　双智能体情形的 FCMQL 及对照算法贡献奖励与学习周期关系图
(a) NQLP12 算法及对照算法；(b) EQLP12 算法及对照算法；(c) UQLP12 算法及对照算法；
(d) RQLP12 算法及对照算法；(e) LQLP12 算法及对照算法；(f) FMRQP12 算法及对照算法。

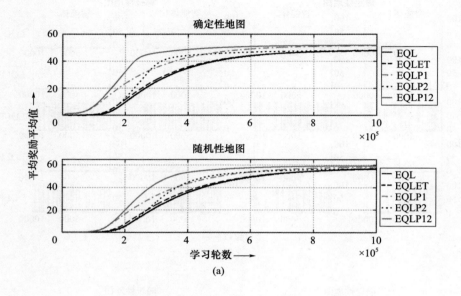

(a)

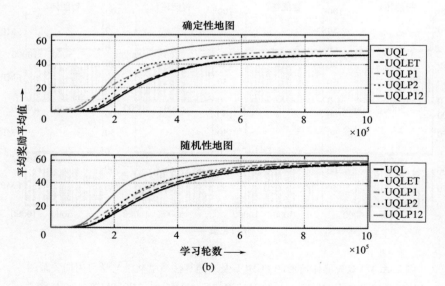

(b)

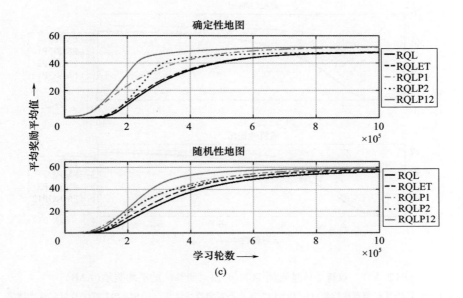
(c)

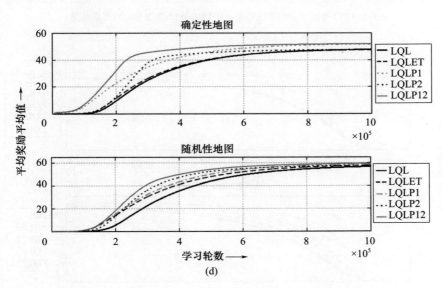
(d)

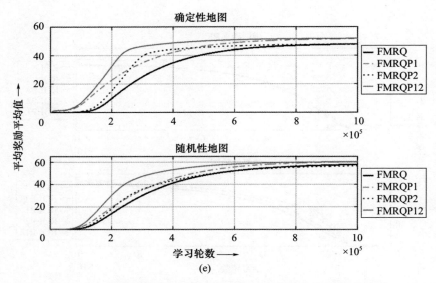

图 2.A.5　双智能体情形的 FCMQL 及对照算法的平均奖励（AAR）
（a）EQLP12 算法及对照算法结果；（b）UQLP12 算法及对照算法结果；（c）RQLP12 算法及对照算法结果；
（d）LQLP12 算法及对照算法结果；（e）FMRQP12 算法及对照算法结果。

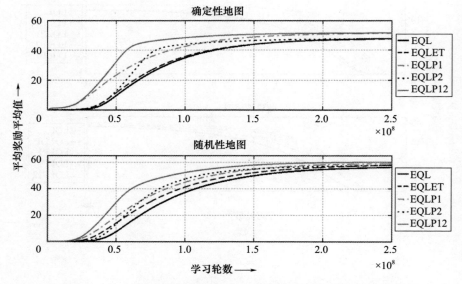

图 2.A.6　3 个智能体的 EQLP12 及对照算法的平均奖励（AAR）图

第 2 章 提高多智能体协同任务规划 Q 学习算法的收敛速度

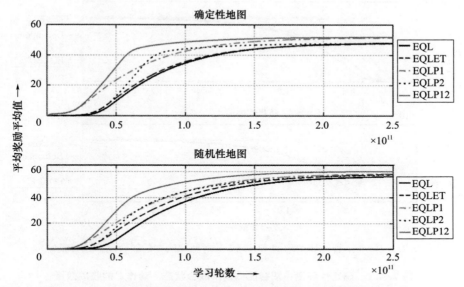

图 2.A.7　4 个智能体的 EQLP12 算法及对照算法的平均奖励(AAR)图

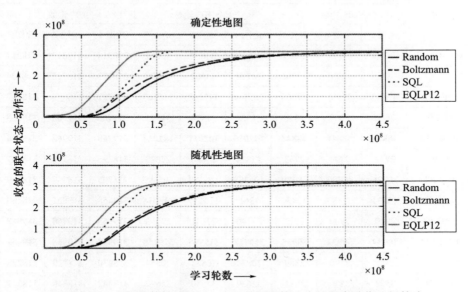

图 2.A.8　3 个智能体情形的 EQLP12 及对照算法中的联合动作选择策略

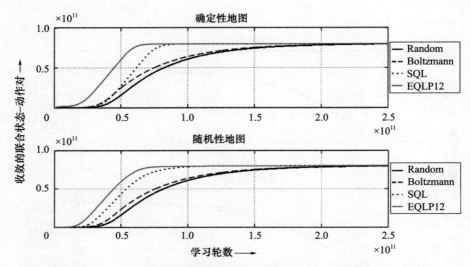

图 2.A.9 4个智能体情形的 EQLP12 及对照算法中的联合动作选择策略

表 2.A.1 确定性环境中双智能体情形联合状态 – 动作对的收敛数量

算法	收敛的联合状态 – 动作对数目								
	10^5 轮数			15×10^4 轮数			10^6 轮数		
	地图 1	地图 2	地图 3	地图 1	地图 2	地图 3	地图 1	地图 2	地图 3
NOL	2976	2965	2979	30060	30057	30061	318314	318312	318317
NQLET	12365	12367	12366	74299	74302	74298	318723	318725	318724
NQLP1	47566	47567	47568	115164	115168	115167	318787	318879	318877
NQLP2	2600	2602	2599	31522	31524	31521	**319968**	**319968**	**319968**
NQLP12	48846	48847	48844	142010	142011	142014	**319968**	**319968**	**319968**
UQL	2732	2734	2733	27824	27826	27823	318296	318299	318297
UQLET	40726	40727	40729	105388	105387	105390	318795	318798	318799
UQLP1	45834	45833	45836	113614	113615	113618	318858	318861	318860
UQLP2	2910	2909	2912	27140	27141	27143	**319968**	**319968**	**319968**
UQLP12	50934	50932	50935	319968	319968	319968	**319968**	**319968**	**319968**
EQL	2388	2390	2389	20834	20835	20834	318230	318229	318228
EQLET	3582	3580	3581	32630	32630	32632	318342	318340	318341
EQLP1	43518	43517	43516	111101	111102	111100	318863	318861	318862
EQLP2	894	896	894	16092	16093	16091	**319968**	**319968**	**319968**

第 2 章　提高多智能体协同任务规划 Q 学习算法的收敛速度

续表

算法	收敛的联合状态－动作对数目								
	10^5 轮数			15×10^4 轮数			10^6 轮数		
	地图 1	地图 2	地图 3	地图 1	地图 2	地图 3	地图 1	地图 2	地图 3
EQLP12	**48524**	**48526**	**48525**	**141596**	**141597**	**141599**	**319968**	**319968**	**319968**
RQL	2732	2732	2733	27824	27826	27824	318299	318298	318300
RQLET	19648	19649	19648	88577	88575	88576	318667	318668	318666
RQLP1	43256	43254	43255	110322	110321	110323	318954	318955	318953
RQLP2	1096	1097	1098	16820	16821	16822	**319968**	**319968**	**319968**
RQLP12	**48748**	**48748**	**48749**	**142642**	**142641**	**142642**	**319968**	**319968**	**319968**
LQL	1377	1379	1378	14067	14067	14068	317953	317954	317955
LQLET	10019	10020	10018	62028	62027	62029	318502	318503	318501
LQLP1	46126	46125	46127	113724	113725	113726	318786	318786	318786
LQLP2	2910	2911	2912	27140	27141	27143	**319968**	**319968**	**319968**
LQLP12	**47954**	**47955**	**47954**	**140408**	**140408**	**140410**	**319968**	**319968**	**319968**

* 粗体值的对应算法优于对照算法。

表 2.A.2　随机性环境中双智能体情形联合状态－动作对的收敛数量

算法	收敛的联合状态－动作对数目								
	10^5 轮数			15×10^4 轮数			10^6 轮数		
	地图 4	地图 5	地图 6	地图 4	地图 5	地图 6	地图 4	地图 5	地图 6
NQL	12365	12366	12363	74299	74302	74301	318723	318724	318723
NQLET	2976	2978	2977	30060	30062	30061	318314	318313	318315
NQLP1	42371	42372	42373	111814	111817	111816	318823	318823	318825
NQLP2	11472	11471	11475	82937	82939	82938	**319937**	**319938**	**319939**
NQLP12	**54705**	**54708**	**54706**	**147816**	**147815**	**147818**	**319948**	**319951**	**319950**
UQL	40726	40727	40728	105388	105388	105389	319795	319796	318798
UQLET	2732	2733	2735	27824	27827	27826	318296	318295	318299
UQLP1	45768	45765	45769	113985	113986	113987	318822	318824	318821
UQLP2	10877	10876	10879	84040	84042	84039	**319896**	**319900**	**319899**
UQLP12	**51191**	**51193**	**51196**	**146529**	**146531**	**146532**	**319893**	**319895**	**319896**
EQL	2388	2390	2387	20834	20833	20836	318228	318230	318231
EQLET	3582	3581	3583	32630	3263	32634	318342	318341	318342

续表

算法	收敛的联合状态-动作对数目								
	10^5 轮数			15×10^4 轮数			10^6 轮数		
	地图4	地图5	地图6	地图4	地图5	地图6	地图4	地图5	地图6
EQLP1	4928	4927	4929	36492	36493	36494	318438	318440	318439
EQLP2	1738	1740	1739	20824	20823	20825	**319810**	**319812**	**319811**
EQLP12	**3759**	**3761**	**3760**	**34658**	**34660**	**34661**	**319803**	**319806**	**319804**
RQL	2732	2733	2731	27824	27825	27823	318298	318302	318299
RQLET	19648	19647	19649	88575	88577	88576	318667	318669	318668
RQLP1	45653	45654	45655	113840	113839	113842	318820	318819	318822
RQLP2	10751	10750	10749	83343	83341	83344	**319882**	**319883**	**319881**
RQLP12	**3759**	**3760**	**3761**	**34658**	**34657**	**34659**	**319803**	**319802**	**319804**
LQL	1377	1379	1378	14067	14068	14066	317953	317952	317954
LQLET	10018	10020	10019	62028	62027	62029	318502	318501	318504
LQLP1	6362	6364	6363	46961	46960	46963	318486	318485	318487
LQLP2	1042	1040	1043	16178	16180	16179	**319766**	**319765**	**319764**
LQLP12	**5721**	**5720**	**5722**	**44249**	**44249**	**44250**	**319783**	**319784**	**319782**

* 粗体值的对应算法优于对照算法。

表 2.A.3 确定性环境中双智能情形探索的团队目标数

算法	15000 轮数			10000 轮数			5000 轮数		
	地图			地图			地图		
	1	2	3	1	2	3	1	2	3
NQL	0	1	0	0	0	0	0	0	0
NQLET	1	0	0	0	0	0	0	0	0
NQLP1	**55**	**65**	**70**	**37**	**38**	**41**	**16**	**20**	**27**
NQLP2	0	1	1	0	0	0	0	0	0
NQLP12	**57**	**66**	**68**	**38**	**39**	**40**	**18**	**22**	**26**
UQL	1	1	0	0	0	0	0	0	0
UQLET	0	1	1	0	0	0	0	0	0
UQLP1	**56**	**68**	**69**	**37**	**38**	**41**	**21**	**23**	**27**
UQLP2	1	0	1	0	0	0	0	0	0
UQLP12	**55**	**65**	**67**	**38**	**39**	**39**	**23**	**25**	**26**

第 2 章　提高多智能体协同任务规划 Q 学习算法的收敛速度

续表

算法	15000 轮数 地图			10000 轮数 地图			5000 轮数 地图		
	1	2	3	1	2	3	1	2	3
EQL	0	1	0	0	0	0	0	0	0
EQLET	1	0	2	0	0	0	0	0	0
EQLP1	**57**	**69**	**70**	**38**	**39**	**41**	**18**	**23**	**25**
EQLP2	1	2	0	0	0	0	0	0	0
EQLP12	**56**	**62**	**68**	**38**	**39**	**40**	**20**	**22**	**26**
RQL	1	0	1	0	0	0	0	0	0
RQLET	0	1	0	0	0	0	0	0	0
RQLP1	**56**	**68**	**69**	**37**	**38**	**41**	**21**	**23**	**27**
RQLP2	0	1	1	0	0	0	0	0	0
RQLP12	**57**	**63**	**69**	**38**	**39**	**40**	**19**	**21**	**25**
LQL	0	2	1	0	0	0	0	0	0
LQLET	1	0	1	0	0	0	0	0	0
LQLP1	**55**	**62**	**68**	**37**	**38**	**40**	**20**	**24**	**27**
LQLP2	1	0	1	0	0	0	0	0	0
LQLP12	**56**	**61**	**68**	**38**	**39**	**41**	**22**	**23**	**26**
FMRQ	0	1	0	0	0	0	0	0	0
FMRQP1	**60**	**65**	**70**	**37**	**38**	**41**	**21**	**26**	**27**
FMRQP2	2	1	0	0	0	0	0	0	0
FMQRP12	**56**	**61**	**68**	**38**	**39**	**41**	**23**	**24**	**26**

＊粗体值的对应算法优于对照算法。

表 2.A.4　随机性环境中双智能体情形探索的团队目标数

算法	15000 轮数 地图			10000 轮数 地图			5000 轮数 地图		
	4	5	6	4	5	6	4	5	6
NQL	1	0	0	0	0	0	0	0	0
NQLET	0	2	1	0	0	0	0	0	0
NQLP1	**55**	**59**	**66**	**35**	**38**	**41**	**12**	**18**	**28**
NQLP2	0	1	0	0	0	0	0	0	0

续表

算法	15000 轮数 地图			10000 轮数 地图			5000 轮数 地图		
	4	5	6	4	5	6	4	5	6
NQLP12	**56**	**59**	**65**	**36**	**37**	**40**	**16**	**19**	**26**
UQL	0	1	1	0	0	0	0	0	0
UQLET	1	0	0	0	0	0	0	0	0
UQLP1	**57**	**58**	**63**	**37**	**38**	**41**	**18**	**22**	**25**
UQLP2	0	1	1	0	0	0	0	0	0
UQLP12	**55**	**57**	**65**	**36**	**39**	**40**	**15**	**21**	**27**
EQL	0	2	1	0	0	0	0	0	0
EQLET	1	0	0	0	0	0	0	0	0
EQLP1	**57**	**58**	**65**	**37**	**39**	**41**	**16**	**23**	**27**
EQLP2	0	0	1	0	0	0	0	0	0
EQLP12	**56**	**58**	**64**	**35**	**37**	**40**	**19**	**20**	**26**
RQL	0	1	0	0	0	0	0	0	0
RQLET	1	0	2	0	0	0	0	0	0
RQLP1	**55**	**59**	**65**	**34**	**37**	**39**	**21**	**22**	**25**
RQLP2	0	2	1	0	0	0	0	0	0
RQLP12	**56**	**58**	**65**	**35**	**39**	**41**	**17**	**21**	**26**
LQL	0	2	1	0	0	0	0	0	0
LQLET	1	1	0	0	0	0	0	0	0
LQLP1	**57**	**58**	**65**	**36**	**37**	**40**	**16**	**19**	**25**
LQLP2	0	1	0	0	0	0	0	0	0
LQLP12	**55**	**58**	**66**	**35**	**37**	**41**	**21**	**23**	**27**
FMRQ	2	0	1	0	0	0	0	0	0
FMRQP1	**56**	**58**	**64**	**37**	**38**	**40**	**18**	**22**	**26**
FMRQP2	1	0	1	0	0	0	0	0	0
FMQRP12	**56**	**57**	**65**	**35**	**38**	**41**	**21**	**24**	**26**

* 粗体值的对应算法优于对照算法。

2.A.2 实验 2.2 的结果补充

实验 2.2 的结果补充见图 2.A.10~图 2.A.14。

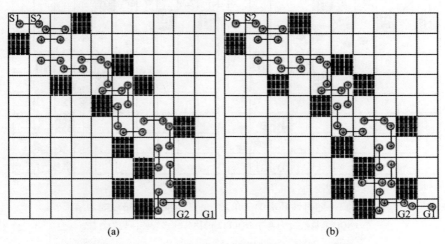

图 2.A.10 确定性环境中携杆问题的路径规划结果
(a) NQIMP 算法;(b) 基于 NQLP12 的协作式多智能体规划算法。

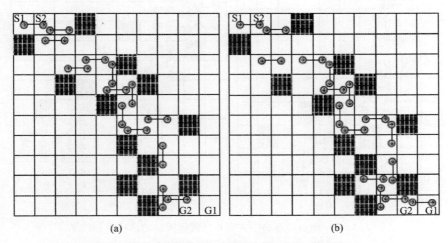

图 2.A.11 随机性环境中携杆问题的路径规划结果
(a) NQIMP 算法;(b) 基于 NQLP12 的协作式多智能体规划算法。

2.A.3 实验 2.4 的补充信息

Khepera-Ⅱ移动机器人智能体详细信息:Khepera-Ⅱ是一款微型机器人[64-65],配备 Motorola 68331 微控制器,包括 512 KB 的闪存和 25 MHz 的时钟

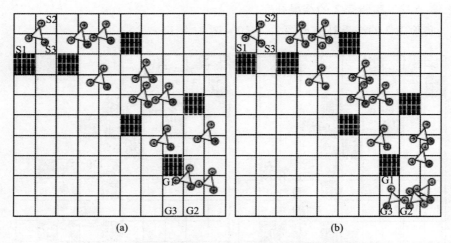

图 2.A.12　随机性环境中三角形物品搬运问题的路径规划结果
（a）NQIMP 算法；（b）基于 NQLP12 的协作式多智能体规划算法。

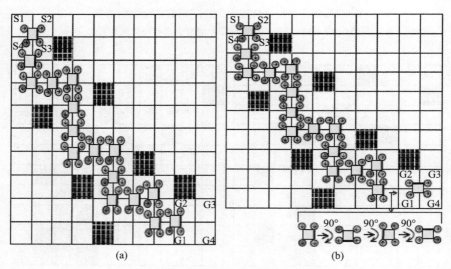

图 2.A.13　随机性环境中方形物品搬运问题的路径规划结果
（a）NQIMP 算法；（b）基于 NQLP12 的协作式多智能体规划算法。

速度,内置 8 个红外距离传感器。Khepera-Ⅱ移动机器人的 1 单位速度为 0.08mm/10ms。该实验中选择的速度是 2 单位（0.16mm/10ms）、3 单位（0.24mm/10ms）和 5 单位（0.4mm/10ms）。考虑到方形网格地图中的一个网格长度为 80mm,理论上,机器人在 2 单位速度、3 单位速度和 5 单位速度下覆盖一

第 2 章 提高多智能体协同任务规划 Q 学习算法的收敛速度

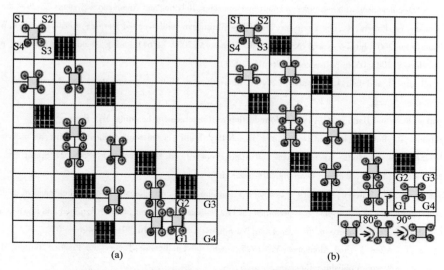

图 2.A.14 确定性环境中方形物品搬运问题的路径规划结果
(a) NQIMP 算法;(b) 基于 NQLP12 的协作式多智能体规划算法。

个网格长度所需的时间分别为 500ms、333.33ms 和 200ms[64-65]。假设每个网格内有一个半径为 40mm 的圆,则 Khepera-Ⅱ必须覆盖该圆总周长的 20πmm 才能旋转 90°。因此,理论上,机器人以 2 单位速度、3 单位速度和 5 单位速度旋转一个 90°所花费的时间分别为 392.7ms、261.8ms 和 157ms。

通过使用预先学习的联合 Q 表控制两个 Khepera-Ⅱ移动机器人,在图 2.7 和 2.8 中实现了携杆问题的求解。杆的长度为一个网格宽度,如果两个机器人占据相邻的单元格,则它们可以成功完成携杆任务。每个 Khepera-Ⅱ移动机器人通过串口线连接到两台不同的 Pentium Ⅳ电脑上。在携杆任务中,机器人智能体间不进行通信。机器人通过使用存储在 Pentium Ⅳ电脑中的习得的联合 Q 表来估计 NE,从而移动到机器人的下一联合状态。

参考文献

[1] Busoniu,L.,Babuska,R.,De Schutter,B.,and Ernst,D.(2010).Reinforcement Learning and DynamicProgramming Using Function Approximators. CRC Press.

[2] Banerjee,B.,Sen,S.,and Peng,J.(2001). Fast concurrent reinforcement learners. International Joint conference on Artificial Intelligence,Vol. 17,No. 1,pp. 825 – 832,Seattle,WA.

[3] Wen,S.,Chen,X.,Ma,C. et al.(2015). The Q – learning obstacle avoidance algorithm based on EKF – SLAM

for NAO autonomous walking under unknown environments. Robotics and Autonomous Systems 72:29 – 36.

[4] Shoham, Y., Powers, R., and Grenager, T. (2003). Multiagent reinforcement learning: a critical survey, Web manuscript, 2003. https://www.cc.gatech.edu/classes/AY2009/cs7641_spring/handouts/ALearning_ACriticalurvey_2003_0516.pdf (accessed 26 May 2020).

[5] Srinivasan, D. and Jain, L. C. (eds.) (2010). Innovations in Multi – agent Systems and Applications – 1. Springer – Verlag.

[6] Sutton, R. S. and Barto, A. G. (1998). Introduction to Reinforcement Learning. MIT Press.

[7] Buşoniu, L., Babuška, R., and De Schutter, B. (2010). Multi – agent reinforcement learning: an overview. In: Innovations in Multi – Agent Systems and Applications – 1 (ed. D. Srinivasan), 183 – 221. Springer.

[8] Mitchell, T. (1997). Machine Learning. McGraw – Hill.

[9] Sommer, N. and Ralescu, A. (2014). Developing a machine learning approach to controlling musical synthesizer parameters in real – time live performance. Proceedings of the 25th Modern Artificial Intelligence and Cognitive Science Conference 2014, Spokane, Washington, USA, April 26, 2014 1144:61 – 67.

[10] Dean, T., Allen, J., and Aloimonos, Y. (1995). Artificial Intelligence: Theory and Practice. Boston, MA: Addison – Wesley Publishing Company.

[11] Pashenkova, E., Rish, I., and Dechter, R. (1996). Value iteration and policy iteration algorithms for Markov decision problem. AAAI 96: Workshop on Structural Issues in Planning and Temporal Reasoning, Portland, Oregon (5 August 1996).

[12] Boutilier, C. (1999). Sequential optimality and coordination in multiagent systems. Proceedings of the International Joint Conference on Artificial Intelligence, Stockholm, Sweden (31 July to 6 August 1999), pp. 478 – 485. Vancouver, Canada: University of British Columbia.

[13] Feinberg, E. A. (2010). Total expected discounted reward MDPS: existence of optimal policies. In: Wiley Encyclopedia of Operations Research and Management Science (eds. J. J. Cochran, L. A. Cox Jr., P. Keskinocak, et al.), 1 – 11. New York: State University of New York.

[14] Kondo, T. and Ito, L. (2004). A reinforcement learning with evolutionary state recruitment strategy for autonomous mobile robots control. Robotics and Autonomous Systems 46(2):111 – 124.

[15] Kaelbling, L. P., Littman, M. L., and Moore, A. W. (1996). Reinforcement learning: a survey. Journal of Artificial Intelligence Research 4:237 – 285.

[16] Von Neumann, J. and Morgenstern, O. (2007). Theory of Games and Economic Behavior, 60th Anniversary Commemorative Edition. Princeton University Press.

[17] Sharma, R. and Gopal, M. (2010). Synergizing reinforcement learning and game theory – a new direction for control. Applied Soft Computing 10(3):675 – 688.

[18] Wang, Y. and de Silva, C. W. (2008). A machine – learning approach to multi – robot coordination. Engineering Applications of Artificial Intelligence 21(3):470 – 484.

[19] Cao, X. R. and Chen, H. – F. (1997). Perturbation realization, potentials, and sensitivity analysis of Markov processes. IEEE Transactions on Automatic Control 42(10):1382 – 1393.

[20] Watkins, C. J. and Dayan, P. (1992). Q – learning. Machine Learning 8(3 – 4):279 – 292.

[21] Bellman, R. E. (1957). Dynamic programming. Proceedings of the National Academy of Science of the United States of America 42(10):34–37.

[22] Hu, Y., Gao, Y., and An, B. (2015). Multiagent reinforcement learning with unshared value functions. IEEE Transactions on Cybernetics 45(4):647–662.

[23] Boutilier, C. (1996). Planning, learning and coordination in multiagent decision processes. Proceedings of the 6th Conference on Theoretical Aspects of Rationality and Knowledge, De Zeeuwse Stromen, The Netherlands(17–20 March 1996), pp.195–210. Groningen, Netherlands: Morgan Kaufmann Publishers Inc.

[24] Claus, C. and Boutilier, C. (1998). The dynamics of reinforcement learning in cooperative multiagent systems. AAAI/IAAI, Madison, WI(27–29 July 1998), pp.746–752.

[25] Georgios, C. and Boutilier, C. (2003). Coordination in multiagent reinforcement learning: a bayesian approach. Proceedings of the Second International Joint Conference on Autonomous Agents and Multiagent Systems, Melbourne, Australia(14–18 July 2003), pp.709–716. ACM.

[26] Greenwald, A., Hall, K., and Serrano, R. (2003). Correlated Q–learning. International Conference on Machine Learning 3:242–249, Washington, DC.

[27] Hu, J. and Wellman, M. P. (2003). Nash Q–learning for general–sum stochastic games. The Journal of Machine Learning Research 4:1039–1069.

[28] Hu, J. and Wellman, M. P. (1998). Multiagent reinforcement learning: theoretical framework and an algorithm. International Conference on Machine Learning, Madison, WI(24–27 July 1998), pp.242–250.

[29] Littman, M. L. (1994). Markov games as a framework for multiagent reinforcement learning. Proceedings of the Eleventh International Conference on Machine Learning 157:157–163. Providence, RI: Brown University.

[30] Littman, M. L. (2001). Friend–or–foe Q–learning in general–sum games. International Conference on Machine Learning, Williams College, Williamstown, MA(28 June to 1 July, 2001), pp.322–328.

[31] Littman, M. L. and Szepesvári, C. (1996). A generalized reinforcement learning model: convergence and applications. International Conference on Machine Learning, Bari, Italy(3–6 July 1996), pp.310–318.

[32] Mukhopadhyay, S. and Jain, B. (2001). Multi–agent Markov decision processes with limited agent communication. Proceedings of the 2001 IEEE International Symposium on Intelligent Control, (ISIC'01), Mexico City, Mexico(5–7 September, 2001) pp.7–12.

[33] Sen, S., Mahendr, S. and Hale, J. (1994). Learning to coordinate without sharing information. The Twelfth National Conference on Artificial Intelligence (AAAI–94), Seattle, WA(31 July to 4 August 1994), pp.426–431.

[34] Stone, P. and Sutton, R. S. (2001). Scaling reinforcement learning toward RoboCup soccer. International Conference on Machine Learning, Williams College, Williamstown, MA(28 June to 1 July 2001), pp.537–544.

[35] Wang, Y., Lang, H., and de Silva, C. W. (2008). Q–learning based multi–robot boxpushing with minimal switching of actions. International Conference on Automation and Logistics, IEEE, Qingdao, China(1–3 September 2008), pp.640–643.

[36] Tan, M. (1993). Multi-agent reinforcement learning: independent vs. cooperative agents. Proceedings of the Tenth International Conference on Machine Learning, University of Massachusetts, Amherst, MA(27-29 June 1993), Vol. 337.

[37] Könönen, V. (2003). Asymmetric multiagent reinforcement learning. International Conference on Intelligent Agent Technology, Halifax, NS(13-17 October 2003), pp. 336-342.

[38] Lauer, M. and Riedmiller, M. (2000). An algorithm for distributed reinforcement learning in cooperative multi-agent systems. Proceedings of the Seventeenth International Conference on Machine Learning, Stanford University, Stanford, CA(29 June to 2 July 2000).

[39] Bowling, M. and Veloso, M. (2001). Rational and convergent learning in stochastic games. International Joint Conference on Artificial Intelligence 17(1): 1021-1026. Lawrence Erlbaum Associates Ltd.

[40] Bowling, M. (2000). Convergence problems of general-sum multiagent reinforcement learning. International Conference on Machine Learning, Stanford University, Stanford, CA(29 June to 2 July 2000), pp. 89-94.

[41] Suematsu, N. and Hayashi, A. (2002). A multiagent reinforcement learning algorithm using extended optimal response. Proceedings of the First International Joint Conference on Autonomous Agents and Multiagent Systems: Part 1, Montreal, Quebec(13-17 May 2019), pp. 370-377. ACM.

[42] Wang, X. and Sandholm, T. (2002). Reinforcement learning to play an optimal Nash equilibrium in team Markov games. Advances in Neural Information Processing Systems 15: 1571-1578.

[43] Kapetanakis, S. and Kudenko, D. (2002). Reinforcement learning of coordination in cooperative multi-agent systems. AAAI/IAAI, Edmonton, Alberta(28 July to 1 August 2002), pp. 326-331.

[44] Sadananada, R. (2006). Agent computing and multi-agent systems. Proceedings of the 9th Pacific Rim International Workshop on Multi-Agents, (PRIMA), Guilin, China(7-8 August 2006), Vol. 4088.

[45] Busoniu, L., Babuska, R., and De Schutter, B. (2008). A comprehensive survey of multiagent reinforcement learning. IEEE Transactions on Systems, Man, and Cybernetics-Part C: Applications and Reviews 38(2): 156-172.

[46] Hu, Y., Gao, Y., and An, B. (2015). Accelerating multiagent reinforcement learning by equilibrium transfer. IEEE Transactions on Cybernetics 45(7): 1289-1302.

[47] De Hauwere, Y. M., Vrancx, P., and Nowé, A. (2010). Learning multi-agent state space representations. Proceedings of the 9th International Conference on Autonomous Agents and Multiagent Systems: Volume 1, Downtown, Toronto(10-14 May 2010), pp. 715-722.

[48] Kok, J. R. and Vlassis, N. (2004). Sparse cooperative Q-learning. Proceedings of the Twenty-First International Conference on Machine Learning, Louisville, KY(16-18 December 2004), p. 61. ACM.

[49] Bianchi, R. A., Martins, M. F., Ribeiro, C. H., and Costa, A. H. (2014). Heuristicallyaccelerated multiagent reinforcement learning. IEEE Transactions on Cybernetics 44(2): 252-265.

[50] Zhang, Z., Zhao, D., Gao, J. et al. (2017). FMRQ-A multiagent reinforcement learning algorithm for fully cooperative tasks. IEEE Transactions on Cybernetics 47(6): 1367-1379.

[51] Littman, M. L. (2001). Value-function reinforcement learning in Markov games. Cognitive Systems Re-

第 2 章　提高多智能体协同任务规划 Q 学习算法的收敛速度

search 2(1):55-66.

[52] Wang,Z.,Shi,Z.,Li,Y.,and Tu,J.(2013). The optimization of path planning for multi-robot system using Boltzmann policy based Q-learning algorithm. International Conference on Robotics and Biomimetics, Shenzhen,China(12-14 December 2013),pp.1199-1204.

[53] Sadhu,A.K.,Rakshit,P.,and Konar,A.(2016). A modified imperialist competitive algorithm for multi-robot stick-carrying application. Robotics and Autonomous Systems 76:15-35.

[54] Pugh,J. and Martinoli,A.(2006). Multi-robot learning with particle swarm optimization. Proceedings of the Fifth International Joint Conference on Autonomous Agents and Multiagent Systems, Hakodate, Japan (8-12 May 2006),pp.441-448.

[55] Pugh,J.,Zhang,Y.,and Martinoli,A.(2005). Particle swarm optimization for unsupervised robotic learning. Swarm Intelligence Symposium, SWIS-CONF-2005-004, Pasadena, CA (8-10 June 2005),pp.92-99.

[56] Price,K.V.(1997). Differential evolution vs. the functions of the 2nd ICEO. IEEE Proceedings of International Conference Evolutionary Computing, Indianapolis(13-16 April 1997),pp.153-157.

[57] Rakshit,P.,Konar,A.,Bhowmik,P. et al.(2013). Realization of an adaptive memetic algorithm using differential evolution and Q-learning:a case study in multirobot path planning. IEEE Transactions on Systems,Man,and Cybernetics:Systems 3(4):814-831.

[58] Martins,M.F. and Demiris,Y.(2010). Learning multirobot joint action plans from simultaneous task execution demonstrations. Proceedings of the 9th International Conference on Autonomous Agents and Multiagent Systems:Volume 1,Downtown,Toronto(10-14 May 2010),pp.931-938.

[59] Osborne,M.J.(2004). An Introduction to Game Theory,vol.3(3). New York:Oxford University Press.

[60] Nash,J.(1951). Non-cooperative games. Annals of Mathematics 54(2):286-295.

[61] Cottle,R.W.,Pang,J.S.,and Stone,R.E.(1992). The Linear Complementarity Problem,vol.60. Society for Industrial and Applied Mathematics.

[62] Porter,R.,Nudelman,E.,and Shoham,Y..(2008). Simple search methods for finding a Nash equilibrium. Games and Economic Behavior 63(2),pp.642-662.

[63] Sadhu,A.K.,and Konar,A.(2017). Improving the speed of convergence of multiagent Q-learning for cooperative task-planning by a robot-team. Robotics and Autonomous Systems 92,pp.66-80.

[64] Franzi,E.(1998). Khepera BIOS 5.0 Reference Manual. Lausanne:K-Team,SA.

[65] K.U.M.Version(1999). Khepera User Manual 5.02. Lausanne:K-Team,SA.

第3章 多智能体协同规划的一致性Q学习算法

多智能体协同在共同的目标下对多个机器人智能体的运动进行规划,其中每个机器人智能体都基于从环境中接收到的信息在环境中进行运动。从系统资源(时间和/或能量)的利用角度来看,因为机器人智能体事先对环境进行了适应,采用基于均衡的强化学习的多智能体协同是最佳的选择。不幸的是,在多种类型的均衡(此处为纳什均衡(Nash Equilibrium,NE)或相关均衡(Correlated Equilibrium,CE))存在的情况下,机器人智能体无法实现强化学习的这种益处。从上述角度来看,机器人智能体需要采用一定的策略进行适应,以便在学习的每个步骤中都能选择最佳均衡。本章提出了基于一致性的多智能体Q学习(Multi-agent Q-learning,MAQL)方法,以解决多种类型均衡中最优均衡的选择难题。分析表明,一致性(联合动作)是协同类型的纯策略NE与纯策略CE。本章实验结果表明相较于传统算法,提出的基于一致性的多智能体Q学习算法在平均奖励收集方面更具优越性。最后,以多智能体携杆问题为例,对提出的基于一致性的规划算法进行了验证。

3.1 本章概述

规划指执行特定的动作序列来达到预期的目标,可以使得系统资源(时间和/或能量)得到最优利用[1]。智能体(这里指机器人)可以单独规划或编队规划。在编队规划时,智能体可以与其他成员保持合作或竞争关系。在本章中,仅考虑和分析智能体的合作问题。

学者们已经发展了诸多可用于智能体运动规划的技术,包括图方法[2]、Voronoi图[3]、势函数方法[4]、自适应动作选择[5]、意图推断[6]、协同传递[7]、感知线索[8]等。这些方法的共同特点是都需要环境的模型信息,如果缺少有关环境的模型信息,它们将不再适用。强化学习是一种无模型的方法,它可以有效地解决这一问题[9-18]。强化学习通过与环境的交互学习机制实现决策,与其他传统规划方法相比,强化学习通过与环境的交互学习机制实现决策具有显著的优点,因而得到了越来越多的关注,已经成为了新的研究热点。目前学者们已经发展了多种强化学习算法[9-18]。根据涉及的智能体的数量,强化学习方法可以分为两种类型:单智能体强化学习方法和多智能体强化学习方法(MARL)。

根据任务类型,MARL 算法又可以分为三种类型:合作型、竞争型和混合型[19]。在本章中,我们仅考虑合作型的 MARL 方法。基于均衡(一种特定的联合动作策略)的 MARL 是一种典型的合作型 MARL 算法[19],其中每个智能体在均衡处更新其联合动作值函数。通过均衡,智能体达到了彼此间的平衡条件。在文献中有两种类型的均衡:NE[20] 和 CE[21]。在纳什 Q 学习(NQL)[22-23] 和相关 Q 学习(CQL)[21] 中,智能体分别使用 NE 和 CE 来更新联合状态-动作空间的动作值。由于我们仅研究合作型的 MAQL,因此此处仅考虑协同类型的 NE。在联合状态下找出最佳均衡(NE 或 CE)是很难的,如果指定智能体事先选择任何一种类型的均衡(NE 或 CE),那么就有可能错过最优解。

为了解决上述问题,我们将合作控制[26] 和势博弈(Potential Game,PG)领域的一致性概念引入到 MARL 领域[24-25]。一致性是协同型纯策略 NE[26]。在本章中,指定智能体以一致性方式更新动作值函数,并提出了一种新颖的一致性 Q 学习(CoQL)算法。此外,分析表明一致性可以共同满足纯策略 NE 和纯策略 CE 的要求。实验结果证明了 CoQL 算法相对于其他对照算法的优越性,以平均奖励平均值(AAR)作为性能度量,CoQL 算法可以使智能体获得更高的奖励。本章还提出了基于一致性的多智能体协同规划算法,以机器人智能体对路径长度和转矩的要求为性能指标,证明了该算法相较于其他对照算法的优越性。本章工作的亮点包括:

(1)提出了 CoQL 算法,解决了多智能体系统中均衡类型的选择问题;

(2)在学习和规划阶段的每个步骤中,智能体对一致性(联合动作)进行评估;

(3)分析表明在联合状态下的一致性既是协同型纯策略 NE,也是协同型纯策略 CE。

本章内容安排如下。3.2 节给出 Q 学习的基础知识。3.3 节介绍了一致性的概念。3.4 节发展了基于一致性的 Q 学习和规划方法。3.5 节给出了相应的实验及结果。3.6 节总结了本章内容。

3.2 基础知识

在强化学习中,智能体根据从环境中获得的奖励/惩罚反馈信息进行学习。

Q 学习是强化学习的一种典型方法。本节简要介绍了单智能体 Q 学习的更新机制[27]和新近发展的基于均衡的 MAQL 算法,而基于均衡的 MAQL 又包括 NQL[22-23]和 CQL 的四种变体[21]。

3.2.1 单智能体 Q 学习方法

Watkins 和 Dayan 最早在文献[27]中提出了单智能体 Q 学习方法。单智能体 Q 学习中动作值函数 Q 的更新规则由式(3.1)给出:

$$Q_i(s_i,a_i) \leftarrow (1-\alpha)Q_i(s_i,a_i) + \alpha \left[r_i(s_i,a_i) + \gamma \sum_{\forall s_i'} P_i[s_i' \mid (s_i,a_i)] \max_{a_i'} Q_i(s_i,a_i') \right]$$
(3.1)

式中:$\alpha \in (0,1]$为学习率;$\gamma \in (0,1]$为折扣因子;$r_i(s_i,a_i)$为智能体 i 在当前状态 $s_i \in \{s_i\}$ 下执行动作 $a_i \in \{a_i\}$ 得到的奖励;$Q_i(s_i,a_i)$ 为智能体在状态 s_i 处采用动作 a_i 的动作价值函数,它表示智能体 i 的长期(折扣)回报值;$P_i[s_i' \mid (s_i,a_i)]$ 是从状态 s_i 采取动作 a_i 转移至下一状态 s_i' 的概率。在 Q 学习相关文献中,$P_i[s_i' \mid (s_i,a_i)]$ 称为状态转移概率。学习完成后,一个智能体开始规划(即决策)。在规划阶段,它在规划的每个步骤中选择使当前状态下动作价值函数值最大的动作。

3.2.2 基于均衡理论的多智能体 Q 学习方法

单智能体 Q 学习的动作值函数更新机制不适用于 MAQL。在多智能体系统中,所有智能体都在一个共同的环境中运动,它们的运动都会引起环境的变化,这就导致了一个动态的环境,此时环境的马尔可夫性遭到破坏。学者们进行了多种尝试来处理多智能体的非平稳动力学特性[22-23]。在合作式 MAQL 中,每个智能体都试图最大化自己的回报以及团队的回报,这种要求可以通过在智能体之间实现均衡条件来达到,在这种状态下,智能体没有任何可以私自偏离均衡的条件。在合作式 MAQL 的研究文献中,上述均衡条件是在均衡之后实现的,例如 NE 或 CE,其中每个智能体更新其在均衡状态下的最优预期未来回报。基于均衡的协作 MAQL 是一种有趣的基于学习的多智能体规划算法,其中每个智能体都具有在当前联合状态下适应均衡的内在能力。本章仅关注纯策略 NE/CE(或联合动作),纯策略 NE 和纯策略 CE 的定义如下:

◆ **定义 3.1** m 个相互作用智能体的纯策略 NE 是指在联合状态 $S \in \{S\}$ 执行联合动作 $A_N = \langle a_i^* \rangle_{i=1}^m$ 时,只要所有智能体在状态 S 都遵循相同的最优联合

动作 $A_N = \langle a_i^* \rangle_{i=1}^m$，就不会发生单边偏差(即智能体的自私偏差)。

假设 $a_i^* \in \{a_i\}$ 是智能体 i 在 s_i 的最优动作，而 $A_{-i}^* \subseteq A$ 是除智能体 i 外其他所有智能体在 $S = \langle s_i \rangle_{i=1}^m$ 的最优联合动作，智能体 i 在 S 处执行联合动作 $A \in \{A\}$ 对应的联合 Q 值为 $Q_i(S,A)$。那么在 S 处纯策略 NE：$A_N = \langle a_i^*, A_{-i}^* \rangle$ 的条件为

$$Q_i(S, A_N) \geqslant Q_i(S, a_i, A_{-i}^*), \forall i \tag{3.2}$$

❖ **定义 3.2** m 个相互作用智能体的纯策略 CE 是指在联合状态 S 时，当且仅当智能体遵循式(3.3)时，它才是最优的纯策略 CE：$A_{CE} = \langle a_1, a_2, \cdots, a_m \rangle^*$

$$A_{CE} = \underset{A}{\mathrm{argmax}}[\Psi(Q_i(S,A))] \tag{3.3}$$

其中，

$$\Psi \in \left\{ \min_{\forall i}, \sum_{\forall i}, \max_{\forall i}, \prod_{\forall i} \right\} \tag{3.4}$$

在这里，CE 有四种变体，包括平等均衡(EE)、效用均衡(UE)、共和均衡(RE)和自由均衡(LE)。基于均衡的 MAQL 的一个重要问题是如何在多种均衡类型中选择最佳均衡。另外，在多智能体协同规划问题中，最优均衡的选择是指最优联合动作的选择。算法 3.1 中给出了传统的基于均衡的 MAQL 算法[21-23]。

算法 3.1 基于均衡的 MAQL

输入：当前状态 $s_i, \forall i$，在 s_i 的动作集合 $A_i, \forall i, \alpha \in (0,1], \gamma \in (0,1]$；
输出：最优联合动作值函数 $Q_i^*(S,A), \forall S, \forall A, \forall i$；
开始
初始化：$Q_i(S,A) \leftarrow 0, \forall S, \forall A, \forall i$；
  重复
    随机选择动作 $a_i \in A_i, \forall i$，并执行它；
    观察即时奖励 $r_i(S,A), \forall i$；
    估计 $s_i' \leftarrow \delta_i(s_i, a_i), \forall i$，得到 $S' = \langle s_i' \rangle_{i=1}^m$；
    更新：$Q_i(S,A) \leftarrow (1-\alpha)Q_i(S,A) + \alpha[r_i(S,A) + \gamma \cdot \Psi Q_i(S')], \forall i, S \leftarrow S'; //\Psi \in \{NE, CE\}$
  直到 $Q_i(S,A), \forall S, \forall A, \forall i$ 收敛；
$Q_i^*(S,A) \leftarrow Q_i(S,A), \forall S, \forall A, \forall i$；
结束

3.3 一致性理论

本节简要讨论使用势博弈（PG）的合作控制问题，而 PG 主要关注于一致性问题。此处协同控制问题指智能体满足所有必要约束的动作规划问题（如物品运输）[24-26]。一致性问题是协同控制的一个范式，它在计算机科学和分布式计算领域得到了大量的关注与研究[28]，其中的挑战是在给定的联合状态下，为在障碍环境中确定实现团队目标的联合动作设计自治智能体的目标函数。另外，还可以通过博弈论的概念来解释协同控制问题（一致性问题）。在协同控制的背景下，PG 扮演着重要角色[26]。在 PG 中，智能体需要团队目标/势函数与智能体个体目标之间的完美契合。利用具有增长特性的势函数，PG 中的一致性可以保证动作收敛到纯策略 NE[26]。在 Q 学习中，个体目标等于 Q 值。为了便于本章后面内容的理解，引入以下定义，其中一致性的定义是基于文献[26]中保证所有 PG 收敛到纯策略 NE 的概念给出的。

❖ **定义 3.3** 在 m 个玩家的博弈中，如果 $S \in \times_{i=1}^{m} S_i$ 和 $A \in \times_{i=1}^{m} A_i$ 分别表示联合状态和联合动作，个体目标函数为 $\{Q_i: S \times A \to \mathbb{R}\}_{i=1}^{m}$，势函数 $\Phi: S \times A \to \mathbb{R}$ 满足

$$Q_i(S, a'_i, A_{-i}) - Q_i(S, a''_i, A_{-i}) = \Phi(S, a'_i, A_{-i}) - \Phi(S, a''_i, A_{-i}) \quad (3.5)$$

即所有玩家的目标函数与势函数一致，那么该游戏就是一个精确势博弈（Exact Potential Game，EPG），其中 $A_{-i} \in \times_{j=1, j \neq i}^{m} A_j$ 和 $a''_i, a'_i \in A_i$ [26]。

❖ **定义 3.4** 在 m 个玩家的博弈中，如果 $S \in \times_{i=1}^{m} S_i$ 和 $A \in \times_{i=1}^{m} A_i$ 分别表示联合状态和联合动作，个体目标函数为 $\{Q_i: S \times A \to \mathbb{R}\}_{i=1}^{m}$，势函数 $\Phi: S \times A \to \mathbb{R}$ 满足

$$\left. \begin{array}{l} Q_i(S, a'_i, A_{-i}) > Q_i(S, a''_i, A_{-i}) \\ \Phi(S, a'_i, A_{-i}) > \Phi(S, a''_i, A_{-i}) \end{array} \right\} \quad (3.6)$$

即至少一个玩家的目标函数与势函数一致，那么该游戏就是弱非循环博弈（WAG），其中 $A_{-i} \in \times_{j=1, j \neq i}^{m} A_j$ 和 $a''_i, a'_i \in A_i$ [26]。

❖ **定义 3.5** 一致性指在给定联合状态 $S \in \{S\}$ 处的这样一组联合动作 $A^* = \langle a_i^*, A_{-i}^* \rangle \in \{A\}$，它们共同最大化个体目标函数 $Q_i(S, a_i, A_{-i})$，$\forall A, \forall i$（或 $Q_i(S, a_i^*, A_{-i}^*) \geq Q_i(S, a_i, A_{-i})$，$\forall A, \forall i$）和势函数 $\Phi(S, A)$（或 $\Phi(S, A^*) \geq \Phi(S, A)$，$\forall A$）[26]。

3.4 基于一致性理论的 CoQL 算法

在本节中,我们提出了一种新的 CoQL 方法,然后发展了一种基于一致性的多智能体协同规划算法。

3.4.1 算法原理

图 3.1 给出了一个示例来帮助了解一致性在多智能体协同规划中的重要性。假设在给定的联合状态下,两个机器人智能体 1 和智能体 2 同步协作,动作集分别为 $A_1=\{a,b\}$ 和 $A_2=\{x,y\}$,智能体之间没有通信。图 3.1(a) 和图 3.1(b) 分别给出了两种不同联合状态下的奖励矩阵。假设在图 3.1(a) 中,智能体按照 CE(UE) 进行规划,基于式(3.3),它们有两个动作方案 ax 和 by 可以进行配合。在这种情况下,在智能体之间缺乏通信的情况下,它们不能选择一个联合动作来协作。但是如果它们通过式(3.2)来评估协同型 NE(合作 NE)并选择联合动作 ax,则可以解决上述问题。图 3.1(b) 包含两个由式(3.2)表示的协同型 NE(ax 和 by),但是同样的问题再次出现了。此时智能体可以通过式(3.3)来评估 CE(UE 或 EE)并选择联合动作 ax 来进行合作。

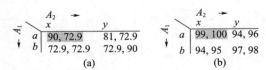

图 3.1 多智能体系统中的均衡选择

(a) 两个 UE(ax 和 by)和一个 NE(ax);(b) 两个 NE(ax 和 by)和一个 UE 或 EE(ax)。

值得注意的是,两个智能体都因联合动作获得了最大的回报,这同时满足协同型纯策略 NE 和协同型纯策略 CE 的标准。受到这一现象的启发,我们有兴趣找到这样的均衡,它是一个纯策略 NE 和纯策略 CE。为了实现这一目标,我们借鉴了 PG 中的一致性概念,根据定义,PG 是一种纯策略 NE。定理 3.1 证明了一致性也是纯策略 CE。

❖**定理 3.1** 在 PG 中,如果 $A^*=\langle a_i^*, A_{-i}^*\rangle \in \{A\}$ 是在给定的联合状态 $S \in \{S\}$ 处的一致性点(即联合动作),假设存在至少一个协同型纯策略 NE,则在联合状态 S 下,一致性 A^* 是纯策略 $NE: A_N$ 以及纯策略 $CE: A_{CE}$。

证明:由于 A^* 是一个一致性点,根据定义 3.5,有

$$Q_i(S,a_i^*,A_{-i}^*) \geqslant Q_i(S,a_i,A_{-i}), \forall A, \forall i$$
$$\Rightarrow Q_i(S,a_i^*,A_{-i}^*) \geqslant Q_i(S,a_i,A_{-i}^*), \forall i. \text{(由于} \langle a_i,A_{-i}^* \rangle \in \{A\}) \quad (3.7)$$
$$\Rightarrow Q_i(S,A^*) \geqslant Q_i(S,a_i,A_{-i}^*), \forall i. \text{(由于} \langle a_i^*,A_{-i}^* \rangle = A^*)$$

通过式(3.7)和定义3.1,有

$$A^* = A_N \quad (3.8)$$

同样因为定义3.5,不等式(3.9)成立。

$$\Phi(S,A^*) \geqslant \Phi(S,A), \forall A \quad (3.9)$$

根据定义3.3,所有参与者的目标函数均与 EPG 中势函数一致,而根据 WAG 中的定义3.4,至少有一个智能体的目标函数与该势函数一致,因此假设 $\Phi(S,A)$ 为

$$\Phi(S,A) = \Omega[Q_i(S,A)] \quad (3.10)$$

其中,

$$\Omega \in \left\{ \underset{\forall i}{\text{Min}}, \underset{\forall i}{\sum}, \underset{\forall i, \forall i}{\text{Max}} \right\} \quad (3.11)$$

通过式(3.9)可以推导得到

$$\Phi(S,A^*) \geqslant \Phi(S,A), \forall A$$
$$\Rightarrow \Omega[Q_i(S,A^*)] \geqslant \Omega[Q_i(S,A)],$$
$$\forall A \left[\text{通过式(3.10) 及 } \Omega \in \left\{ \underset{\forall i}{\text{Min}}, \underset{\forall i}{\sum}, \underset{\forall i}{\text{Max}}, \underset{\forall i}{\prod} \right\} \right]$$
$$\Rightarrow \Omega[Q_i(S,A^*)] = \max_A[\Omega[Q_i(S,A)]]$$
$$\Rightarrow Q_j(S,A^*) = \max_A[\Omega[Q_i(S,A)]] \quad (3.12)$$
$$[\diamondsuit \Omega[Q_i(S,A^*)] = Q_j(S,A^*), j \in [1,m]]$$
$$\Rightarrow \underset{A}{\arg}[Q_j(S,A^*)] = \underset{A}{\text{argmax}}[\Omega[Q_i(S,A)]]$$
$$\Rightarrow A^* = \underset{A}{\text{argmax}}[\Omega[Q_i(S,A)]]$$
$$\Rightarrow A^* = A_{CE}[\text{通过定义3.2}]$$

所以,要在 PG 中保持式(3.9)给出的不等式关系,A^* 应该是 A_{CE}。因此,通过式(3.8)和式(3.12),我们可以说在给定联合状态 S 处的一致性 A^* 既是 A_N 又是 A_{CE}。

在 CoQL 规划算法中,由于一致性既是纯策略 NE,又是纯策略 CE,所以在 CoQL 规划算法中,并不是在联合状态处评估纯策略的 NE/CE,而是在协同控制

和 PG 的激励下评估一致性。算法 3.2 给出了 CoQL 算法，其中算法 3.1 和算法 3.2 之间的差异采用下划线进行标识。

算法 3.2　一致性 Q 学习算法（CoQL）

输入：当前状态 s_i,$\forall i$,在 s_i 的动作集合 A_i,$\forall i$,$\alpha \in (0,1]$,$\gamma \in (0,1]$；
输出：最优联合动作值函数 $Q_i^*(S,A)$,$\forall S$,$\forall A$,$\forall i$；
开始
　初始化：$Q_i(S,A) \leftarrow 0$,$\forall S$,$\forall A$,$\forall i$；
　重复
　　随机选择动作 $a_i \in A_i$,$\forall i$,并执行它；
　　观察即时奖励 $r_i(S,A)$,$\forall i$；
　　估计 $s_i' \leftarrow \delta_i(s_i,a_i)$,$\forall i$,得到 $S' = \langle S_i \rangle_{i=1}^m$；
　　更新：$Q_i(S,A) \leftarrow (1-\alpha)Q_i(S,A) + \alpha[r_i(S,A) + \gamma \cdot \mathrm{Co}Q_i(S')]$,$\forall i$,
　　$S \leftarrow S'$；//Co = NE and CE
　　直到 $Q_i(S,A)$,$\forall S$,$\forall A$,$\forall i$ 收敛；
　$Q_i^*(S,A) \leftarrow Q_i(S,A)$,$\forall S$,$\forall A$,$\forall i$；
结束

3.4.2　基于 CoQL 算法的多智能体运动规划

在多智能体规划阶段，每个智能体通过在联合状态下共同满足式(3.2)和式(3.3)来评估一致性。注意到对于给定的联合状态下存在多个一致性，可以选择首先出现的一致性。在本章中，我们考虑著名的携杆问题，其中每个机器人智能体都需要在不违反任何约束的前提下最优地到达其各自的目标。约束违反是指与障碍物或队友发生碰撞或杆掉落。算法 3.3 中下划线标识的内容表示规划算法中的关键要点。

算法 3.3　基于一致性的规划

输入：可行联合起始状态 S_F、联合目标状态 S_G 和最优联合动作值函数 $Q_i^*(S,A)$,$\forall i$；
输出：一致性或联合动作，其在 S_F 为 NE 以及 CEA_F^*；
开始
　While $S_F \neq S_G$
　　For $A \in \{A\}$,开始循环
　　　通过共同遵循式(3.2)和式(3.3)对一致性进行评估；

```
    If 下一可行联合状态 $S_F$ 满足所有约束：
        $A_F^* \leftarrow A, S_F \leftarrow S_F'$; // $S_F'$ 为下一联合状态
    End if
    End for
End while
结束
```

3.5 实验与结果

本节介绍了两个实验。实验一将智能体的平均奖励作为性能度量，研究CoQL相对于对照算法的性能。实验二将多智能体携杆问题作为基准问题，将完成任务所属的状态转换次数作为度量指标，考察基于一致性的规划算法相对于对照算法的性能。

3.5.1 实验设置

本节所有与学习相关的实验均是针对两个或三个智能体，在10个不同的10×10网格地图上进行的。但是为简洁起见，多机器人智能体规划仅针对5×5网格地图中的两个智能体情形进行。每个智能体可以在一个状态下执行四个可能动作中的一个，包括左移(L)、前进(F)、右移(R)和后退(B)。当一个智能体在某个状态下采取某动作而达到其目标状态时，它会收到100的最大即时奖励；类似地，对于非目标状态转换，智能体会收到零值的即时奖励。违反约束的惩罚是负值奖励(此处为-1)。另外，实验中将学习率α和折扣因子γ分别设置为0.1和0.9。

3.5.2 CoQL算法结果

在该实验中，在每个状态下，智能体都会从其单独的动作空间中随机选择动作。在下一步中，智能体按照算法3.2在联合状态-动作空间中更新其自身以及其余智能体的动作值函数Q值。将式(3.13)中给出的AAR作为m个智能体的学习算法的性能指标。

$$\text{AAR} = \left(\sum_{i=1}^{m} \left(\sum_{\forall S} \left(\sum_{A} (Q_i(S,A)) \right) \times \frac{1}{|\{A\}|} \right) \times \frac{1}{|\{S\}|} \right) \times \frac{1}{m}$$

(3.13)

从图 3.2 可以明显看到,基于 CoQL 方法的多智能体(由两个智能体组成)所在的学习迭代中获得的 AAR 超过了传统 NQL 以及 CQL 的不同变种方法(EQL、UQL、RQL 和 LQL),对由三个智能体组成的多智能体情形进行了类似的实验,结果如图 3.3 所示。

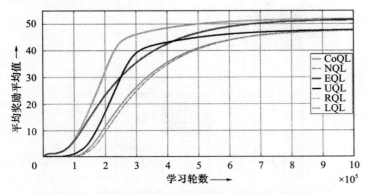

图 3.2　双智能体系统中 AAR 与学习轮数的关系曲线

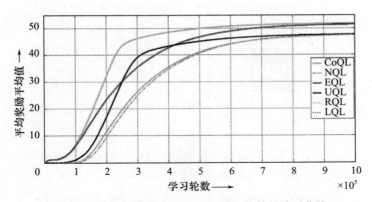

图 3.3　三智能体系统中 AAR 与学习轮数的关系曲线

3.5.3　基于一致性理论的规划结果

在该实验中,以著名的携杆问题为基准问题,测试了基于一致性的多智能体协同规划算法的性能。携杆问题是指在不违反任何约束的情况下,将杆从起始位置运输到指定的目标位置。从图 3.4 和图 3.5 可以看到,基于一致性的多智能体协同规划算法提供的规划路径在路径长度和数量上均比传统的基于学习的规划算法得到的结果更好。最少的 90°旋转次数使得对智能体的扭矩需求最小,从而节省了能量消耗。表 3.1 给出了考查的指标,它说明了基于一致性的规划算法相对于基于 NQL 的规划算法具有更好的性能。

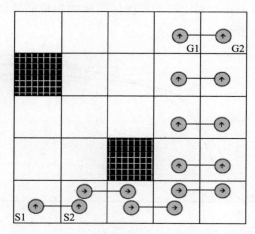

图 3.4　基于一致性的多智能体规划算法提供的规划路径

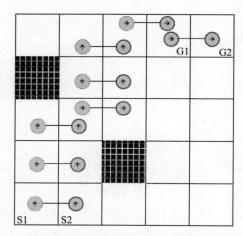

图 3.5　基于纳什 Q 学习规划算法提供的规划路径

表 3.1　规划结果

规划算法	要求的状态转移数		要求的 90°转弯数	
	A_1	A_2	A_1	A_2
基于一致性的算法	7	7	2	2
基于 NQL 的算法	7	7	3	3

3.6 结论

本章提出了一种用于多智能体协同规划的 CoQL 算法,该算法通过评估当前联合状态下的一致性(联合动作)来解决不同均衡类型之间的均衡选择问题。分析表明,在联合状态下达成一致性既是纯策略 NE 也是纯策略 CE。CoQL 的新颖之处在于它可以一致地调整联合状态下的动作值函数 Q 值。针对智能体在学习周期获得的 AAR 指标,相较于对照算法,表明了 CoQL 算法具有更优越的性能。此外,本章针对携杆问题发展了基于一致性的多智能体协同规划算法,以路径长度和转矩需求作为性能指标,证明了其相对于对照算法的优越性。

3.7 本章小结

在本章中,我们证明了智能体可能在存在多种均衡类型(此处指 NE 和 CE)的情况下选择次优均衡。从上述观点来看,智能体需要适应这样一种策略,即可以在学习和规划的每个步骤中选择最佳均衡。为解决多智能体协同最优均衡选择的难题,本章发展了基于均衡的 MAQL 算法,提出了一种用于多智能体协同的新型 CoQL 算法。研究还表明,一致性(联合动作)共同地满足协同型纯策略 NE 和纯策略 CE 的条件。实验显示了 CoQL 算法在平均回报方面优于传统算法。以多智能体携杆问题为实验平台,验证了所提出的基于一致性的规划算法的良好性能。

参考文献

[1] LaValle, S. M. (2006). Planning Algorithms. Cambridge University Press.

[2] Luna, R. and Bekris, K. E. (2011). Efficient and complete centralized multi-robot path planning. International Conference on Intelligent Robots and Systems (IROS), San Francisco, CA (2-30 September 2011), pp. 3268-3275. IEEE/RSJ.

[3] Bhattacharya, P. and Gavrilova, M. L. (2008). Roadmap-based path planning: using the Voronoi diagram for a clearance-based shortest path. IEEE Robotics and Automation Magazine 15(2): 58-66.

[4] Gayle, R., Moss, W., Lin, M. C., and Manocha, D. (2009). Multi-robot coordination using generalized social potential fields. IEEE International Conference on Robotics and Automation, Kobe, Japan (12-17 May 2009), pp. 106-113.

[5] Yamada, S. and Saito, J. Y. (2001). Adaptive action selection without explicit communication for multirobot box-pushing. IEEE Transactions on Systems, Man, and Cybernetics, Part C: Applications and Reviews 31(3):398-404.

[6] Sugie, H., Inagaki, Y., Ono, S. et al. (1995). Placing objects with multiple mobile robots-mutual help using intention inference. IEEE International Conference on Robotics and Automation, Proceedings 2:2181-2186.

[7] Yamauchi, Y., Ishikawa, S., Uemura, N., and Kato, K. (1993). On cooperative conveyance by two mobile robots. IEEE International Conference on Industrial Electronics, Control, and Instrumentation, Proceedings of the IECON'93, Lahaina, Hawaii (15-18 November 1993), pp. 1478-1481.

[8] Kube, C. R. and Zhang, H. (1996). The use of perceptual cues in multi-robot boxpushing. IEEE International Conference on Robotics and Automation, Proceedings 3:2085-2090.

[9] Busoniu, L., Babuska, R., De Schutter, B., and Ernst, D. (2010). Reinforcement Learning and Dynamic Programming Using Function Approximators. CRC Press.

[10] Banerjee, B., Sen, S., and Peng, J. (2001). Fast concurrent reinforcement learners. International Joint Conference on Artificial Intelligence 17(1):825-832. Seattle, WA.

[11] Wen, S., Chen, X., Ma, C. et al. (2015). The Q-learning obstacle avoidance algorithm based on EKF-SLAM for NAO autonomous walking under unknown environments. Robotics and Autonomous Systems 72:29-36.

[12] Shoham, Y., Powers, R., and Grenager, T. (2003). Multiagent reinforcement learning: a critical survey, Web manuscript, 2003. https://www.cc.gatech.edu/classes/AY2009/cs7641_spring/handouts/MALearning_ACriticalSurvey_2003_0516.pdf (accessed 27 May 2020).

[13] Srinivasan, D. and Jain, L. C. (eds.) (2010). Innovations in Multi-agent Systems and Applications-1. Springer-Verlag.

[14] Sutton, R. S. and Barto, A. G. (1998). Introduction to Reinforcement Learning. MIT Press.

[15] Buşoniu, L., Babuška, R., and De Schutter, B. (2010). Multi-agent reinforcement learning: an overview. In: Innovations in Multi-Agent Systems and Applications-1 (ed. D. Srinivasan), 183-221. Springer.

[16] Mitchell, T. (1997). Machine Learning. McGraw-Hill.

[17] Sommer, N. and Ralescu, A. (2014). Developing a machine learning approach to controlling musical synthesizer parameters in real-time live performance. Proceedings of the 25th Modern Artificial Intelligence and Cognitive Science Conference, Spokane, Washington (26 April 2014), pp. 61-67.

[18] Dean, T., Allen, J., and Aloimonos, Y. (1995). Artificial Intelligence: Theory and Practice. Boston, MA: Addison-Wesley Publishing Company.

[19] Busoniu, L., Babuska, R., and De Schutter, B. (2008). A comprehensive survey of multiagent reinforcement learning. IEEE Transactions on Systems, Man, and Cybernetics-Part C: Applications and Reviews 38(2):156-172.

[20] Nash, J. (1951). Non-cooperative games. Annals of mathematics 54(2):286-295.

[21] Greenwald, A. and Hall, K. (2003). Correlated Q-learning. International Conference on Machine Learning 3:242-249. Washington, DC.

[22] Hu, J. and Wellman, M. P. (2003). Nash Q-learning for general-sum stochastic games. The Journal of Machine Learning Research 4:1039-1069.

[23] Hu, J. and Wellman, M. P. (1998). Multiagent reinforcement learning: theoretical framework and an algorithm. International Conference on Machine Learning 98:242-250.

[24] Kashyap, A., Başar, T., and Srikant, R. (2006). Consensus with quantized information updates. Proceedings of the 45th IEEE Conference on Decision and Control, San Diego, CA(13-15 December 2006).

[25] Olfati-Saber, R., Fax, A., and Murray, R. M. (2007). Consensus and cooperation in networked multi-agent systems. Proceedings of the IEEE 95(1):215-233.

[26] Marden, J. R., Arslan, G., and Shamma, J. S. (2009). Cooperative control and potential games. IEEE Transactions on Systems, Man, and Cybernetics, Part B: Cybernetics 39(6):1393-1407.

[27] Watkins, C. J. and Dayan, P. (1992). Technical note Q-learning. Machine Learning 8(3-4):279-292.

[28] Lynch, N. A. (1997). Distributed Algorithms. San Francisco, CA: Morgan Kaufmann.

第4章 合作Q学习多智能体规划中相关均衡的高效计算方法

在传统基于Q学习的多智能体运动规划中,学习和规划阶段都需要计算纳什均衡(NE)/相关均衡(CE)。均衡的计算成本较高,难以在实时规划中应用。本章发展了一种新方法,在学习阶段,该方法可以将所有智能体在联合状态-动作空间的奖励表示在一个Q表中,并在规划阶段利用这些信息计算相关均衡。本章提出了两种多智能体Q学习算法。在算法Ⅰ中,一个智能体的成功即标志着团队成功;在算法Ⅱ中,一个智能体的成功与其他智能体有关,要求所有智能体同时成功才表示团队成功。针对这两种算法,提出相应的多智能体学习/规划方法。结果表明,新算法求解得到的相关均衡与传统相关Q学习求解得到的相关均衡一致。为了将探索限制在可行的联合状态空间中,进一步发展了考虑约束的算法改进形式对算法的时间、空间复杂度和收敛性进行分析,结果表明提出的算法可以有效降低时间、空间开销。通过仿真及实物实验,验证了提出算法在多智能体运动规划中的优势。

4.1 本章概述

强化学习(RL)根据智能体从环境中获得的奖惩信息指导智能体的动作[1-8]。一个智能体是一个可以在环境中自由改变状态的自主个体。在强化学习中,智能体学习策略 π 来实现给定目标,同时在这一过程中最大化状态价值函数 $V^{\pi}(s)$。Q学习是一种经典的强化学习方法。在Q学习中,智能体通过学习最优策略,在状态 s 选择最优动作 a 来最大化即时奖励与折扣后下一状态价值之和。

单智能体Q学习的环境是静态的[16-17],智能体能够得到环境对自己动作的即时奖励[18-19]。但是,在多智能体问题中,一个智能体的即时奖励与其他智能体对环境的作用有关,因此环境为动态的[18-23]。尽管多智能体Q学习

(MAQL)并不直接模拟动态的环境,但在计算均衡时采用的联合状态-动作函数值已考虑了动态环境的影响[24]。

目前已提出多种合作型和竞争型的MAQL算法[18-34]。在基于均衡的合作MAQL算法中,需要特别注意纳什Q学习(NQL)[21,28]和朋友Q学习[23]算法。这些算法允许当其他智能体采用固定策略(纯策略或混合策略)时,最优化每一智能体在联合状态-动作空间的奖励。纯策略意味着智能体只选择概率为1的确定动作。在混合策略中,智能体可依概率分布选择所有的动作[35]。纳什均衡(NE)[35-38]对应的策略是当所有智能体策略不变时能够最大化每一智能体回报的最优联合策略。这种回报更新方法为智能体选择个体最优策略提供了最大自由度。在文献[22]中,Greenwald等对比了NQL、FQL和相关Q学习算法(CQL)的表现。文中给出了几种基于不同Ω均衡定义的CQL方法[22],Ω的定义方式主要有四种:效用均衡(UE)、平等均衡(EE)、共和均衡(RE)和自由均衡(LE)。

目前,维数灾难是基于均衡的MAQL(如NQL和CQL)算法的瓶颈。维数灾难随着智能体数目的增加而增加[39-41]。为解决MAQL中的维数灾难问题,Kok和Vlassis提出了稀疏协同Q学习方法[40],在该算法中,每个智能体根据联合状态的协同要求记录两个Q表。Zhang等对NQL中的Q表进行了降维,与传统NQL方法不同,该方法中的智能体在联合状态-个体动作空间中存储Q值[41]。为提高当前基于均衡的MAQL(NQL和CQL)算法的收敛速度,Hu等提出了均衡转移[39]的概念,通过利用在其他联合状态求得的均衡信息,以较小转移损失得到当前状态的均衡信息。根据对现有研究工作的调研,目前尚无基于均衡的MAQL方法可以利用一个联合Q表记录所有智能体的回报。

强化学习已成功应用在金融业[42]、博彩业[31,36]、智能体[5,10,29,33]等众多领域。本章将在多智能体物体搬运问题中对提出的算法进行测试[43-44]。

本章提出的ΩQ学习(ΩQL)算法具备传统CQL算法不具有的两个优点:第一,在学习阶段,一个智能体只需要在联合状态-动作空间中修改一个Q表,而CQL需修改m个联合Q表(m为系统中智能体的数目)。第二,避免了计算量较大的相关均衡(CE)求解,在新算法中,相关均衡的求解一部分在学习阶段完成,剩余部分在规划阶段完成。这种方法避免了耗时的CE求解,有助于实现实时规划。

针对两种不同的MAQL应用场景,我们提出了两种ΩQL算法。在算法I中,一个智能体的成功即标志着团队的成功。这种情景适用于弱耦合多智能体系统,在这种系统中,每次只激活一个智能体完成目标。比如,在足球比赛中,每次只有一个人/智能体能够控制球来完成自身和团队的目标。算法Ⅱ要求所有智能体同时成功,这种算法应用于强耦合多智能体系统中,如多个智能体共同搬运杆/大物体。两种算法均需要更新联合状态-行动空间的Q表。但两种算法更新Q值的机理略有不同。算法Ⅰ根据智能体的个体Q值和其他智能体的协同效果计算环境反馈,根据该反馈更新联合状态-动作空间中的Q表。算法Ⅱ中的团队即时奖励(qroup(Ω)Immediate Reward,ΩIR)是个体即时奖励的函数,团队的未来期望奖励是个体未来期望的函数,算法Ⅱ根据团队即时奖励和折扣后团队未来期望奖励之和更新Q表。

根据联合状态-动作空间中Q值的计算方式,算法Ⅰ和算法Ⅱ各有四种形式。采用一般性记法$\Phi \in \{\sum_{i=1}^{m}, \underset{i=1}{\overset{m}{Min}}, \underset{i=1}{\overset{m}{Max}}, \prod_{i=1}^{m}\}$统一表示,分别对应采用UE、EE、RE和L计算Q值。

根据学习阶段选择的均衡形式Φ,规划阶段[45]得到四种均衡之一,并根据取得的均衡进行规划。多智能体在执行规划时,需满足问题中附带的特定约束。比如,两个智能体在杆的两端合作搬运杆[43]时,杆长就是问题约束。两个智能体之间的距离应始终等于杆长,从而约束了智能体所有可能的下一状态。约束可以在规划或学习阶段考虑。若在规划阶段考虑,则需要额外消耗时间甄别智能体的下一状态的可行位置;若在学习阶段考虑获得满足约束的联合状态-动作,则规划阶段得到的均衡将总处于可行的动作空间中。在这里,我们重点关注第二种方法。

本章的主要工作如下:

(1)传统CQL算法的学习和规划阶段都需要评估CE,新方法在学习阶段计算部分CE,在规划阶段计算剩余CE,因此在学习、规划阶段一共只需要计算一次CE。

(2)经过证明,采用本章方法计算得到的CE与采用传统CQL算法计算得到的CE相同。

(3)本章提出方法评估CE的计算代价远小于传统CQL算法,主要原因如下:对于CQL算法,在包括m个智能体的系统中,CQL计算CE时需要查阅m个联合状态-动作空间Q表,而本章的方法在计算CE时只需要一个联合状态-行动空间Q表。

(4)算法复杂度分析的结果与上一条的分析一致。提出算法在时间和空间的计算复杂度均小于传统的 CQL 算法。

(5)提出的 ΩQL 算法考虑了问题的约束,避免了学习阶段对不可行状态空间的探索,降低了规划阶段的运行复杂度。

(6)采用数值仿真和多机器人智能体实验(Khepera 环境)对提出的方法进行了验证。

本章主要内容如下:4.2 节概述了单智能体 Q 学习算法和基于均衡的 MAQL 算法;4.3 节给出了合作 MAQL 算法和相应的规划算法;4.4 节给出了算法的复杂度分析;4.5 节给出了仿真和实验结果;4.6 节给出了结论。

4.2　单智能体 Q 学习和基于均衡的 MAQL 算法

为帮助读者更好地理解提出的算法,本节简要介绍了单智能体 Q 学习和基于均衡的 MAQL 算法的基本概念。

4.2.1　单智能体 Q 学习

1989 年,Watkins 和 Dayan[17]提出了单智能体 Q 学习方法,其是强化学习领域应用最广泛的 RL 方法之一。该方法采用固定策略连续更新智能体的状态-动作值(Q 值),在每一步学习中获得环境的奖惩信息。式(4.1)给出了智能体 i 的 Q 值更新方式,记 $\hat{Q}_i^*(s_i')$ 为智能体在下一状态 $s_i' \in S_i$ 的期望最优 Q 值[3,17](*表示最优,^表示期望),$\hat{Q}_i^*(s_i')$ 的表达式见式(4.A.1),与传统表达式一致[15,21]。

$$Q_i(s_i,a_i) \leftarrow (1-\alpha)Q_i(s_i,a_i) + \alpha[r_i(s_i,a_i) + \gamma \cdot \hat{Q}_i^*(s_i')] \quad (4.1)$$

式中:$Q_i(s_i,a_i)$ 和 $r_i(s_i,a_i)$ 分别为智能体 i 在状态 $s_i \in S_i$,动作 $a_i \in A_i$ 对应的 Q 值和即时奖励;$\alpha \in [0,1)$ 为学习率;$\gamma \in [0,1)$ 为折扣因子;$s_i' \leftarrow \delta_i(s_i,a_i)$ 的含义为智能体执行动作 a_i 以概率 $p_i(s_i'|(s_i,a_i))$ 从状态 s_i 变化为 s_i'。

4.2.2　基于均衡的 MAQL

根据任务的类型可以将 MAQL 分为三类:合作型、竞争型和混合型[11]。在合作问题中,需要形成对每个智能体和团队都有益的联合策略。本章主要分析和改进了合作型 MAQL 算法。

在基于均衡的 MAQL 算法中,每个智能体独立地在联合状态-动作空间中更新 Q 值,采用 NE[28] 或 CE[22] 计算均衡点,并更新智能体下一状态的期望联合 Q 值。CE 包括 UE、EE、RE 和 LE[22]。

在包括 m 个智能体的系统中,记智能体 i 在联合状态 $G \in \{G\} = \times_{i=1}^{m} S_i$、联合动作 $K \in \{K\} = A_1 \times A_2 \times \cdots \times A_m = \times_{i=1}^{m} A_i$(其中 × 为笛卡儿积)的即时奖励和 Q 值分别为 $r_i(G,K)$ 和 $Q_i(G,K)$。根据传统表达方式[15,21],在给定下一联合状态 $G'(G' \in \{G\})$,由基于 Ω 均衡的混合策略计算期望联合 Q 值,

$$\Omega p^*(K'|G') = \prod_{i=1}^{m} p_i^*(a_i'|s_i') \quad (4.2)$$

对于智能体 i,有

$$\Omega \hat{Q}_i^*(G') = \sum_{\forall G'} p(G'|(G,K)) \sum_{\forall K'} \Omega p^*(K'|G') Q_i(G',K') \quad (4.3)$$

其中 $p(G'|(G,K))$ 为联合状态转移概率,它等于

$$p(G'|(G,K)) = \prod_{i=1}^{m} p_i(s_i'|(s_i,a_i)) \quad (4.4)$$

$K' \in \{K\}$ 为下一联合状态 G' 的联合动作。CE 的定义如下。

❖**定义 4.1** 在联合状态 $G = \langle s_i \rangle_{i=1}^{m}$ 互相影响的 m 个智能体,对于 $\Omega \in \{UE, EE, RE, LE\}$,若智能体采用式(4.5)计算 CE,则它为纯策略 CE,ΩK^*;若采用式(4.6)计算 CE,则它为混合策略 CE,$\Omega p^*(K)$。

$$\Omega K^* = \underset{K}{\mathrm{argmax}} [\Phi(Q_i(G,K))] \quad (4.5)$$

$$\Omega p^*(K) = \underset{\Omega p(K)}{\mathrm{argmax}} \left[\Phi \left[\sum_{K} \Omega p(K)(Q_i(G,K)) \right] \right] \quad (4.6)$$

式中:$\Phi \in \left\{ \sum_{i=1}^{m}, \mathrm{Min}_{i=1}^{m}, \mathrm{Max}_{i=1}^{m}, \Pi_{i=1}^{m} \right\}$。

根据传统表达式[15,21],CQL 的更新方式可以表示为[22]。

$$Q_i(G,K) \leftarrow (1-\alpha) Q_i(G,K) + \alpha [r_i(G,K) + \gamma \cdot \Omega \hat{Q}_i^*(G')] \quad (4.7)$$

CQL 算法[22]在附录 4.A 中给出。

4.3 改进的合作 MAQL 和规划方法

在 CQL 算法中,对于处于相同联合状态的 m 个智能体,同一联合动作的 Q 值可能不同。本章提出一种方法,高效利用 $\Omega \in \{UE, EE, RE, LE\}$ 均衡求解 CQL 算法,根据 m 个智能体在各自状态-动作空间的 Q 表和联合状态空间中多智能体协同可能导致的环境惩罚,在联合状态-动作空间中建立一个多智能

体的联合 Q 表。

在每一学习轮次后,新方法根据每个智能体各自 Q 表的变化更新联合状态 - 动作空间中的单一联合 Q 表。我们利用 $\Omega \in \{UE, EE, RE, LE\}$ 四种均衡高效计算联合 Q 表,提出了算法 I 和算法 II 两种方法。文中分别采用上标"-"与"~"标记算法 I 和算法 II 中的变量。下面首先介绍算法的基础及应用。

4.3.1 算法及应用

针对基于 MAQL 的多智能体规划中可能的应用场景提出两种模型。在第一种情况中,任意一个智能体的成功即标志着团队的成功。这种情况适用于弱耦合多智能体系统,在这种系统中,每次只启动一个智能完成团队目标。例如安排 m 个智能体把一个箱子从一个地方搬到另一个地方,且每次只有一个智能体进行搬运。若该智能体失败,最近的智能体将通过合作的方式接替当前智能体以确保箱子的成功搬运。在这里,任意一个智能体的成功即意味着团队的成功。而在第二种情况中,团队的成功依赖所有智能体的同时成功,这种情况更适用于紧耦合多智能体系统,如多智能体团队合作搬运长杆或大型物体[43-44]。在两种模型中,智能体均需要根据任务要求更新 Q 表。

在基于算法 I 的 Q 学习方法(记为 ΩQL - I)中,智能体根据个体状态 - 动作空间的 Q 值及环境对智能体协同的响应更新联合状态 - 动作空间的 Q 表。在基于算法 II 的 Q 学习方法(记为 ΩQL - II)中,智能体采用传统的 MAQL 方法计算 ΩIR,其中 ΩIR 是个体即时奖励的函数。根据 ΩIR 和折扣后团队未来期望奖励之和更新联合动作 - 状态空间中的 Q 表。

需要注意的是,在联合状态 G,对于 ΩQL - II 方法,当 $\Omega \in \{EE, LE\}$ 时,若对于所有联合动作 $K \in \{K\}$,若智能体 i 采用算法 ΩQL - II 获得的奖励均小于等于采用算法 ΩQL - I 的奖励,那么倾向于采用使两个回报($\Omega\overline{Q}(G,K) = \Omega\widetilde{Q}(G,K)$)相等对应的联合动作 $K \in \{K\}$,即希望所有智能体同时成功。当 $\Omega \in \{UE, RE\}$ 时,若智能体 i 采用算法 ΩQL - II 获得的奖励大于等于采用算法 ΩQL - I 的奖励,也倾向于选择使两个回报($\Omega\overline{Q}(G,K) = \Omega\widetilde{Q}(G,K)$)相等对应的联合动作 $K \in \{K\}$,即任一智能体的成功即可保证团队的成功。

4.3.2　算法Ⅰ和算法Ⅱ的即时奖励

在 MAQL 中,智能体只获得一种即时奖励,即联合状态-动作空间中的即时奖励。但是,研究表明,智能体在个体状态-动作空间中的即时奖励与联合状态-动作空间中的即时奖励通常不一致。因此,本章中我们将智能体 i 的即时奖励分为两种。第一种是个体状态-动作空间中的即时奖励 $r_i(s_i,a_i)$,第二种是多智能体协同时联合状态-动作空间的即时奖励 $d_i(G,K)$。这种奖励分类方法的物理意义为:一个智能体不应该因为其他智能体的动作受到惩罚或奖励。例如,若团队中的每个智能体在联合状态-动作空间中独立地获得即时奖励,并采用算法Ⅰ或算法Ⅱ得到联合状态-动作空间的单一 Q 表,那么若智能体与障碍碰撞,则碰撞产生的惩罚会影响算法Ⅰ或算法Ⅱ计算得到的 Q 值。我们并不希望出现这种现象,因此采用这种即时奖励的分类方法。本节提出的即时奖励的定义如下。

❖ **定义 4.2**　$\Omega \in \{UE, EE, RE, LE\}$ 的即时奖励(ΩIR)、$R(G,K)$ 由式(4.8)给出,其中 $\Phi \in \left\{\sum_{i=1}^{m}, \mathrm{Min}_{i=1}^{m}, \mathrm{Max}_{i=1}^{m}, \prod_{i=1}^{m}\right\}$。

$$R(G,K) = d_i(G,K),\text{若智能体因其他智能体受到惩罚} \\ = \Phi[r_i(s_i,a_i)],\text{其他情况} \tag{4.8}$$

从式(4.8)易知

$$R(G,K) = \Phi[r_i(G,K)] \tag{4.9}$$

4.3.3　算法Ⅰ对应的 MAQL 算法

算法Ⅰ的 Q 值($\Omega \overline{Q}(G,K)$)是通过计算智能体个体 Q 值 $Q_i(s_i,a_i)$ 与多智能体协同导致的即时反馈 $d_i(G,K)$ 之和的 $\Phi \in \left\{\sum_{i=1}^{m}, \mathrm{Min}_{i=1}^{m}, \mathrm{Max}_{i=1}^{m}, \prod_{i=1}^{m}\right\}$ 得到的。例如,在多机器人智能体问题中,$d_i(G,K)$ 为智能体间碰撞导致的惩罚,根据学习规则计算的 $\Omega \overline{Q}(G,K)$ 为

$$\Omega \overline{Q}(G,K) \leftarrow \Phi[Q_i(s_i,a_i) + d_i(G,K)] \tag{4.10}$$

假设 $K^* = \langle a_1, a_2, \cdots, a_m \rangle^*$ 是联合状态 G 的最优联合动作,学习结束后,智能体可采用式(4.11)求解能够最大化 $\Omega \overline{Q}(G,K)$ 的最优纯策略 $\Omega \overline{K}^*$,其中 $\Omega \in \{UE, EE, RE, LE\}$。

$$\Omega\overline{K}^* = \underset{\overline{K}}{\mathrm{argmax}}[\Omega\overline{Q}(G,\overline{K})] \tag{4.11}$$

注记 4.1 由于在 CQL 和基于算法 I 的学习算法应用于相同的环境和智能体,两者的联合动作集也是相同的,则

$$\{\overline{K}\} = \{K\} \tag{4.12}$$

在 ΩQL - I 中,最大化期望奖励 $\sum_{\forall K}\Omega\overline{p}(K)\Omega\overline{Q}(G,K)$ 可以得到最优混合策略 $\Omega\overline{p}^*(K)$,其中 $\Omega\overline{p}:\{K\}\rightarrow[0,1]$,则

$$\Omega\overline{p}^*(K) = \underset{\Omega\overline{p}^*(K)}{\mathrm{argmax}}\Big[\sum_{\forall K}\Omega\overline{p}(K)[\Omega\overline{Q}(G,K)]\Big] \tag{4.13}$$

另外,Kok 等发现在大多数 MAQL 中,智能体只在少数状态需要协同,而在剩下的状态独立运动[40]。根据这一观察,在提出定理 4.1 和定理 4.2 前给出注记 4.2 和注记 4.3。

注记 4.2 根据文献[40],在 CQL 中,智能体 i 在联合状态 G、联合动作 K 的 Q 值可以由式(4.14)表示。

$$Q_i(G,K) = Q_i(s_i,a_i) + d_i(G,K) \tag{4.14}$$

其中 $d_i(G,K)$ 已在 4.3.2 节介绍,G 和 K 的元素分别为 s_i 和 a_i。

注记 4.3 根据文献[40],在 CQL 中,令 $d_i(G,K)=0$,智能体 i 在联合状态 G、联合动作 K 对应的 Q 值可以由式(4.15)表示。

$$Q'_i(G,K) = Q_i(s_i,a_i) \tag{4.15}$$

❖**定理 4.1** 在 CQL 中应用算法 I 取得的最优纯策略 $\Omega\overline{K}^*$ 是 Ω 均衡 ΩK^*,其中 $\Omega \in \{UE, EE, RE, LE\}$。

证明

$$\begin{aligned}\Omega\overline{K}^* &= \underset{\overline{K}}{\mathrm{argmax}}[\Omega\overline{Q}(G,\overline{K})][根据式(4.11)]\\ &= \underset{K}{\mathrm{argmax}}[\Omega\overline{Q}(G,K)][根据式(4.12)]\\ &= \underset{K}{\mathrm{argmax}}[\Phi[Q_i(s_i,a_i)+d_i(G,K)]]\\ &\quad\Big[根据式(4.10)\ \text{及}\ \Phi\in\Big\{\sum_{i=1}^m,\underset{i=1}{\overset{m}{\mathrm{Min}}},\underset{i=1}{\overset{m}{\mathrm{Max}}},\prod_{i=1}^m\Big\}\Big]\\ &= \underset{K}{\mathrm{argmax}}[\Phi[Q_i(G,K)]][根据式(4.14)]\\ &= \Omega K^*[根据式(4.5)]\end{aligned} \tag{4.16}$$

由此定理得证。

❖ **定理 4.2** 在 CQL 中应用算法 I 取得的最优混合策略 $\Omega \bar{p}^*(K)$ 是 Ω 均衡 $\Omega p^*(K)$，其中 $\Omega \in \{UE, EE, RE, LE\}$。

证明

$$\Omega \bar{p}(K) = \underset{\Omega \bar{p}(K)}{\operatorname{argmax}} \left[\sum_{\forall K} \Omega \bar{p}(K) [\Omega \overline{Q}(G,K)] \right]$$

[根据式(4.13)]

$$= \underset{\Omega \bar{p}(K)}{\operatorname{argmax}} \left[\sum_{\forall K} \Omega \bar{p}(K) \Phi [Q_i(s_i, a_i) + d_i(G,K)] \right]$$

[根据式(4.10) 和 $\Phi \in \left\{ \sum_{i=1}^{m}, \underset{i=1}{\overset{m}{\operatorname{Min}}}, \underset{i=1}{\overset{m}{\operatorname{Max}}}, \prod_{i=1}^{m} \right\}$]

$$= \underset{\Omega \bar{p}(K)}{\operatorname{argmax}} \left[\Phi \left(\sum_{\forall K} \Omega \bar{p}(K) [Q_i(s_i, a_i) + d_i(G,K)] \right) \right] \quad (4.17)$$

[∵ Φ 和 K 相互独立]

$$= \underset{\Omega \bar{p}(K)}{\operatorname{argmax}} \left[\Phi \left(\sum_{\forall K} \Omega \bar{p}(K) [Q_i(G,K)] \right) \right] [根据式(4.14)]$$

$$= \underset{\Omega p(K)}{\operatorname{argmax}} \left[\Phi \left(\sum_{\forall K} \Omega p(K) [Q_i(G,K)] \right) \right]$$

[∵ $\Omega \bar{p}: \{K\} \to [0,1], \Omega p: \{K\} \to [0,1]$]

$$= \Omega p^*(K) [根据式(4.6)]$$

由此定理得证。

若在任务中 m 个互相合作的智能体中只需要一个智能体完成目标，那么该问题适合采用算法 I。在算法 I 中，一个智能体搜索目标状态时，其他智能体保持静止（即下一状态等于当前状态）并与运动智能体保持均衡。但是，若任务目标要求 m 个智能体同时完成目标，那么算法 II 比算法 I 更加适合。下面对算法 II 进行具体阐述。

4.3.4 算法 II 对应的 MAQL 算法

传统单智能体 Q 学习中考虑两种奖励：即时奖励和最优未来奖励。ΩQL-II 的核心思想与单智能体 Q 学习较为相似，但 ΩQL-II 考虑的奖励是联合状态 G 由联合动作 K 产生的奖励 $R(G,K)$ 和在下一联合状态 G' 的期望最优 Q 值 $\Omega \hat{Q}^*(G')$。显然，为了优化总奖励，需要优化 $R(G,K)$ 和 $\Omega \hat{Q}^*(G')$。$R(G,K)$ 的定义见定义 4.2，$\Omega \hat{Q}^*(G')$ 的定义见定义 4.3。

◆**定义 4.3** 考虑 $\Omega \in \{UE, EE, RE, LE\}$ 均衡的下一联合状态 G' 的期望最优 Q 值 $\Omega\hat{Q}^*(G')$ 的计算方法为:将智能体 i 在 s'_i 的期望最优 Q 值 $\hat{Q}(s'_i)$ 和多智能体在下一联合状态 G' 协同导致的期望最优即时奖励变化 $\Delta\hat{Q}^*(G')$ 相加,计算相加结果的 $\Phi \in \left\{\sum_{i=1}^m, \operatorname*{Min}_{i=1}^m, \operatorname*{Max}_{i=1}^m, \prod_{i=1}^m\right\}$,$\Omega\hat{Q}^*(G')$ 由式(4.18)给出,

$$\Omega\hat{Q}^*(G') = \Phi[\hat{Q}^*(s'_i) + \Delta\hat{Q}^*(G')] \quad (4.18)$$

其中:$\Omega\hat{Q}^*(G')$ 和 $\Delta\hat{Q}^*(G')$ 的定义由式(4.19)和式(4.20)给出。

$$\Omega\hat{Q}^*(G') = \sum_{\forall G'} p(G'|(G,K)) \sum_{\forall K'} \Omega\tilde{p}^*(K'|G') \Omega\tilde{Q}(G',K') \quad (4.19)$$

$$\Delta\hat{Q}^*(G') = \sum_{\forall G'} p(G'|(G,K)) \sum_{\forall K'} \Omega p^*(K'|G') d_i(G',K') \quad (4.20)$$

式中:$\Omega\tilde{p}^*(K'|G')$ 为下一联合状态 G' 选择联合动作 K' 的概率,算法 Ⅱ 中 $\Omega Q(\Omega\tilde{Q}(G,K))$ 的计算沿用单智能体 Q 学习的思想(见定义 4.2 和定义 4.3),计算方法如式(4.21)所示。

$$\Omega\tilde{Q}(G,K) \leftarrow (1-\alpha)\Omega\tilde{Q}(G,K) + \alpha[R(G,K) + \gamma \cdot \Omega\hat{Q}^*(G')] \quad (4.21)$$

学习阶段结束后,智能体计算 $\Omega\tilde{Q}(G,K)$ 最大时对应的最优纯策略 $\Omega\tilde{K}^*$,$\Omega \in \{UE, EE, RE, LE\}$,计算方式如式(4.22)所示。

$$\Omega\tilde{K} = \underset{\tilde{K}}{\operatorname{argmax}}[\Omega\tilde{Q}(G,\tilde{K})] \quad (4.22)$$

注记 4.4 与注记 4.1 相似,在算法 Ⅱ 中,联合状态的联合动作集 $\{\tilde{K}\}$ 和 $\{K\}$ 的关系为

$$\{\tilde{K}\} = \{K\} \quad (4.23)$$

在 $\Omega QL-Ⅱ$ 中,通过评估最优期望奖励 $\sum_{\forall K} \Omega\tilde{p}(K)\Omega\tilde{Q}(G,K)$ 得到最优混合策略 $\Omega\tilde{p}^*(K)$,$\Omega\tilde{p}:\{K\} \to [0,1]$,则

$$\Omega\tilde{p}^*(K) = \underset{\Omega\tilde{p}}{\operatorname{argmax}}\left[\sum_{\forall K} \Omega\tilde{p}(K)[\Omega\tilde{Q}(G,K)]\right] \quad (4.24)$$

证明定理 4.3 和定理 4.4 需要用到引理 4.1~引理 4.6。

引理 4.1 对于任意实数 $x_i, y_i, \forall i, i \in [1,m]$ 及 $\gamma \in [0,1)$,不等式 $\Psi(x_i) \pm \gamma\Psi(\gamma_i) \leq \Psi(x_i \pm ry_i)$,$\Psi \in \left\{\operatorname{Min}_{i=1}^m, \prod_{i=1}^m\right\}$ 成立,其中 $0 \in \{x_i\}$,$0 \in \{y_i\}$。

证明:

给定实数 $x_i, y_i, \forall i, i \in [1,m]$ 及 $\gamma \in [0,1)$,对于任意 $j \in [1,m]$ 和 $\Psi \in \operatorname*{Min}_{i=1}^m$,

$$x_j \geqslant \underset{i=1}{\overset{m}{\text{Min}}}(x_i) \text{ and } y_j \geqslant \underset{i=1}{\overset{m}{\text{Min}}}(y_i) \text{ 总是成立}$$

$$\therefore x_j \pm \gamma y_j \geqslant \underset{i=1}{\overset{m}{\text{Min}}}(x_i) \pm \gamma \underset{i=1}{\overset{m}{\text{Min}}}(y_i), \forall j, j \in [1, m]$$

$$\Rightarrow \underset{j=1}{\overset{m}{\text{Min}}}(x_j \pm \gamma y_j) \geqslant \underset{i=1}{\overset{m}{\text{Min}}}(x_i) \pm \gamma \underset{i=1}{\overset{m}{\text{Min}}}(y_i) \tag{4.25}$$

$$\Rightarrow \underset{i=1}{\overset{m}{\text{Min}}}(x_i \pm \gamma y_i) \geqslant \underset{i=1}{\overset{m}{\text{Min}}}(x_i) \pm \gamma \underset{i=1}{\overset{m}{\text{Min}}}(y_i) [\because i,j \in [1,m]]$$

$$\underset{i=1}{\overset{m}{\text{Min}}}(x_i) \pm \gamma \underset{i=1}{\overset{m}{\text{Min}}}(y_i) \leqslant \underset{i=1}{\overset{m}{\text{Min}}}(x_i \pm \gamma y_i)$$

相似地，若 $\Psi \in \prod_{i=1}^{m}, 0 \in \{x_i\}, 0 \in \{y_i\}$，那么

$$\prod_{i=1}^{m}(x_i) \pm \gamma \prod_{i=1}^{m}(y_i) \leqslant \prod_{i=1}^{m}(x_i \pm y_i) \tag{4.26}$$

因此，所证不等式成立。

引理 4.2 对任意实数 $x_i, y_i, \forall i, i \in [1,m]$ 及 $\gamma \in [0,1)$，不等式 $\Psi(x_i) \pm \gamma \Psi(y_i) \geqslant \Psi(x_i \pm \gamma y_i)$，$\Psi \in \left\{ \underset{i=1}{\overset{m}{\text{Max}}}, \underset{i=1}{\overset{m}{\sum}} \right\}$，成立。

证明：

给定实数 $x_i, y_i, \forall i, i \in [1,m]$ 及 $\gamma \in [0,1)$，对于任意 $j \in [1,m]$ 和 $\Psi \in \underset{i=1}{\overset{m}{\text{Max}}}$，

$$x_j \geqslant \underset{i=1}{\overset{m}{\text{Max}}}(x_i) \text{ and } y_j \geqslant \underset{i=1}{\overset{m}{\text{Max}}}(y_i) \text{ 总是成立}$$

$$\therefore x_j \pm \gamma y_j \leqslant \underset{i=1}{\overset{m}{\text{Max}}}(x_i) \pm \gamma \underset{i=1}{\overset{m}{\text{Max}}}(y_i), \forall j, j \in [1, m]$$

$$\Rightarrow \underset{j=1}{\overset{m}{\text{Max}}}(x_j \pm \gamma y_j) \leqslant \underset{i=1}{\overset{m}{\text{Max}}}(x_i) \pm \gamma \underset{i=1}{\overset{m}{\text{Max}}}(y_i) \tag{4.27}$$

$$\Rightarrow \underset{i=1}{\overset{m}{\text{Max}}}(x_i \pm \gamma y_i) \leqslant \underset{i=1}{\overset{m}{\text{Max}}}(x_i) \pm \gamma \underset{i=1}{\overset{m}{\text{Max}}}(y_i) [\because i,j \in [1,m]]$$

$$\underset{i=1}{\overset{m}{\text{Max}}}(x_i) \pm \gamma \underset{i=1}{\overset{m}{\text{Max}}}(y_i) \geqslant \underset{i=1}{\overset{m}{\text{Max}}}(x_i \pm \gamma y_i)$$

相似的，若 $\Psi \in \sum_{i=1}^{m}$，那么

$$\therefore \sum_{i=1}^{m}(x_i) \pm \gamma \sum_{i=1}^{m}(y_i) \geqslant \sum_{i=1}^{m}(x_i \pm \gamma y_i) \tag{4.28}$$

因此，所证不等式成立。

引理 4.3 对于任意实数 $x_i, y_i, \forall i, i \in [1,m]$ 及 $\gamma \in [0,1)$，不等式 $(1-\alpha)$

第4章 合作 Q 学习多智能体规划中相关均衡的高效计算方法

$\Psi(x_i) \pm \alpha\Psi(y_i) \leq \Psi[(1-\alpha)x_i \pm \alpha y_i]$,$\Psi \in \left\{ \underset{i=1}{\overset{m}{\text{Min}}}, \underset{i=1}{\overset{m}{\prod}} \right\}$,成立,其中 $0 \in \{x_i\}$,$0 \in \{y_i\}$。

证明:

引理 4.3 的证明与引理 4.1 证明相似。

引理 4.4 对任意实数 $x_i, y_i, \forall i, i \in [1,m]$ 及 $\gamma \in [0,1)$ 不等式 $(1-\alpha)\Psi(x_i) \pm \alpha\Psi(y_i) \geq \Psi[(1-\alpha)x_i \pm \psi_i]$,$\Psi \in \left\{ \underset{i=1}{\overset{m}{\text{Max}}}, \underset{i=1}{\overset{m}{\sum}} \right\}$ 成立。

证明:

引理 4.4 证明与引理 4.2 证明相似。

若 $\Delta\hat{Q}_i^*(G') = 0$,那么在下一联合状态 G',智能体 i 的 Ω 均衡期望 Q 值 $\Omega\hat{Q}_i^*(G')$ 由式(4.29)给出。

$$\Omega\hat{Q}_i^*(G') = \sum_{\forall G'} p(G'|(G,K)) \sum_{\forall K'} \Omega p^*(K'|G') Q'_i(G',K') \quad (4.29)$$

若 $\Delta\hat{Q}_i^*(G') \neq 0$,式(4.7)可以重新写为

$$Q_i(G,K) \leftarrow (1-\alpha)Q_i(G,K) + \alpha[r_i(G,K) + \gamma[\Omega\hat{Q}_i^*(G') + \Delta\hat{Q}_i^*(G')]] \quad (4.30)$$

比较式(4.7)和式(4.30)得到

$$\Omega\hat{Q}_i^*(G') = \Omega\hat{Q}_i^*(G') + \Delta\hat{Q}_i^*(G') \quad (4.31)$$

引理 4.5 若 $\Omega\hat{Q}_i^*(G') = \Omega\hat{Q}_i^*(G') + \Delta\hat{Q}_i^*(G')$,那么对于下一联合状态 $G' = \langle s'_i \rangle_{i=1}^m$ 有 $\Omega\hat{Q}_i^*(G') = \hat{Q}_i^*(s'_i) + \Delta\hat{Q}_i^*(G')$。

证明:

由式(4.30)

$$\Omega\hat{Q}_i^*(G') = \sum_{\forall G'} p(G'|(G,K)) \sum_{\forall K'} \Omega p^*(K'|G') Q'_i(G',K')$$

$$= \sum_{\forall G'} \prod_{j=1}^{m} p_j(s'_j|(s_j,a_j)) \sum_{\forall K'} \prod_{j=1}^{m} p_j^*(a'_j|s'_j|) Q'_i(G',K')$$

[根据式(4.3)和式(4.5)]

$$= \prod_{j=1}^{m} \sum_{\forall s'_j} p_j(s'_j|(s_j,a_j)) \prod_{j=1}^{m} \sum_{\forall a'_j} p_j^*(a'_j|s'_j|) Q_i(s',a'_i)$$

[根据式(4.14),$Q'_i(G',K') = Q_i(s'_i,a'_i)$]

$$= \sum_{\forall s'_j} p_i(s'_i|(s_i,a_i)) \sum_{\forall a'_j} p_i^*(a'_i|s'_i) Q_i(s'_i,a'_i)$$

175

$$\times \prod_{\substack{j=1\\j\neq i}}^{m} \sum_{\forall s'_j} p_j(s'_j \mid (s_j, a_j)) \prod_{\substack{j=1\\j\neq i}}^{m} \sum_{\forall a'_j} p_j^*(a'_j \mid s'_j), [\because i,j \in [1,m]]$$

$$= \sum_{\forall s'_i} p_i(s'_i \mid (s_i, a_i)) \sum_{\forall a'_i} p_i^*(a'_i, s'_i) Q_i(a'_i, s'_i)$$

$$\left[\sum_{\forall s'_j} p_j(s'_j \mid (s_j, a_j)) = 1 \text{ and } \sum_{\forall a'_j} p_j^*(a'_j \mid s'_j) = 1, \forall j \right]$$

$$= \hat{Q}_i^*(s'_i) [根据式(4.1)] \tag{4.32}$$

考虑到 $\Omega \hat{Q}_i^*(G') = \Omega \hat{Q}_i^*(G') + \Delta \hat{Q}_i^*(G')$

$\therefore \Omega \hat{Q}_i^*(G') = \hat{Q}_i^*(s'_i) + \Delta \hat{Q}_i^*(G')$ [根据式(4.32)]

由此引理得证。

引理4.6 当引理4.1~引理4.4取等式时,$\Omega \widetilde{Q}(G,K) = \Phi[Q_i(G,K)]$ 对 $\Phi \in \left\{ \sum_{i=1}^{m}, \underset{i=1}{\overset{m}{\text{Min}}}, \underset{i=1}{\overset{m}{\text{Max}}}, \prod_{i=1}^{m} \right\}$ 成立。

证明:

$\Omega \widetilde{Q}(G,K) \leftarrow (1-\alpha) \Omega \widetilde{Q}(G,K) + \alpha[R(G,K) + \gamma \Omega \hat{Q}^*(G')]$

$= (1-\alpha)^t \Omega \widetilde{Q}(G,K) + (1-\alpha)^{t-1} \alpha[R(G,K) + \gamma \Omega \hat{Q}^*(G')]$

$+ (1-\alpha)^{t-2} \alpha[R(G,K) + \gamma \Omega \hat{Q}^*(G')] + \cdots + (1-\alpha) \alpha[R(G,K) + \gamma \Omega \hat{Q}^*(G')]$

$+ \alpha[R(G,K) + \gamma \Omega \hat{Q}^*(G')]$

[反复使用式(4.21),学习轮次 $t \to \infty$]

$= \Phi[(1-\alpha)^t Q_i(G,K)] + (1-\alpha)^{t-1} \alpha[R(G,K) + \gamma \Omega \hat{Q}^*(G')]$

$+ (1-\alpha)^{t-2} \alpha[R(G,K) + \gamma \Omega \hat{Q}^*(G')] + \cdots + (1-\alpha) \alpha[R(G,K) + \gamma \Omega \hat{Q}^*(G')]$

$+ \alpha[R(G,K) + \gamma \Omega \hat{Q}^*(G')]$

$\left[\because t \to \infty, a \in [0,1) \therefore (1-\alpha)^t \to 0, 其中 \Phi \in \left\{ \sum_{i=1}^{m}, \underset{i=1}{\overset{m}{\text{Min}}}, \underset{i=1}{\overset{m}{\text{Max}}}, \prod_{i=1}^{m} \right\} \right]$

$= \Phi[(1-\alpha)^t Q_i(G,K)] + (1-\alpha)^{t-1} \alpha[R(G,K) + \gamma \cdot \Phi[\hat{Q}_i^*(s'_i) + \Delta \hat{Q}_i^*(G')]]$

$+ (1-\alpha)^{t-2} \alpha[\Phi[r_i(G,K)] + \gamma \cdot \Phi[\hat{Q}_i^*(s'_i) + \Delta \hat{Q}_i^*(G')]] + \cdots +$

$(1-\alpha) \alpha[\Phi[r_i(G,K)] + \gamma \cdot \Phi[\hat{Q}_i^*(s'_i) + \Delta \hat{Q}_i^*(G')]] + \alpha[\Phi[r_i(G,K)] + \gamma \cdot \Phi[\hat{Q}_i^*(s'_i) + \Delta \hat{Q}_i^*(G')]]$

[根据式(4.9)和式(4.18)]

$= \Phi[(1-\alpha)^t Q_i(G,K)] + (1-\alpha)^{t-1} \alpha[\Phi[r_i(G,K)] + \gamma \cdot \Phi[\Omega \hat{Q}_i^* G']]$

$+ (1-\alpha)^{t-2} \alpha[\Phi[r_i(G,K)] + \gamma \cdot \Phi[\Omega \hat{Q}_i^*(G')]] + \cdots + (1-\alpha) \alpha[\Phi[r_i(G,K)] + \gamma \cdot \Phi[\Omega \hat{Q}_i^*(G')]]$

$+ \alpha[\Phi[r_i(G,K)] + \gamma \cdot \Phi[\Omega \hat{Q}_i^*(G')]]$ [根据引理 4.5]

$= \Phi[(1-\alpha)^t Q_i(G,K)] + (1-\alpha)^{t-1}\alpha[\Phi[r_i(G,K) + \gamma \cdot \Omega \hat{Q}_i^*(G')]]$

$+ (1-\alpha)^{t-2}\alpha[\Phi[r_i(G,K) + \gamma \cdot \Omega \hat{Q}_i^*(G')]] + \cdots + (1-\alpha)\alpha[\Phi[r_i(G,K)$

$+ \gamma \cdot \Omega \hat{Q}_i^*(G')]]$

$+ \alpha[\Phi[r_i(G,K) + \gamma \cdot \Omega \hat{Q}_i^*(G')]]$

[只考虑引理 4.1 和 4.2 的等式情况]

$= (1-\alpha)^{t-1}\Phi[(1-\alpha)Q_i(G,K)] + (1-\alpha)^{t-1}\Phi[\alpha[r_i(G,K) + \gamma \cdot \Omega \hat{Q}_i^*(G')]]$

$+ (1-\alpha)^{t-2}\Phi[\alpha[r_i(G,K) + \gamma \cdot \Omega \hat{Q}_i^*(G')]] + \cdots + (1-\alpha)\Phi[\alpha[r_i(G,K)$

$+ \gamma \cdot \Omega \hat{Q}_i^*(G')]]$

$+ \Phi[\alpha[r_i(G,K) + \gamma \cdot \Omega \hat{Q}_i^* G']]$ [$\because \Phi, t, \alpha$ 之间相互独立]

$= (1-\alpha)^{t-1}\Phi[(1-\alpha)Q_i(G,K) + \alpha[r_i(G,K) + \gamma \cdot \Omega \hat{Q}_i^*(G')]]$

$+ (1-\alpha)^{t-2}\Phi[\alpha[r_i(G,K) + \gamma \cdot \Omega \hat{Q}_i^*(G')]] + \cdots + (1-\alpha)\Phi[\alpha[r_i(G,K)$

$+ \gamma \cdot \Omega \hat{Q}_i^*(G')]]$

$+ \Phi[\alpha[r_i(G,K) + \gamma \cdot \Omega \hat{Q}_i^* G']]$

[只考虑引理 4.3 和引理 4.4 的等式情况]

$= (1-\alpha)^{t-1}\Phi[Q_i(G,K)] + (1-\alpha)^{t-2}\Phi[\alpha[r_i(G,K) + \gamma \cdot \Omega \hat{Q}_i^*(G')]] + \cdots$

$+ (1-\alpha)\Phi[\alpha[r_i(G,K) + \gamma \cdot \Omega \hat{Q}_i^*(G')]] + \Phi[\alpha[r_i(G,K) + \gamma \cdot \Omega \hat{Q}_i^*(G')]]$

[根据式(4.7)]

$= (1-\alpha)^{t-2}\Phi[(1-\alpha)Q_i(G,K)] + (1-\alpha)^{t-2}\Phi[\alpha[r_i(G,K) + \gamma \cdot \Omega \hat{Q}_i^* G']]$

$+ \cdots + (1-\alpha)\Phi[\alpha[r_i(G,K) + \gamma \cdot \Omega \hat{Q}_i^*(G')]] + \Phi[\alpha[r_i(G,K) + \gamma \cdot \Omega \hat{Q}_i^*(G')]]$

进一步简化有

$$\Omega \widetilde{Q}(G,K) = \Phi[(1-\alpha)Q_i(G,K) + \alpha[r_i(G,K) + \gamma \cdot \Omega \hat{Q}_i^*(G')]]$$
$$= \Phi[Q_i(G,K)] \quad [根据式(4.7)]$$

由此引理得证。

❖**定理 4.3** 当引理 4.1~引理 4.4 中的等式成立时。在 CQL 中应用算法 Ⅱ 取得的最优纯策略 $\Omega \widetilde{K}^*$ 是 Ω 均衡,ΩK^*,$\Omega \in \{UE, EE, RE, LE\}$,

证明:

$$\begin{aligned}\Omega \widetilde{K} &= \underset{\widetilde{K}}{\arg\max}[\Omega \widetilde{Q}(G, \widetilde{K})] \quad [根据式(4.22)] \\ &= \underset{K}{\arg\max}[\Omega \widetilde{Q}(G,K)] \quad [根据式(4.23)] \\ &= \underset{K}{\arg\max}[\Phi[Q_i(G,K)]] \quad [根据引理 4.6] \\ &= \Omega K^* \quad [根据式(4.5)]\end{aligned} \quad (4.33)$$

由此定理得证。

❖ **定理 4.4** 当引理 4.1～引理 4.4 中的等式成立时,在 CQL 中应用算法 Ⅱ 取得的最优混合策略 $\Omega\widetilde{p}(K)$ 是 Ω 均衡,$\Omega p^*(K)$,$\Omega \in \{\text{UE, EE, RE, LE}\}$,

$$\begin{aligned}
\Omega\widetilde{p}(K) &= \underset{\Omega\widetilde{p}(K)}{\arg\max}\Big[\sum_{\forall K}\Omega\widetilde{p}(K)[\Omega\widetilde{Q}(G,K)]\Big] \ [\text{根据式}(4.24)] \\
&= \underset{\Omega\widetilde{p}(K)}{\arg\max}\Big[\sum_{\forall K}\Omega\widetilde{p}(K)[\Phi[Q_i(G,K)]]\Big] \ [\text{根据引理}4.6] \\
&= \underset{\Omega\widetilde{p}(K)}{\arg\max}\Big[\Phi\Big[\sum_{\forall K}\Omega\widetilde{p}(K)[Q_i(G,K)]\Big]\Big] \ [\Phi\text{与}K\text{相互独立}] \quad (4.34)\\
&= \underset{\Omega p(K)}{\arg\max}\Big[\Phi\Big[\sum_{\forall K}\Omega p(K)[Q_i(G,K)]\Big]\Big] \\
&\quad [\because \Omega\widetilde{p}:\{K\}\to[0,1]\ \Omega p:\{K\}\to[0,1]] \\
&= \Omega p^*(K)\ [\text{根据式}(4.6)]
\end{aligned}$$

由此,定理得证。

4.3.5 算法 Ⅰ 和算法 Ⅱ 实现方法

基于算法 Ⅰ 和算法 Ⅱ 的 ΩQL 算法伪代码如算法 4.1 所示。在此基础上进一步发展了考虑约束的算法 ΩQL-Ⅰ/ΩQL-Ⅱ(CΩQL-Ⅰ/CΩQL-Ⅱ)。

算法 4.1 基于算法 Ⅰ 和算法 Ⅱ 的 ΩQL(ΩQL-Ⅰ/ΩQL-Ⅱ)

输入:学习速率 $\alpha \in [0,1]$ 和折扣因子 $\gamma \in [0,1]$;
输出:最优联合 Q 值 $\Omega\overline{Q}^*(G,K)$,$\forall G$,$\forall K$;\\算法 Ⅰ
　　　最优联合 Q 值 $\Omega\widetilde{Q}^*(G,K)$,$\forall G$,$\forall K$;\\算法 Ⅱ
开始
　初始化:状态 s_i,$\forall i$,状态 s_i,$\forall i$ 的动作集 A_i;
　　　　对于算法 Ⅰ,令 $\Omega\overline{Q}(G,K)\leftarrow 0$,$\forall G$,$\forall K$;
　　　　对于算法 Ⅱ,令 $\Omega\widetilde{Q}(G,K)\leftarrow 0$,$\forall G$,$\forall K$。
　重复:
　　(1)根据玻耳兹曼方法[47]选择动作 $a_i \in A_i$,$\forall i$,并在两种算法中执行;
　　(2)计算两种算法的即时奖励 $r_i(s_i,a_i)$ 和 $d_i(G,K)$,$\forall i$,计算下一状态 $s'_i \leftarrow \delta_i(s_i,a_i)$,$\forall i$ 得到下一联合状态 $G'=\langle s'_i\rangle_{i=1}^m$ 及个体 Q 值
　　　　$Q_i(s_i,a_i)\leftarrow(1-\alpha)Q_i(s_i,a_i)+\alpha[r_i(s_i,a_i)+\gamma\hat{Q}_i^*(s'_i)]$,$\forall i$;

(3) 更新：对于算法 I，采用式(4.10)更新联合 Q 值 $\Omega\overline{Q}(G,K)$；对于算法 II 采用式(4.21)，令 $G \leftarrow G'//\Omega \in \{U,E,R,L\}, \Phi \in \left\{\sum_{i=1}^{m}, \operatorname*{Min}_{i=1}^{m}, \operatorname*{Max}_{i=1}^{m}, \prod_{i=1}^{m}\right\}$。

直到：对于算法 I，$\Omega\overline{Q}(G,K), \forall G, \forall K$ 收敛，对于算法 II，$\Omega\widetilde{Q}(G,K), \forall G, \forall K$ 收敛；

对于算法 I，$\Omega\overline{Q}^*(G,K) \leftarrow \Omega\overline{Q}(G,K), \forall G, \forall K$，

对于算法 II，$\Omega\widetilde{Q}^*(G,K) \leftarrow \Omega\widetilde{Q}(G,K), \forall G, \forall K$；

结束

* 在算法 I 中，若有两个机器人智能体，R1 和 R2。R1 尝试将一个箱子搬运到指定目标位置 G。一旦 R1 失败，R2 将继续搬运箱子。如果 R2 完成目标 G，那么 R2 得到最高个体即时奖励，如 100。同时 R1 得到最低个体直接奖励，比如 0。在上述情景中，我们选择 RE 计算团队即时奖励，因为一个智能体的成功即可完成团队目标。此时，团队即时奖励为 $\max(100,0) = 100$。

** 在算法 II 中，对于携杆问题[44]，若团队成功，那么 R1 和 R2 都会收到 100 的奖励，在这个问题中，采用 EE 评估团队的即时奖励，团队即时奖励为 $\min(100,100) = 100$。

4.3.6 考虑约束的 $\Omega QL-I/\Omega QL-II(C\Omega QL-I/C\Omega QL-II)$

在约束 $\Omega QL(C\Omega QL)$ 算法中，为得到下一可行联合状态，智能体必须满足一个或多个任务约束。比如在携杆问题中，两个机器人智能体各持杆的一端将杆从指定位置搬运到另一位置，要求运输中杆不能与障碍碰撞。那么搬运固定长度杆且不与障碍碰撞即为携杆问题中智能体应遵守的约束。相似地，在三角搬运问题中，三个机器人智能体在搬运三角形也需要满足类似的约束。

若从某可行联合状态(G_F)出发，智能体执行联合动作(K)对应的下一联合状态(G')不满足任务约束，那么将下一联合状态(G')从可行的联合 Q 表中移除，并将联合动作(K)从可行联合状态(G_F)中移除，否则在学习过程中执行该联合动作。显然，有 $G_F \subseteq G$ 及 $K_F \subseteq K$，其中 G 和 K 分别为智能体的联合状态和联合动作。约束 $\Omega QL-I/\Omega QL-II(C\Omega QL-I/C\Omega QL-II)$ 算法（算法 4.2）在 ΩQL（算法 4.1）的基础上进行了上述删除不可行联合状态(G')与相应联合动作(K)的修改。

算法 4.2　考虑约束的 $\Omega QL-I/\Omega QL-II(C\Omega QL-I/C\Omega QL-II)$ 算法

输入：算法 4.1 的输入和任务约束；

输出：可行联合状态-动作空间的最优 Q 值；

开始

　初始化：与算法 4.1 相同；

重复：
(1) 采用与算法 4.1 相同的方法选择动作；
(2) 得到直接回报 $r_i(s_i,a_i)$ 和 $d_i(G,K)$，$\forall i$，计算下一联合状态 $G'=\langle s_i'\rangle_{i=1}^m$ 和个体 Q 值 $Q_i(s_i,a_i)$，$\forall i$（与算法 4.1 一致）；
(3) 更新：对于算法 Ⅰ，更新 $\Omega\overline{Q}(G_F,K_F)$；对于算法 Ⅱ，更新 $\Omega\widetilde{Q}(G_F,K_F)$；//下标 F 表示可行状态；
(4) 若可行性检测失败，则从联合 Q 表中删除 G_F，并放弃当前联合状态的动作 K_F；
直到：对于算法 Ⅰ，$\Omega\overline{Q}(G_F,K_F)$，$\forall G_F$，$\forall K_F$ 收敛；
对于算法 Ⅱ，$\Omega\widetilde{Q}(G_F,K_F)$，$\forall G_F$，$\forall K_F$ 收敛；
对于算法 Ⅰ：$\Omega\overline{Q}^*(G_F,K_F)\leftarrow\Omega\overline{Q}(G_F,K_F)$，$\forall G_F$，$\forall K_F$
对于算法 Ⅱ：$\Omega\widetilde{Q}^*(G_F,K_F)\leftarrow\Omega\widetilde{Q}(G_F,K_F)$，$\forall G_F$，$\forall K_F$
结束

4.3.7 收敛性

Kok 等在文献[40]中提到，在大多数 MAQL 算法中，智能体只需要在少数的状态中进行协同，而在其余状态独立运行。基于这些观察，我们对个体 Q 函数与多智能体协同导致的个体 Q 函数变化的组合进行优化。将上述两部分组合到一起的函数取决于选择的均衡。本章中为考虑多智能体协同造成的 Q 值变化，我们将即时奖励(4.3.2 节)分为两类，一类定义在智能体各自的状态-动作空间中，另一类定义在联合状态-动作空间中。根据定理 4.1～定理 4.4 分别可以得到算法 Ⅱ 在确定情况和随机情况下的全局最优策略。算法 Ⅰ 和算法 Ⅱ 的收敛证明分别如定理 4.5 和定理 4.6 所示。为证明定理 4.5 和定理 4.6，首先证明引理 4.5 和引理 4.6。

引理 4.7 $\alpha|[R_t(G,K)-R^*(G,K)]|=0$，$\forall t$，对于 $\alpha\in[0,1)$ 成立，其中 t 为学习轮次。

证明：
根据式(4.9)

$$\alpha|[R_t(G,K)-R^*(G,K)]|=\alpha|\Phi[r_i^t(G,K)]-\Phi[r_i^*(G,K)]| \tag{4.35}$$

对于 $\Phi\in\left\{\underset{i=1}{\overset{m}{\text{Min}}},\prod_{i=1}^m\right\}$，式(4.35)变为

第4章 合作Q学习多智能体规划中相关均衡的高效计算方法

$$\alpha|[R_t(G,K)-R^*(G,K)]|\leq\alpha|\Phi[r_i^t(G,K)-r_i^*(G,K)]|$$
$$[根据引理4.1,且\gamma=1]$$
$$\alpha|[R_t(G,K)-R^*(G,K)]|=0 \tag{4.36}$$
$$[\because r_i^t(G,K)=r_i^*(G,K),\forall t,\forall i]$$

对于 $\Phi\in\left\{\underset{i=1}{\overset{m}{\text{Max}}},\sum_{i=1}^{m}\right\}$,式(4.35)变为

$$\alpha|[R_t(G,K)-R^*(G,K)]|\leq\alpha\Phi[r_i^t(G,K)-r_i^*(G,K)]|$$
$$[\because|\Phi(a_i)-\Phi(b_i)|\leq\Phi|a_i-b_i|] \tag{4.37}$$
$$\alpha|[R_t(G,K)-R^*(G,K)]|=0 \quad [\because r_i^t(G,K)=r_i^*(G,K),\forall t,\forall i]$$

由此,根据式(4.36)和式(4.37),引理得证。

引理4.8 $\gamma|[\Omega\hat{Q}_t^*(G')-\Omega\hat{Q}^*(G')]|=0$,当学习轮次 $t\to\infty$ 时,对于所有 $\gamma\in[0,1)$ 成立。

证明:

根据式(4.18)

$$\gamma|[\Omega\hat{Q}_t^*(G')-\Omega\hat{Q}^*(G')]|$$
$$=\gamma|\Phi[\hat{Q}_i^{t*}(s_i')+\Delta\hat{Q}_i^{t*}(G')]-\Phi[\hat{Q}_i^{t*}(s_i')+\Delta\hat{Q}_i^{t*}(G')]| \tag{4.38}$$

存在两种情况:

第一种情况: $\Phi\in\left\{\underset{i=1}{\overset{m}{\text{Min}}},\prod_{i=1}^{m}\right\}$,式(4.38)变为

$$\gamma|[\Omega\hat{Q}_t^*(G')-\Omega\hat{Q}^*(G')]|$$
$$\leq\gamma|\Phi[\hat{Q}_i^{t*}(s_i')+\Delta\hat{Q}_i^{t*}(G')-\hat{Q}_t^*(s_i')-\Delta\hat{Q}_t^*(G')]|$$
$$[根据引理4.1且\gamma=1]$$
$$=\gamma|\Phi[[\hat{Q}_i^{t*}(s_i')-\hat{Q}_t^*(s_i')]+[\Delta\hat{Q}_i^{t*}(G')-\Delta\hat{Q}_t^*(G')]]|$$
$$=\gamma\left|\Phi\left[\sum_{\forall s_i'}p_i(s_i'|(s_i,a_i))\sum_{\forall a_i'}p_i^*(a_i'|s_i')[Q_i^t(s_i',a_i')-Q_i^*(s_i',a_i')]\right.\right.$$
$$\left.\left.+\sum_{\forall G'}p(G'|(G,K))\sum_{\forall K'}p^*(K'|G')[d_i^t(G',K')-d_i^*(G',K')]\right]\right|$$
$$[根据式(4.A.1)和式(4.20)]$$
$$[Q_i^*(s_i',a_i')为智能体 i 在 (s_i',a_i') 的最大个体Q值,且 d_i^t(G',K')=d_i^*(G',K'),\forall t,\forall i]$$
$$=\gamma\left|\Phi\left[\sum_{\forall s_i'}p_i(s_i'|(s_i,a_i))\sum_{\forall a_i'}p_i^*(a_i'|s_i')[Q_i^t(s_i',a_i')-Q_i^*(s_i',a_i')]\right]\right|$$

$$\tag{4.39}$$

第二种情况：$\Phi \in \left\{ \underset{i=1}{\overset{m}{\text{Max}}}, \underset{i=1}{\overset{m}{\sum}} \right\}$，式(4.38)变为

$\gamma \mid [\Omega \hat{Q}_i^*(G') - \Omega \hat{Q}^*(G')] \mid$

$\leqslant \gamma \Phi \mid [\hat{Q}_i^{t*}(s'_i) + \Delta \hat{Q}_t^{t*}(G') - \hat{Q}_t^*(s'_i) - \Delta \hat{Q}_t^*(G')] \mid$

$\quad [\because \mid \Phi(a_i) - \Phi(b_i) \mid \leqslant \Phi \mid a_i - b_i \mid]$

$= \gamma \Phi \mid [\hat{Q}_i^{t*}(s'_i) - \hat{Q}_t^*(s'_i)] + [\Delta \hat{Q}_t^{t*}(G') - \Delta \hat{Q}_t^*(G')] \mid$

$= \gamma \Phi \left| \sum_{\forall s'_i} p_i(s'_i \mid (s_i, a_i)) \sum_{\forall a'_i} p_i^*(a'_i \mid s'_i)[Q_i^t(s'_i, a'_i) - Q_i^*(s'_i, a'_i)] \right.$

$\quad + \left. \sum_{\forall G'} p(G' \mid (G, K)) \sum_{\forall K'} p^*(K' \mid G')[d_i^t(G', K') - d_i^*(G', K')] \right|$

[根据式(4.A.1)和式(4.20)]

[$Q_i^*(s'_i, a'_i)$为智能体 i 在 (s'_i, a'_i) 的最大个体 Q 值，且 $d_i^t(G', K') = d_i^*(G', K'), \forall t, \forall i$]

$= \gamma \Phi \left| \sum_{\forall s'_i} p_i(s'_i \mid (s_i, a_i)) \sum_{\forall a'_i} p_i^*(a'_i \mid s'_i)[Q_i^t(s'_i, a'_i) - Q_i^*(s'_i, a'_i)] \right|$

(4.40)

当 $t \to \infty$ 时，$Q_i^t(s'_i, a'_i) \to Q_i^*(s'_i, o'_i)$，因此，当 $t \to \infty$ 时，从式(4.39)与式(4.40)可得 $r \mid [\Omega \hat{Q}_t^*(G') - \Omega \hat{Q}^*(G')] \mid = 0$。

由此，引理成立。

引理 4.9 若 $\mid \Omega \widetilde{Q}_{t-k}(G, K) - \Omega \widetilde{Q}^*(G, K) \mid = \Delta \widetilde{Q}_{t-k}(G, K)$，那么有

$$(1-\alpha) \mid [\Omega \widetilde{Q}_{t-k}(G, K) - \Omega \widetilde{Q}^*(G, K)] \mid = (1-\alpha)^k \Delta \widetilde{Q}_{t-k}(G, K)$$

式中：$\alpha \in [0, 1)$；$k \in R^+$；t 为学习轮次。

证明：

根据式(4.21)

$(1-\alpha) \mid [\Omega \widetilde{Q}_{t-1}(G, K) - \Omega \widetilde{Q}^*(G, K)] \mid$

$= (1-\alpha) \mid [(1-\alpha)\Omega \widetilde{Q}_{t-2}(G, K) + \alpha[R_{t-2}(G, K) + \gamma \cdot \Omega \hat{Q}_{t-2}^*(G')]]$

$\quad - [(1-\alpha)\Omega \widetilde{Q}^*(G, K) + \alpha[R^*(G, K) + \gamma \cdot \Omega \hat{Q}^*(G')]] \mid$

$= (1-\alpha) \mid (1-\alpha)[\Omega \widetilde{Q}_{t-2}^*(G, K) - \Omega \widetilde{Q}^*(G, K)]$

$\quad + \alpha[R_{t-2}(G, K) - R^*(G, K)] + \gamma[\Omega \hat{Q}_{t-2}^*(G') - \gamma \cdot \Omega \hat{Q}^*(G')] \mid$

$\leqslant (1-\alpha) \mid (1-\alpha)[\Omega \widetilde{Q}_{t-2}(G, K) - \Omega \widetilde{Q}^*(G, K)]$

$\quad + \alpha[R_{t-2}(G, K) - R^*(G, K)] \mid + (1-\alpha) \mid \gamma [\Omega \hat{Q}_{t-2}^*(G')$

$\quad - \gamma \cdot \Omega \hat{Q}^*(G')] \mid [\because \mid a+b \mid \leqslant \mid a \mid + \mid b \mid]$

$\leq (1-\alpha) | (1-\alpha) [\Omega \widetilde{Q}_{t-2}(G,K) - \Omega \widetilde{Q}^*(G,K)] |$

$+ (1-\alpha) | \alpha [R_{t-2}(G,K) - R^*(G,K)] |$

$+ (1-\alpha) | \gamma [\Omega \hat{Q}_{t-2}^*(G') - \gamma \cdot \Omega \hat{Q}^*(G')] | [\because |a+b| \leq |a| + |b|]$

$= (1-\alpha)^2 | [\Omega \widetilde{Q}_{t-2}(G,K) - \Omega \widetilde{Q}^*(G,K)] |$

$+ (1-\alpha)\alpha | [R_{t-2}(G,K) - R^*(G,K)] |$

$+ (1-\alpha)\gamma | [\Omega \hat{Q}_{t-2}^*(G') - \gamma \cdot \Omega \hat{Q}^*(G')] |$

$= (1-\alpha)^2 | [\Omega \widetilde{Q}_{t-2}(G,K) - \Omega \widetilde{Q}^*(G,K)] |$

$+ (1-\alpha)\gamma | [\Omega \hat{Q}_{t-2}^*(G') - \gamma \cdot \Omega \hat{Q}^*(G')] |$

[根据引理4.7]

$= (1-\alpha)^2 | \Omega \widetilde{Q}_{t-2}(G,K) - \Omega \widetilde{Q}^*(G,K) |$ [根据引理4.8且$t \to \infty$]

$= (1-\alpha)^2 | \Omega \widetilde{Q}_{t-k}(G,K) - \Omega \widetilde{Q}^*(G,K) |$

[反复代入式(4.21)$k \in R^+$]

$= (1-\alpha)^k \Delta \widetilde{Q}_{t-k}(G,K)$

由此引理成立。

❖**定理 4.5** 基于算法 I 的 ΩQ 学习在 $t \to \infty$ 时收敛到 $[\Omega \overline{Q}(G,K) \to \Omega \overline{Q}^*(G,K)]$。

证明：

根据式(4.10)

$$| \Omega \overline{Q}_t(G,K) - \Omega \overline{Q}^*(G,K) | = | \Phi[Q_i^t(s_i,a_i) + d_i^t(G,K)] - \Phi[Q_i^*(s_i,a_i) + d_i^*(G,K)] | \quad (4.41)$$

存在两种情况：

第一种情况：$\Phi \in \left\{ \underset{i=1}{\overset{m}{\text{Min}}}, \prod_{i=1}^{m} \right\}$，式(4.41)变为

$| \Omega \overline{Q}(G,K) - \Omega \overline{Q}(G,K) |$ [根据引理4.1且$\gamma = 1$]

$\leq | \Phi[Q_i^t(s_i,a_i) + d_i^t(G,K) - Q_i^*(s_i,a_i) - d_i^*(G,K)] |$

$= | \Phi[Q_i^t(s_i,a_i) - Q_i^*(s_i,a_i)] + [d_i^t(G,K) - d_i^*(G,K)] |$

$= | \Phi[Q_i^t(s_i,a_i) - Q_i^*(s_i,a_i)] |$

[任意智能体 i 在给定(G,K)时 $d_i(G,K)$ 为常量]

$= | \Phi[\Delta Q_i^t(s_i,a_i)] | \quad (4.42)$

这里，$\Delta Q_i^t(s_i,a_i)$ 是智能体 i 第 t 次迭代 Q 值的误差。

第二种情况：$\Phi \in \left\{ \underset{i=1}{\overset{m}{\text{Max}}}, \sum_{i=1}^{m} \right\}$，式(4.41)变为

$|\Omega\overline{Q}(G,K) - \Omega\overline{Q}^*(G,K)|$ [根据引理4.2且$\gamma=1$]

$\leqslant |\Phi[Q_i^t(s_i,a_i)] + \Phi[d_i^t(G,K)] - \Phi[Q_i^*(s_i,a_i)] - \Phi[d_i^*(G,K)]|$

$= |\Phi[Q_i^t(s_i,a_i)] - \Phi[Q_i^*(s_i,a_i)] + \Phi[d_i^t(G,K)] - \Phi[d_i^*(G,K)]|$

$\leqslant |\Phi[Q_i^t(s_i,a_i)] - \Phi[Q_i^*(s_i,a_i)]| + |\Phi[d_i^t(G,K)]$

$-\Phi[d_i^*(G,K)]|$ [$\because |a+b| \leqslant |a| + |b|$]

$\leqslant \Phi|[Q_i^t(s_i,a_i) - Q_i^*(s_i,a_i)]| + \Phi|[d_i^t(G,K) - d_i^*(G,K)]|$

[$\because |\Phi[a_i] - \Phi[b_i]| \leqslant \Phi|[a_i + b_i]| = \Phi|[Q_i^t(s_i,a_i) - Q_i^*(s_i,a_i)]|$]

[任意智能体i在给定(G,K)时$d_i(G,K)$为常量]

$= |\Phi[\Delta Q_i^t(s_i,a_i)]|$ (4.43)

根据文献[17]，当学习轮次$t \to \infty$时，$\Delta Q_i^t(s_i,a_i) \to 0$。因此，当$t \to \infty$时基于算法Ⅰ的$\Omega Q$学习收敛到$[\Omega\overline{Q}_t(G,K) \to \Omega\overline{Q}^*(G,K)]$。

❖**定理4.6** 基于算法Ⅱ的ΩQ学习在$t \to \infty$时收敛到$[\Omega\widetilde{Q}(G,K) \to \Omega\widetilde{Q}^*(G,K)]$。

证明：

根据式(4.21)，

$|[\Omega\widetilde{Q}(G,K)] - [\Omega\widetilde{Q}^*(G,K)]|$

$= |[(1-\alpha)\Omega\widetilde{Q}_{t-1}(G,K) + \alpha[R_t(G,K) + \gamma \cdot \Omega\hat{Q}_t^*(G')]]$

$- [(1-\alpha)\Omega\widetilde{Q}(G,K) + \alpha[R^*(G,K) + \gamma \cdot \Omega\hat{Q}^*(G')]]|$

$= |(1-\alpha)[\Omega\widetilde{Q}_{t-1}(G,K) - \Omega\widetilde{Q}(G,K)]$

$+ \alpha[R_t(G,K) - R^*(G,K)] + \gamma[\Omega\hat{Q}_t^*(G') - \Omega\hat{Q}^*(G')]|$

$\leqslant |(1-\alpha)[\Omega\widetilde{Q}_{t-1}(G,K) - \Omega\widetilde{Q}(G,K)]$

$+ \alpha[R_t(G,K) - R^*(G,K)]| + |\gamma[\Omega\hat{Q}_t^*(G') - \Omega\hat{Q}^*(G')]|$

[$\because |a+b| \leqslant |a| + |b|$]

$\leqslant |(1-\alpha)[\Omega\widetilde{Q}_{t-1}(G,K) - \Omega\widetilde{Q}(G,K)]|$

$+ |\alpha[R_t(G,K) - R^*(G,K)]| + |\gamma[\Omega\hat{Q}_t^*(G') - \Omega\hat{Q}^*(G')]|$

[$\because |a+b| \leqslant |a| + |b|$]

$= (1-\alpha)|[\Omega\widetilde{Q}_{t-1}(G,K) - \Omega\widetilde{Q}^*(G,K)]| + \alpha|[R_t(G,K) - R^*(G,K)]|$

$+ \gamma|[\Omega\hat{Q}(G') - \Omega\hat{Q}(G')]|$

$= (1-\alpha)^k \Delta\widetilde{Q}_{t-k}(G,K)$ [根据引理4.7～引理4.9] (4.44)

现在,因为 $a \in [0,1]$,当 $k \to \infty$ 时 $(1-\alpha)^k \Delta \widetilde{Q}_{t-k}(G,K) \to 0$,其中 k 为哑变量,代表学习轮次。因此,基于算法Ⅱ的 ΩQ 学习在 $t \to \infty$ 时收敛到 $[\Omega \widetilde{Q}(G,K) \to \Omega \widetilde{Q}^*(G,K)]$。

4.3.8 多智能体规划

多智能体学习后进行多智能体运动规划。在基于相关的 Q 规划算法(CQIP)[22,46]中,m 个智能体根据 m 个联合 Q 表计算 CE 进行规划以实现联合目标。在多智能体规划算法中,选择能够最大化 Q 值(期望)的联合动作。本章提出两种多智能体规划算法,第一种为 Ω 多智能体规划(ΩMP),在算法 4.3 给出,这种方法在学习阶段已经考虑了约束(通过 CΩQL-Ⅰ/CΩQL-Ⅱ),在规划时不需要再考虑约束。但是若算法在学习阶段没有考虑约束(如杆长和三角结构)(如算法 ΩQL-Ⅰ/ΩQL-Ⅱ),那么就须在规划阶段满足约束。考虑约束的 ΩMP 算法(CΩMP)在规划阶段考虑约束,实现流程在算法 4.4 给出。

算法 4.3　Ω 多智能体规划(ΩMP)
输入:可行联合状态 G_F;目标状态 G_L;
对于算法Ⅰ,$\Omega \overline{Q}^*(G_F,K_F)$;对于算法Ⅱ,$\Omega \widetilde{Q}^*(G_F,K_F)$;
输出:在 G_F 的最优可行联合动作(或 CE)K_F^*;
开始
While $G_F \neq G_L$ do begin
For $K_F \in \{K_F^*\}$
If $\Omega \overline{Q}^*(G_F,K_F^*) \geq \Omega \overline{Q}^*(G_F,K_F)$　//对于算法Ⅰ
$\Omega \widetilde{Q}^*(G_F,K_F^*) \geq \Omega \widetilde{Q}^*(G_F,K_F)$　//对于算法Ⅱ
Then $K_F^* \leftarrow K_F$,$G_F \leftarrow G_F'$;//G_F' 为下一联合状态
End if;
End for;
End While;
结束

算法 4.4　带约束 Ω 多智能体规划(CΩMP)
输入:可行联合状态 G_F;目标状态 G_L;
对于算法Ⅰ,$\Omega \overline{Q}^*(G_F,K_F)$;对于算法Ⅱ,$\Omega \widetilde{Q}^*(G_F,K_F)$;

```
输出：$G_F$ 的最优可行联合动作(或 CE)$K_F^*$；
开始
    While $G_F \neq G_L$ do begin
        For $K_F \in \{K_F^*\}$
            If $\Omega\overline{Q}^*(G_F, K_F^*) \geq \Omega\overline{Q}^*(G_F, K_F)$  //对于算法 I
               $\Omega\widetilde{Q}^*(G_F, K_F^*) \geq \Omega\widetilde{Q}^*(G_F, K_F)$  //对于算法 II
               下一联合状态 $G_F'$ 满足约束；
            Then $K_F^* \leftarrow K_F, G_F \leftarrow G_F'$； //$G_F'$ 为下一联合状态
            End if；
        End for；
    End While；
结束
```

将搬运杆的两个智能体(机器人)之间的距离作为中间状态。由于杆处于中间状态，需要检查下一中间状态的区域是否存在障碍。为解决这一问题，智能体需检查下一中间状态的联合 Q 值是否非零(Q 值初始化为零)。非零的 Q 值意味着下一联合状态不存在障碍。

4.4 复杂度分析

本节评估提出的学习和规划算法在确定性问题中的空间和时间复杂度，当 $\Omega \in \{EE, RE\}$ 时，将提出算法与 CQL 和 CQIP 算法进行对比。当 $\Omega \in \{UE, LE\}$ 时，算法的时间复杂度如附录 4.A 所示，由于算法的空间复杂度不随 Ω 变化，因此这里没有给出证明。提出算法和现有算法在 $\Omega \in \{UE, EE, RE, LE\}$ 的运行复杂度在 4.5 节中给出。为简化问题，我们假设

$$|S_1| = |S_2| = \cdots = |S_m| = |S| \qquad (4.45)$$
$$|A_1| = |A_2| = \cdots = |A_m| = |A| \qquad (4.46)$$

联合状态集合的基数(元素的个数)为

$$|\{G\}| = |s_1 \times s_2 \times \cdots \times s_m|$$
$$= |S_1||S_2|\cdots|S_m|$$
$$= |S|^m \quad [\text{根据式}(4.45)]$$

联合动作集合的基数为

第4章 合作Q学习多智能体规划中相关均衡的高效计算方法

$$|\{K\}| = |A_1 \times A_2 \times \cdots \times A_m|$$
$$= |A_1| \cdot |A_2| \cdots |A_m|$$
$$= |A|^m \quad [根据式(4.46)]$$

记 t_{CQIP} 和 $t_{C\Omega MP}$ 分别为规划阶段采用 CQIP 和 CΩMP 算法时一个轮次所需的计算步数。在 CQIP 算法中，要求 m 个联合 Q 表均满足任务约束；而在 CΩMP 算法中，要求一个联合 Q 表满足约束，因此 $t_{CQIP} > t_{C\Omega MP}$。记 $t_{C\Omega QL-I}$ 和 $t_{C\Omega QL-II}$ 分别为采用算法 CΩQL-Ⅰ和 CΩQL-Ⅱ时，为满足约束一个轮次所需的迭代计算步数。下面将 CQL、CQIP 算法与提出的 ΩQL、CΩQL 及基于 Ω 均衡的规划算法(ΩMP 和 CΩMP)进行对比。

4.4.1 CQL 算法复杂度

本节详细分析了 CQL 算法的复杂度。

1. 空间复杂度

学习

在 CQL 算法中，智能体在联合状态–动作空间中保留自己的 Q 表。因此，一个联合 Q 表需要的空间为 $|S|^m \cdot |A|^m$。假设智能体间没有通信，那么在学习阶段，每个智能体需要观察其他智能体的状态、动作和奖励，保存所有智能体的联合 Q 表。因此 CQL 算法中，一个智能体的空间复杂度(SC)为

$$SC_{CQL} = m \cdot |S|^m \cdot |A|^m = O(m \cdot |S|^m \cdot |A|^m) \tag{4.47}$$

规划

在 CQIP 阶段，智能体所需的 Q 表与学习阶段一致，因此 CQIP 的空间复杂度(SC)为

$$SC_{CQIP} = m \cdot |S|^m \cdot |A|^m = O(m \cdot |S|^m \cdot |A|^m) \tag{4.48}$$

2. 时间复杂度

学习

对于 $\Omega \in \{EE, RE\}$，CQL 算法在学习阶段，一个智能体需找到所有联合动作的 CE。因此 CQL 算法中一轮学习的时间复杂度(TC)为

$$TC_{CQL} = (m-1)|A|^m + (|A|^m - 1) = O(m|A|^m) \tag{4.49}$$

规划

对于 $\Omega \in \{E, R\}$，CQIP 算法除了计算 CE 还需满足任务约束。因此 CQIP 的时间复杂度(TC)为

$$TC_{CQIP} = (m-1)|A|^m + (|A|^m - 1) + t_{CQIP} > O(m|A|^m) \quad (4.50)$$

4.4.2 算法复杂度分析

本节将对提出的学习及规划算法的复杂度进行分析。

1. 空间复杂度

学习

在 ΩQL 算法中，一个智能体在个体状态 – 动作空间中保存 m 个智能体的 Q 表和一个联合 Q 表，因此，学习阶段 ΩQL 的空间复杂度(SC)为

$$SC_{\Omega QL} = m \cdot |S||A| + |S|^m \cdot |A|^m > O(|S|^m \cdot |A|^m) \quad (4.51)$$

规划

在规划阶段，CΩMP 中，智能体只需要一个联合 Q 表。因此 CΩMP 的空间复杂度(SC)为

$$SC_{C\Omega MP} = |S|^m \cdot |A|^m = O(|S|^m \cdot |A|^m) \quad (4.52)$$

2. 时间复杂度

学习

对于 ΩQL 算法，当 $\Omega \in \{EE, RE\}$ 时，定义 TC 为一轮学习中更新一个联合状态 – 动作对 Q 值所需的比较次数。在 ΩQL - Ⅰ 算法和 CΩQL - Ⅰ 算法中，学习阶段一个智能体需要评估 m 次个体 Q 值，该过程需要进行 $m(|A|-1)$ 次比较；计算 m 次个体 Q 值及 $d_i(G, K)$ 之和的 $\Phi \in \{\text{Min}_{i=1}^m, \text{Max}_{i=1}^m\}$，该过程需要 $(m-1)$ 次比较。因此，在学习阶段，ΩQL - Ⅰ 算法及 CΩQL - Ⅰ（满足任务约束）的时间复杂度 TC 分别为

$$TC_{\Omega QL-I} = m \cdot (|A|-1) + (m-1) \approx O(m \cdot |A|) \quad (4.53)$$

和

$$TC_{C\Omega QL-I} = m \cdot (|A|-1) + (m-1) + t_{C\Omega QL-I} > O(m \cdot |A|) \quad (4.54)$$

对于 ΩQL - Ⅱ 算法和 CΩQL - Ⅱ 算法，在学习阶段，每个智能体都需要找到 ΩIR 和 $\Omega \hat{Q}^*$，这一过程每个智能体需要 $2(m-1)$ 次比较。除此之外，智能体需要更新 m 次个体 Q 值，这一过程需要 $m \cdot (|A|-1)$ 次比较。因此，在学习阶段，ΩQL - Ⅰ 算法及 CΩQL - Ⅰ 算法（满足任务约束）的时间复杂度 TC 分别如式(4.55)和式(4.56)所示。

$$TC_{\Omega QL-II} = m \cdot (|A|-1) + 2(m-1) \approx O(m \cdot |A|) \quad (4.55)$$

$$TC_{C\Omega QL-II} = m \cdot (|A|-1) + 2(m-1) + t_{C\Omega QL-II} > O(m \cdot |A|) \quad (4.56)$$

规划

在规划阶段，智能体需要评估在给定联合状态，最大化联合 Q 值对应的最优联合动作（CE）。因此，ΩMP 和 CΩMP（满足任务约束）的时间复杂度 TC 为

$$\mathrm{TC}_{\Omega\mathrm{MP}} = (|A|^m - 1) = O(|A|^m) \tag{4.57}$$

$$\mathrm{TC}_{\mathrm{C\Omega MP}} = (|A|^m - 1) + t_{\mathrm{C\Omega MP}} > O(|A|^m) \tag{4.58}$$

杆和三角形运输问题的空间复杂度分析

CΩQL 算法的空间复杂度 SC（$\mathrm{SC}_{\mathrm{C\Omega QL}}$）和 ΩMP 算法的空间复杂度 SC（$\mathrm{SC}_{\Omega\mathrm{MP}}$）取决于待求解的问题。杆和三角形运输问题的描述如下：在一个网格地图中通常存在三种网格，分别为角网格（c）、边网格（w）和其他网格（oc）。从图 4.1 可以看到，在一个 $n \times n$ 的网格地图中，角网格的数量（C_c）、边网格的数量（C_w）和其他网格的数量（C_{oc}）分别是 4、4(n−1) 和 $(n-2)^2$。分析图 4.2 可知，在一个包含两个智能体的系统中（$m=2$），一个智能体在 c、w 和 oc 分别有 3、5 和 8 个可行的联合状态。因此，记 F_k 为在 $n \times n$ 的网格地图中从状态 k 开始的可行联合状态数目，CΩQL 算法总的可行联合状态数量为

$$m \times \sum_{k \in \{c,w,oc\}} C_k \times F_k = 2[4 \times 3 + 4(n-2) \times 5 + (n-2)^2 \times 8] \tag{4.59}$$

简化后有

$$m \times \sum_{k \in \{c,w,oc\}} C_k \times F_k = 16n^2 - 24n + 8, 即 O(n^2) \tag{4.60}$$

角网格	边网格	角网格
边网格	其他网格	边网格
角网格	边网格	角网格

图 4.1 角网格、边网格和其他网格

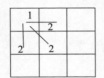 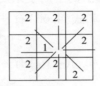

图 4.2 智能体携杆问题的可行联合状态

在 ΩQL 算法中,对于 $m=2$ 有

$$(n \times n)^m = (n \times n)^2 = (n)^4, 即 O(n^4) \tag{4.61}$$

相似的,三角形搬运问题中 $m=3$,CΩQL 算法的空间复杂度为

$$m \times \sum_{k \in \{c,w,oc\}} C_k \times F_k = 24n^2 - 48n + 24, 即 O(n^2) \tag{4.62}$$

在 ΩQL 算法中,对于 $m=3$ 的空间复杂度为

$$(n \times n)^m = (n \times n)^3 = (n)^6, 即 O(n^6) \tag{4.63}$$

由式(4.60)~式(4.63)可以总结出

$$SC_{\Omega QL} > SC_{C\Omega QL} \tag{4.64}$$

由于在规划中仅使用学习到的联合状态-动作,因此

$$SC_{C\Omega MP} > SC_{\Omega MP} \tag{4.65}$$

4.4.3 复杂度比较

CQL 算法和提出算法的复杂度比较如下。

1. 空间复杂度

由式(4.47)~式(4.51)有

$$\begin{aligned}\frac{SC_{\Omega QL}}{SC_{CQL}} &= \frac{m \cdot |S| \cdot |A| + |S|^m \cdot |A|^m}{m \cdot |S|^m \cdot |A|^m} \\ &= \frac{|S| \cdot |A|}{|S|^m \cdot |A|^m} + \frac{1}{m} \\ &\approx \frac{1}{|S|^{m-1} \cdot |A|^{m-1}} \quad [近似得到] \\ &< 1\end{aligned} \tag{4.66}$$

由式(4.48)~式(4.52)有

$$\frac{SC_{C\Omega MP}}{SC_{CQIP}} = \frac{|S|^m \cdot |A|^m}{m \cdot |S|^m \cdot |A|^m} = \frac{1}{m} \tag{4.67}$$

因此,CΩMP 算法的空间复杂度 SC 为 CQIP 算法空间复杂度 SC 的 $1/m$。

根据式(4.46)和式(4.66)有

$$SC_{CQL} > SC_{\Omega QL} > SC_{C\Omega QL} \tag{4.68}$$

根据式(4.65)和式(4.67)有

$$SC_{CQIP} > SC_{C\Omega MP} > SC_{\Omega MP} \tag{4.69}$$

2. 时间复杂度

根据式(4.49)~式(4.54)有

$$\frac{TC_{C\Omega QL-I}}{TC_{CQL}} = \frac{m \cdot (|A|-1) + (m-1) + t_{C\Omega QL-I}}{(m-1)|A|^m + (|A|^m - 1)}$$

$$\approx \frac{1}{|A|^{m-1}} \quad [近似得到] \tag{4.70}$$

$$< 1$$

根据式(4.53)、式(4.54)和式(4.70)有

$$TC_{CQL} > TC_{C\Omega QL-I} > TC_{\Omega QL-I} \tag{4.71}$$

根据式(4.49)~式(4.56)有

$$\frac{TC_{C\Omega QL-II}}{TC_{CQL}} = \frac{m \cdot (|A|-1) + 2(m-1) + t_{C\Omega QL-II}}{(m-1)|A|^m + (|A|^m - 1)}$$

$$\approx \frac{1}{|A|^{m-1}} \quad [近似得到] \tag{4.72}$$

$$< 1$$

根据式(4.55)、式(4.56)和式(4.72)有

$$TC_{CQL} > TC_{C\Omega QL-I} > TC_{\Omega QL-I} \tag{4.73}$$

根据式(4.50)和式(4.58)有

$$\frac{TC_{C\Omega MP}}{TC_{CQIP}} = \frac{(|A|^m - 1) + t_{C\Omega MP}}{(m-1)|A|^m + (|A|^m - 1) + t_{CQIP}} (t_{C\Omega MP} < t_{CQIP})$$

$$\approx \frac{1}{m} \quad [近似得到] \tag{4.74}$$

根据式(4.57),式(4.58)和式(4.74)有

$$TC_{CQIP} > TC_{C\Omega MP} > TC_{\Omega MP} \tag{4.75}$$

4.5 仿真及实验结果

针对多智能体协同问题开展三个实验:在实验4.1中,分析了现有算法和本章提出算法的复杂度。在实验4.2中(Ω = RE),任意一智能体的成功即代表团队的成功。在实验4.3中(Ω = EE),所有智能体同时成功才能代表团队成功。实验4.1采用物体搬运问题(杆和三角物体搬运)对多机器人智能体智能体学习阶段的合作进行了实验。携杆(三角)问题[43]是在给定的工作空间中,两个(三个)智能体携物体端点将杆(三角)从给定位置搬运到目的地。在实验4.2中,两个智能体合作将一个物体(箱子)从初始位置搬运到目的地。智能体

间合作移动箱子完成目标。在实验4.3中,两/三个智能体将杆/三角从初始位置搬运到目的地。通过在上述实验的工作空间中加入障碍来增加问题的复杂度。我们进行了三个实验来研究提出算法的效果,并将其与基于均衡的算法MAQL(NQL,FQL和CQL)进行比较。评价学习阶段表现的标准包括一轮学习中联合状态-动作对中Q值收敛的数量(或比例)和每轮学习的时间复杂度,评价规划阶段表现的标准为完成规划所需的运行时间。

4.5.1 实验平台

采用电脑仿真(杆、三角形和箱子搬运问题)和硬件测试(杆和箱子搬运问题)对比现有算法和提出算法的表现。

1. 电脑仿真

采用 MATLAB GUI(图像界面)R2015a 进行仿真,电脑配置为 i7-3370 笔记本,主频3.40GHz。电脑仿真中采用的网格大小固定为 20×20 像素,仿真中的总测试网格为 5×5 和 9×9 大小。

本章的学习过程在仿真模拟的真实环境或随机生成环境中进行,一方面可以避免对真实智能体造成破坏。另一方面,仿真中的规划较为直接,在当前联合状态,每个智能体采用联合状态-动作空间中相同的Q表评估CE,在动作方向移动固定距离到达下一状态。对于存在多个均衡点情况,智能体选择最先出现的CE。

2. 硬件

硬件测试采用 Khepera-Ⅱ 移动机器人[48-49],该机器人智能体安装机载微处理器(Motorola 68331),512kB 闪存,主频 25MHz。拥有 8 个内置的半导体(GaAs)型红外距传感器[50]。除此之外,在马达的两个轴采用增量编码器测量机器人位置和速度[48-49],测试速度为 2 和 5 单位(1 单位 = 0.08mm/10ms)。将两个机器人通过串口连接到两个不同的主频为 2GHz 的 Pentium Ⅳ 笔记本电脑上进行杆搬运实验。

如前所述,为避免损伤真实智能体,只在仿真平台进行学习,在真实环境中进行规划。在规划阶段,对于 CΩMP、ΩMP 算法,采用提出的基于 Ω 均衡的联合 Q 表确定下一位置;对于 CQIP 算法,采用基于相关 Q 的联合 Q 表确定下一位置,这些信息存储在两台 Pentium IV 电脑中。由于两个 Pentium IV 电脑(或智能体)中存储的联合 Q 表是相同的,因此在协同过程中(如计算 CE)机器人智能体不需要与其他机器人智能体或电脑进行数据交换。在实现中,机器人采用增量编码器测量在行动方向移动的距离来感知状态的变化(下一状态)。硬件测试中每个网格尺寸为80mm×80mm。硬件测试的总场地为9×9个单位网格(720mm×720mm)。

在电脑仿真和硬件测试中,每个机器人智能体从两个动作集中选取一组动作进行合作。第一组包括5个动作:左移(L)、前进(F)、右移(R)、后退(B)和暂停(P)。第二组包括8个动作,左移(L)、左前移(LF)、前进(F)、前后移(FB)、右移(R)、右后移(RB)、后退(B)和暂停(P)。

4.5.2 实验方法

学习和规划阶段的实验开展如下。

1. 学习阶段

我们假设,任务中的机器人智能体可以观测到其他智能体的状态、动作和奖励,即环境可以被视为一个多智能体马尔可夫决策过程(MMDP)[3]。在上述假设下,智能体间不需要信息交互。学习阶段$\Omega QL-I$、$C\Omega QL-I$、$\Omega QL-II$、$C\Omega QL-II$、NQL、FQL和CQL算法的参数设置为:折扣因子$\gamma=0.90$,学习速率$\alpha=0.2$,最大即时奖励$=100$。对于NQL、FQL和CQL算法,在实验4.1~实验4.3中,当智能体碰到障碍、边界或相互碰撞时,智能体获得的奖励为-1(惩罚)。在算法$\Omega QL-I$、$C\Omega QL-I$、$\Omega QL-II$、$C\Omega QL-II$中,当智能体与障碍或边界相撞时,也会由于惩罚得到相同的负值奖励(-1)。其中,在$\Omega QL-I$和$\Omega QL-II$中,智能体间的碰撞会造成-1的惩罚;在$C\Omega QL-I$和$C\Omega QL-II$中智能体间的碰撞及杆(或三角形)与障碍的碰撞会造成-1的惩罚,但智能体个体不会由于智能体间的碰撞受到惩罚。在仿真中,系统的联合状态转换概率为随机生成的常数,假设工作区域湿滑且满足马尔可夫矩阵的性质,即每一个状态的所有状态转换概率之和为1,工作区域湿滑引入了不确定因素。在硬件层面,实验仅在确定性的环境中进行。为评估NQL、FQL、$\Omega QL-I$、$C\Omega QL-I$、$\Omega QL-II$和$C\Omega QL-II$算法的收敛性,将每轮学习后Q值收敛的联合状态-动作对的数量(百分比)(N_{alog}, algo $\in$ {NQL, FQL, CQL, $\Omega QL-I$, $C\Omega QL-I$, $\Omega QL-II$, $C\Omega QL-II$})存储在一个数组中,以学习轮数为横坐标作图,这些图在实验4.1后进行展示。对于CQL,计算了四种CQL变种的平均N_{alog}。

2. 规划阶段

为研究规划阶段的总运行时间(实验4.2和实验4.3),在MATLAB GUI中,采用"运行&时间"按钮评估ΩMP、$C\Omega MP$和CQIP的运行复杂度。采用秒表评估Khepera-II机器人进行硬件测试时的运行复杂度。记T_{alog}为algo $\in$ {CQIP, $C\Omega MP$, ΩMP}的运行复杂度。对于存在多个解(多个联合动作或多个均衡)的问题,所有智能体采取第一个出现的解。记 S_i 为智能体 R_i 的开始位置,G_i 为该智能体的目标位置,其中 $i \in \{1,2,3\}$。电脑仿真后采用 Khepera-II 机器人进行实时规划。

4.5.3 实验结果

实验 4.1~实验 4.3 的详细结果如下。

实验 4.1 本章学习算法的表现

本实验的目的是检测 $\Omega QL-I$ 和 $C\Omega QL-I$ 算法(图 4.3(a)、图 4.4(a)、图 4.5(a))以及 $\Omega QL-II$ 和 $C\Omega QL-II$ 算法(图 4.3(b)、图 4.4(b)、图 4.5(b))以及在二/三智能体系统中的收敛性。在图 4.3~图 4.5 中,所有算法分别在一个无障碍的 5×5 网格地图中独立运行 20 次,计算 20 次运行的平均值。从图 4.3 易见,对于两种算法都有 $N_{CQL} > N_{\Omega QL} > N_{C\Omega QL}$,$\Omega \in \{EE, UE, RE, LE\}$。这与式(4.68)和式(4.69)一致。从图 4.3 也可看到,$N_{\Omega QL-I} \approx N_{\Omega QL-II}$,$N_{C\Omega QL-I} \approx N_{C\Omega QL-II}$,$N_{NQL} \approx N_{FQL} \approx N_{CQL}$。进一步,在相同情况下,NQL 收敛所需的学习步数比 ΩQL 多,ΩQL 所需的步数比 $C\Omega QL$ 多。这与式(4.73)式(4.75)一致。因此,从图 4.3 易见,就收敛性而言,$C\Omega QL$ 算法优于 NQL、FQL、CQL 和 ΩQL 算法。在图 4.3(a)中,由于需要检查约束满足情况(杆搬运问题中的杆长),$C\Omega QL$ 算法的结果收敛曲线中存在振荡。表 4.1 给出了收敛的联合状态-动作对的比例,其中表中"X"表示不考虑。显然表 4.1 的结果与式(4.68)、式(4.69)、式(4.73)和式(4.75)一致。从图 4.4 和图 4.5 中也可以得到相似的结论。

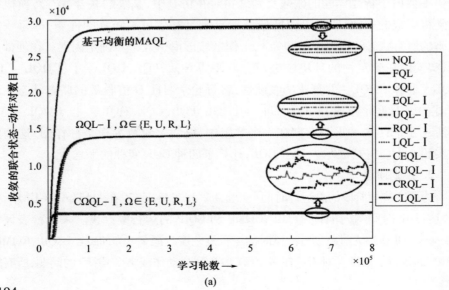

(a)

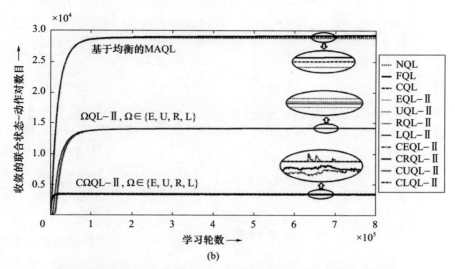

图 4.3 双智能体五动作问题中 ΩQL 算法、CΩQL 算法、NQL 算法、FQL 算法、CQL 算法收敛性对比，$\Omega \in \{UE, EE, RE, LE\}$（见彩图）
（a）算法 I；（b）算法 II。

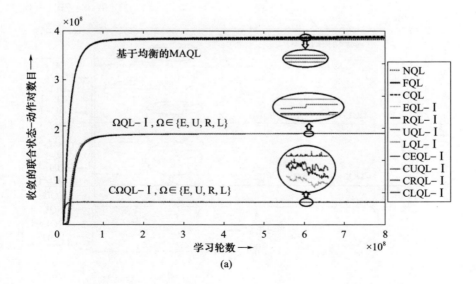

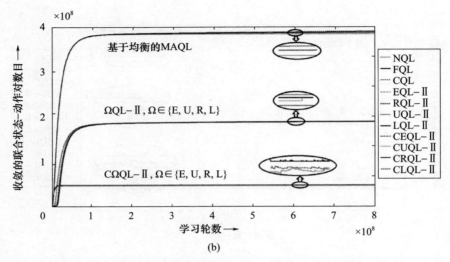

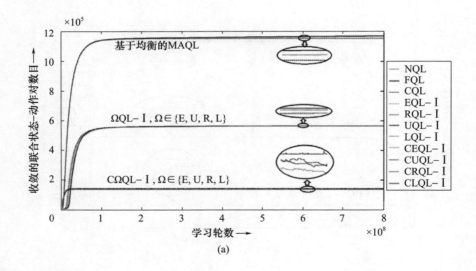

图 4.4　三智能体五动作问题中 ΩQL 算法、CΩQL 算法、NQL 算法、FQL 算法、CQL 算法收敛性对比，$\Omega \in \{UE, EE, RE, LE\}$（见彩图）

(a) 算法 I；(b) 算法 II。

第4章 合作Q学习多智能体规划中相关均衡的高效计算方法

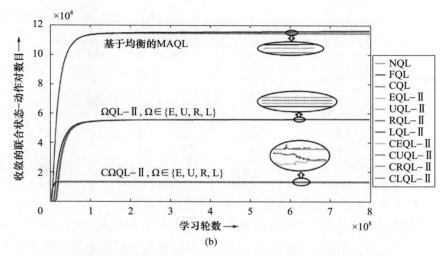

图4.5 双智能体八动作问题中 ΩQL算法、CΩQL算法、NQL算法、FQL算法、CQL算法收敛性对比，$\Omega \in \{UE, EE, RE, LE\}$（见彩图）
（a）算法Ⅰ；（b）算法Ⅱ。

表4.1 不同学习算法在 1×10^5 学习轮次中收敛的状态–动作对百分比

算法	无约束/%	约束/%	算法	无约束/%	约束/%
EQL–Ⅰ	99.76	100	LQL–Ⅱ	99.96	100%
UQL–Ⅰ	99.57	100	EQL	89.76	X
RQL–Ⅰ	99.46	100	UQL	90.75	X
LQL–Ⅰ	99.78	100	RQL	90.17	X
EQL–Ⅱ	99.96	100	LQL	89.98	X
UQL–Ⅱ	99.84	100	NQL	89.67	X
RQL–Ⅱ	99.84	100	FQL	90.61	X

表4.2证明了提出方法相对于基于均衡的MAQL算法在双智能体问题一轮学习中运行复杂度方面的优越性。

表4.2 不同学习算法的平均运行复杂度/秒

算法	无约束	约束	算法	无约束	约束
EQL–Ⅰ	0.008	0.014	LQL–Ⅱ	1.011	1.017

续表

算法	无约束	约束	算法	无约束	约束
UQL - Ⅰ	0.019	0.023	EQL	12.019	X
RQL - Ⅰ	0.008	0.015	UQL	22.018	X
LQL - Ⅰ	1.008	1.015	RQL	12.020	X
EQL - Ⅱ	0.010	0.016	LQL	32.801	X
UQL - Ⅱ	0.021	0.025	NQL	14.201	X
RQL - Ⅱ	0.012	0.016	FQL	16.206	X

实验 4.2　算法 I 在目标(箱子)搬运问题中的应用

该实验的目的是用两个智能体将箱子从初始位置搬运到目标位置,实验平台和实验方法与实验 4.1 相同,Ω = RE。规划路径的仿真和实验结果如图 4.6 和图 4.7 所示。在地图 4.1(图 4.6 和图 4.7)中,存在 7 个障碍和两个智能体(机器人)。每个智能体有一个抓手可以将箱子从一个地方搬运到另一个地方。若两个或多个机器人智能体相遇,那么它们会遵照基于市场规则(market-based)的多智能体协同原则[51]移动箱子(如图 4.6 中的粗箭头和图 4.7 中的圆圈)。在图 4.7 中,两个 Khepear - Ⅱ 机器人实时进行箱子搬运。在实际中,只有机器人智能体 2(R2)用抓手搬运箱子(图 4.7),而机器人智能体 1(R1)将箱子放在顶部。

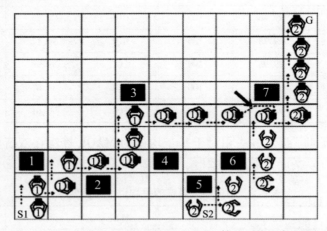

图 4.6　在地图 4.1 中采用 CQIP、CΩMP 和 ΩMP 算法对搬运箱问题进行规划

第4章 合作Q学习多智能体规划中相关均衡的高效计算方法

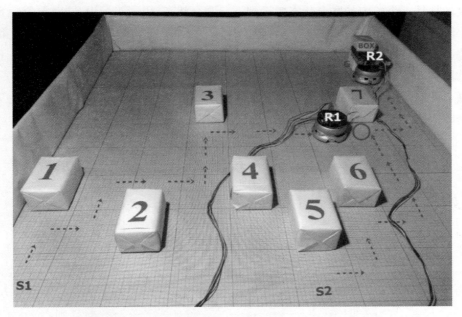

图 4.7 在地图 4.1 中采用 CQIP、CΩMP 和 ΩMP 算法对 Khepera-Ⅱ机器人运动进行规划
（规划路径见图 4.6）

表 4.3 给出了 20 次运行 CQIP、CΩMP 和 ΩMP 算法的平均运行复杂度。由表 4.3 可知，显然 $T_{\text{CQIP}} > T_{\text{C}\Omega\text{MP}} > T_{\Omega\text{MP}}$，这与式（4.75）的推导一致。因此，由表 4.3 易知，ΩMP 算法在运行复杂度方面优于其他算法。

表 4.3　不同规划算法的平均运行复杂度/秒

地图编号	CQIP 算法	提出的规划算法	
		CΩMP	ΩMP
4.1（图 4.4）	15.93	10.92	8.90
4.1（图 4.5）2 单位速度	28.84	23.75	21.92
4.1（图 4.5）5 单位速度	18.65	13.65	11.97

实验 4.3　基于算法Ⅱ的规划算法在物体搬运问题中的应用

这一实验的目的是将一个杆（两个智能体）或三角形（三个智能体）从初始位置搬运到目的地。实验平台和方法与前面一致，$\Omega = EE$。为搬运杆，一个智能体要与其他智能体协同，只有当所有智能体同时完成各自目标时才可以完成团队任务。在地图 4.2（图 4.8 和图 4.9）中，两个机器人智能体将一个固定长度的杆从一个给定的联合状态搬运到下一联合状态,用箭头标识,同时要避免 8 个障碍物。在图 4.8 和图 4.9 中,智能体采用 ΩMP 或 $C\Omega MP$ 算法寻找最优策略(CE)。另外,在 CQIP 中,机器人智能体采用由 CQL 得到的 m 个联合 Q 表评估同一 CE。相似地,在地图 4.3 中(图 4.10),三个智能体将一个三角形从某一联合状态搬运到下一联合状态,移动路径用箭头表示,搬运期间同时要避免 7 个障碍物。

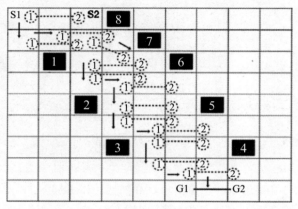

图 4.8　在地图 4.2 中采用 CQIP、$C\Omega MP$ 和 ΩMP 算法对携杆问题规划

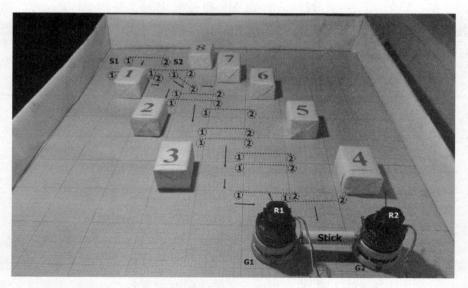

图 4.9　在地图 4.2 中采用 CQIP、$C\Omega MP$ 和 ΩMP 算法对 Khepera-Ⅱ机器人运动进行规划
(规划路径见图 4.6)

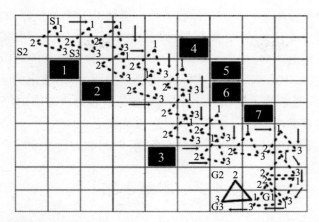

图 4.10 在地图 4.3 中采用 CQIP、CΩMP 和 ΩMP 算法对三角形搬运问题进行规划

表 4.4 给出了 20 次运行 CQIP、CΩMP 和 ΩMP 算法的平均时间复杂度。由表 4.4 可以看到 $T_{CQIP} > T_{CΩMP} > T_{ΩMP}$，该计算结果与式（4.75）一致。因此，由表 4.4 易知，ΩMP 算法在运行复杂度方面优于其他算法。

表 4.4 不同规划算法的平均运行复杂度/秒

地图编号	CQIP 算法	提出的规划算法	
		CΩMP	ΩMP
4.2（图 4.8）	29.31	15.91	10.31
4.2（图 4.10）	37.92	20.13	16.11
4.2（图 4.9）2 单位速度	39.72	20.31	15.31
4.2（图 4.9）5 单位速度	34.55	17.63	13.46

4.6 结论

本章将 CE 与提出的算法Ⅰ、算法Ⅱ进行结合，发展了一种新的 MAQL 方法和基于学习的多智能体运动规划算法。本章提出的算法在联合状态－动作空间中得到单一 Q 表，并采用这些信息进行规划。在学习阶段考虑任务约束也可以进一步降低空间、时间和运行复杂度。

在算法Ⅰ和算法Ⅱ中，通过高效评估 CE 获得联合状态－动作空间中的单一 Q 表。定理 4.1～定理 4.4 证明，算法Ⅰ和算法Ⅱ得到的 Q 表所需的计算成本小于 CQL，且包含的信息足以利用 ΩMP 和 CΩMP 进行规划。定理 4.5

和定理 4.6 分别分析了两种方法的收敛性。虽然 CΩMP 的规划效果较好,但需要在规划阶段考虑任务约束(如杆搬运问题中的杆长)。为节省实时规划时满足任务约束所需的时间,提出了 CΩQL 算法,只对满足约束的可行状态 - 动作组进行学习,在 CΩQL 后采用 ΩMP。分析结果表明,本章提出的学习和规划算法在时间、空间复杂度上均明显小于 CQL 算法。将联合 Q 表中不可行的联合状态 - 动作对移除可以进一步降低算法的复杂度。

仿真和实验结果证明了本章算法在空间、时间和运行复杂度上的优势。

4.7　本章小结

本章提出了一种有别于 CQL 的方式,将所有智能体学习阶段在联合状态 - 动作空间中的复合奖励放在一个 Q 表中,在规划阶段使用这些奖励计算相关均衡。提出了两种 MAQL 算法。若一个智能体的成功即可导致团队的成功则采用算法 I。而若一个智能体成功与否与其他智能体有关,且需要所有智能体同时成功则采用算法 II。经证明,本章提出算法求得的 CE 与传统 CQL 算法求得的 CE 相同。为了将探索限制在可行的联合状态中,发展了算法的带约束版本。采用复杂度分析及仿真实验、真实平台的实验验证了提出算法在多智能体规划中的良好表现。

附录 4.A　支撑算法和数学分析

智能体 i 在下一状态 $s_i' \in S_i$ 的期望最优 Q 值记为

$$\hat{Q}_i^*(s_i') = \sum_{\forall s_i'} p_i(s_i' \mid (s_i, a_i)) \sum_{\forall a_i'} f_i^*(a_i' \mid s_i') Q_i(s_i', a_i') \quad (4.A.1)$$

式中: $a_i' \in A_i$ 为 s_i' 的动作; $Q_i(s_i', a_i')$ 为智能体 i 在下一状态 $s_i' \in S_i$ 执行动作 $a_i' \in A_i$ 对应的 Q 值; $p_i^* : A_i \to [0,1]$ 为 A_i 的最优概率分布。

算法 4.A.1　相关 Q 学习(CQL)

输入:学习速率 $\alpha \in [0,1)$,折扣因子 $\gamma \in [0,1)$;

输出:最优联合 Q 值 $Q_i^*(G,K)$, $\forall G, \forall K, \forall i$;

开始:

　　初始化:当前状态 s_i, s_i 的动作集 A_i,联合 Q 值 $Q_i(G,K) \leftarrow 0$, $\forall G, \forall K, \forall i$;

　　重复:

　　　　随机选取一个动作 $a_i \in A_i$, $\forall i$ 并执行;

第4章 合作Q学习多智能体规划中相关均衡的高效计算方法

观察直接即时奖励 $r_i(G,K)$, $\forall i$;

评估下一状态 $s_i' \leftarrow \delta_i(s_i, a_i)$, $\forall i$, 得到 m 个智能体的联合下一状态 $G' = <s_i'>_{i=1}^m$;

$Q_i(G,K) \leftarrow (1-\alpha)Q_i(G,K) + \alpha[r_i(G,K) + \gamma \Omega \hat{Q}_i^*(G')]$, $\forall i, G \leftarrow G'$; //$\Omega \in \{U, E, R, L\}$

直到:$Q_i(G,K)$, $\forall G, \forall K, \forall i$ 收敛;

$Q_i^*(G,K) \leftarrow Q_i(G,K)$, $\forall G, \forall K, \forall i$;

结束

本章提出的方法及传统方法在 $\Omega \in \{UE, LE\}$ 的时间复杂度如表4.A.1所示,其中 N 为所有智能体的 Q 值表示中,表示一个 Q 值所需的最大数字位数。由表4.A.1 和4.4节的复杂度分析易知,本章提出规划算法的时间复杂度不随 Ω 的变化而变化。

表4.A.1 时间复杂度分析

	算法	$\Omega = U$	$\Omega = L$
学习	CQL	$m\|A\|^m + (\|A\|^m - 1)$	$N^m\|A\|^m + (\|A\|^m - 1)$
	ΩQL - I	$m(\|A\| - 1) + m$	$m(\|A\| - 1) + N^m$
	CΩQL - I	$m(\|A\| - 1) + m + t_{C\Omega QL-I}$	$m(\|A\| - 1) + N^m + t_{C\Omega QL-I}$
	ΩQL - II	$m(\|A\| - 1) + 2m$	$m(\|A\| - 1) + 2N^m$
	CΩQL - II	$m(\|A\| - 1) + 2m + t_{C\Omega QL-I}$	$m(\|A\| - 1) + 2N^m + t_{C\Omega QL-I}$
规划	CQIP	$m\|A\|^m + (\|A\|^m - 1) + t_{CQIP}$	$N^m\|A\|^m + (\|A\|^m - 1) + + t_{CQIP}$
	ΩMP	$(\|A\|^m - 1)$	$(\|A\|^m - 1)$
	CΩMP	$(\|A\|^m - 1) + t_{C\Omega MP}$	$(\|A\|^m - 1) + t_{C\Omega MP}$

参考文献

[1] Busoniu, L., Babuska, R., De Schutter, B., and Ernst, D. (2010). Reinforcement Learning and Dynamic Programming Using Function Approximators. New York:CRC Press.

[2] Poole, D. L. and Mackworth, A. K. (2010). Artificial Intelligence:Foundations of Computational Agents. Cambridge University Press.

[3] Sutton, R. S. and Barto, A. G. (1998). Introduction to Reinforcement Learning. Cambridge, MA:MIT Press.

[4] Mitchell, T. M. (1997). Machine Learning. McGraw-Hill.

[5] Pradhan, S. K. and Subudhi, B. (2012). Real-time adaptive control of a flexible manipulator using reinforcement learning. IEEE Transactions on Automation Science and Engineering 9(2):237-249.

[6] Vrancx, P., Verbeeck, K., and Nowe, A. (2008). Decentralized learning in markov games. IEEE Transac-

tions on Systems, Man and Cybernetics(Part B: Cybernetics) 38(4): 976 – 981.

[7] Leng, J., Jain, L., and Fyfe, C. (2007). Convergence analysis on approximate reinforcement learning. In: Knowledge Science, Engineering and Management(eds. Z. Zhang and J. Siekmann), 85 – 91. Berlin, Heidelberg: Springer.

[8] Park, S. and Roh, K. S. (2016). Coarse – to – fine localization for a mobile robot based on place learning with a 2 – D range scan. IEEE Transactions on Robotics https://doi.org/10.1109/TRO.2016.2544301.

[9] Kamkarian, P. and Hexmoor, H. (2013). A human inspired collision avoidance strategy for moving agents. Proceedings of IEEE Federated Conference on Computer Science and Information System, Kraków, Poland(8 – 11 September 2013), pp. 63 – 67.

[10] Ng, A. Y., Coates, A., Diel, M. et al. (2006). Autonomous inverted helicopter flight via reinforcement learning. In: Experimental Robotics IX (eds. O. Khatib, V. Kumar and G. Pappas), 363 – 372. Berlin, Heidelberg: Springer.

[11] Busoniu, L., Babuska, R., and De Schutter, B. (2008). A comprehensive survey of multiagent reinforcement learning. IEEE Transactions on Systems, Man, and Cybernetics, Part C: Applications and Reviews 38 (2): 156 – 172.

[12] Hu, Y., Gao, Y., and An, B. (2014). Accelerating multiagent reinforcement learning by equilibrium transfer. IEEE Transactions on Cybernetics 45(7): 1289 – 1302.

[13] Samejima, K. and Omori, T. (1999). Adaptive internal state space construction method for reinforcement learning of a real – world agent. Neural Networks 12(7): 1143 – 1155.

[14] Mahadevan, S. (1994). To discount or not to discount in reinforcement learning: a case study comparing R learning and Q learning. International Conference on Machine Learning New Brunswick, NJ(10 – 13 July 1994), pp. 164 – 172.

[15] Littman, M. L. (2001). Value – function reinforcement learning in Markov games. Cognitive Systems Research 2(1): 55 – 66.

[16] Konar, A., Chakraborty, I. G., Singh, S. J. et al. (2013). A deterministic improved Q – learning for path planning of a mobile robot. IEEE Transactions on Systems, Man, And Cybernetics: Systems 43(5): 1 – 13.

[17] Watkins, C. J. and Dayan, P. (1992). Q – learning. Machine Learning 8(3 – 4): 279 – 292.

[18] Bin, Z. and Lin, Z. (2014). Consensus of high – order multi – agent systems with large input and communication delays. Automatica 50(2): 452 – 464.

[19] D. Chakraborty and P. Stone, "Multiagent learning in the presence of memory bounded agents," Autonomous Agents and Multi – agent Systems, Elsevier, vol. 28 no. 2, pp. 182 – 213, 2014.

[20] Shoham, Y., Powers, R., and Grenager, T. (2003). Multi – agent reinforcement learning: a critical survey, Web manuscript, 2003 https://www.cc.gatech.edu/classes/AY2009/cs7641_spring/handouts/MALearning_Acritical Survey_2003_0516.pdf(accessed 27 May 2020).

[21] Hu, J. and Wellman, M. P. (2003). Nash Q – learning for general – sum stochastic games. The Journal of Machine Learning Research 4: 1039 – 1069.

[22] Greenwald, A., Hall, K., and Serrano, R. (2003). Correlated Q – learning. International Conference on Ma-

chine Learning 3:242-249,Washington,DC.

[23] Littman,M. L. (2001). Friend-or-foe Q-learning in general-sum games. International Conference on Machine Learning 1:322-328,MA,USA.

[24] Bowling,M. (2000). Convergence problems of general-sum multiagent reinforcement learning. International Conference on Machine Learning:89-94.

[25] Sen,S.,Mahendr,S.,and Hale,J. (1994). Learning to coordinate without sharing information. Association for the Advancement of Artificial Intelligence,Washington(31 July to 4 August 1994),pp.426-431.

[26] Tan,M. (1993). Multi-agent reinforcement learning: independent vs. cooperative agents. Proceedings of the Tenth International Conference on Machine Learning,Amherst,MA(27-29 June 1993). Vol.337.

[27] Yanco,H. and Stein,L. (1993). An adaptive communication protocol for cooperating mobile robots. Proceedings of the 2nd International Conference on Simulation of Adaptive Behavior,Chicago(August 1993),pp.478-485. Cambridge MA:The MIT Press.

[28] Hu,J. and Wellman,M. P. (1998). Multiagent reinforcement learning: theoretical framework and an algorithm. International Conference on Machine Learning 98:242-250.

[29] Muelling,K.,Boularias,A.,Mohler,B. et al. (2014). Learning strategies in table tennis using inverse reinforcement learning. Biological Cybernetics 108(5):603-619.

[30] Claus,C. and Boutilier,C. (1998). The dynamics of reinforcement learning in cooperative multiagent systems. Association for the Advancement of Artificial Intelligence/American Association for Artificial Intelligence,Madison,WI(26-30 July 1998),pp.746-752.

[31] Leng,J.,Fyfe,C.,and Jain,L. (2008). Simulation and reinforcement learning with soccer agents. Multiagent and Grid Systems 4(4):415-436.

[32] Littman,M. L. and Stone,P. (2005). A polynomial-time Nash equilibrium algorithm for repeated games. Decision Support Systems 39(1):55-66.

[33] Peters,J.,Vijayakumar,S.,and Schaal,S. (2003). Reinforcement learning for humanoid robotics. Proceedings of the International Conference on Humanoid Robots,Las Vegas(27-31 October 2003),pp.1-20.

[34] Boutilier,C. (1996). Planning,learning and coordination in multiagent decision processes. Proceedings of the 6th Conference on Theoretical Aspects of Rationality and Knowledge,De Zeeuwse Stromen,Netherlands (17-20 March 1996),pp.195-210. Morgan Kaufmann Publishers Inc.

[35] Polak,B. (2007). Game Theory. Yale University. http://oyc.yale.edu/economics/econ-159(accessed 27 May 2020).

[36] Nash,J. (1951). Non-cooperative games. Annals of Mathematics 54(2):286-295.

[37] Fan,Q.,Zeitouni,K.,Xiong,N. et al. (2017). Nash equilibrium-based semantic cache in mobile sensor grid database systems. IEEE Transactions on Systems,Man,and Cybernetics:Systems 47(9):2550-2561.

[38] Barreiro-Gomez,J.,Obando,G.,and Quijano,N. (2017). Distributed population dynamics: optimization and control applications. IEEE Transactions on Systems,Man,and Cybernetics:Systems 47(2):304-314.

[39] Hu,Y.,Gao,Y.,and An,B. (2015). Accelerating multiagent reinforcement learning by equilibrium transfer. IEEE Transactions on Cybernetics 45(7):1289-1302.

[40] Kok, J. R. and Vlassis, N. (2004). Sparse cooperative Q – learning. *Proceedings of the Twenty – First International Conference on Machine Learning*, Banff, Alberta(4 – 8 July 2004), p.61. ACM.

[41] Zhang, Z., Zhao, D., Gao, J. et al. (2017). FMRQ – a multiagent reinforcement learning algorithm for fully cooperative tasks. *IEEE Transactions on Cybernetics* 47(6):1367 – 1379.

[42] Eilers, D., Dunis, C. L., von Mettenheim, H. J., and Breitner, M. H. (2014). Intelligent trading of seasonal effects: a decision support algorithm based on reinforcement learning. *Decision Support Systems* 64:100 – 108.

[43] Sadhu, A. K., Rakshit, P., and Konar, A. (2016). A modified imperialist competitive algorithm for multi – robot stick – carrying application. *Robotics and Autonomous Systems* 76:15 – 35.

[44] Sadhu, A. K. and Konar, A. (2017). Improving the speed of convergence of multiagent Q – learning for cooperative task – planning by a robot – team. *Robotics and Autonomous Systems* 92:66 – 80.

[45] de Weerdt, M. and Clement, B. (2009). Introduction to planning in multiagent systems. *Multiagent and Grid Systems* 5(4):345 – 355.

[46] Greenwald, A., Hall, K., and Zinkevich, M. (2007). Correlated Q – learning. *Journal of Machine Learning Research* 1(1):1 – 30.

[47] Kaelbling, L. P., Littman, M. L., and Moore, A. W. (1996). Reinforcement learning: a survey. *Journal of Artificial Intelligence Research*:237 – 285.

[48] Franzi, E. (1998). Khepera BIOS 5.0 Reference Manual. K – Team, SA.

[49] K. U. M. Version(1999). *Khepera User Manual* 5.02. K – Team, SA.

[50] Siemens Semiconductor Group. SFH 900 – a low cost miniature reflex optical sensor app note 26. SFH900 Datasheet.

[51] Dias, M. B. (2004). Traderbots: a new paradigm for robust and efficient multi – robot coordination in dynamic environments. Doctoral dissertation. Carnegie Mellon University Pittsburgh.

第5章 改进帝国竞争算法及在智能体携杆问题中的应用

本章提出了一种进化算法来求解多智能体携杆问题。携杆问题是两个机器人智能体在有障碍环境中寻找将杆从初始位置搬运到目的地的时间最优路线。本章提出一种新型混合进化算法（EA）求解携杆问题。在进化优化领域，混合是通过综合不同基本算法在全局探索和局部搜索的能力基础上发展新算法的方法。本章将萤火虫算法（FA）中萤火虫的动力学特征嵌入基于进化的启发搜索算法帝国竞争算法（ICA）中，并提出帝国竞争萤火虫算法（ICFA），该算法利用一种随机解搜索策略平衡探索和利用。对比提出的 ICFA 与其他 13 种算法在运行时间和求解精度（算法结束后目标函数与理论最优的距离）的表现。其中，对 25 个标准函数的计算仿真表明采用本章提出的混合方法可以有效提高 ICA 算法的效率和精度。在多智能体携杆问题中，采用本章定义的评价指标，仿真和实验结果均表明提出的算法在携杆问题中的表现优于其他前沿算法，证明了本章提出的混合方法及参数调整策略在实际问题中的优势。

5.1 本章概述

从 20 世纪 80 年代末开始，多智能体协同成为智能体搜索领域的重要研究方向[1]。多智能体协同有很多应用场景，如工厂中材料和产品的运输、医院/机场病人的搬运、国防及安保系统。多智能体协同的目的是同步、协调多个智能体的动作以完成共同目标。多智能体协同的一大挑战在于智能体间协同策略的设计，使其能在复杂的工作空间中高效、快速工作。在多智能体合作的方面已有大量的研究并形成了多种方法，包括图[2]、Voronoi 图[3]、势函数方法[4]、自适应动作选择[5]、意图推导[6]、合作运输[7]和知觉线索[8]。传统多智能体协同问题可以转化为优化问题进行求解以有效的利用系统资源。其中，优化的目标是根据传感器获取的环境数据决定智能体完成一个或多个给定任务的最优动作,通过对刻画多智能体协同系统功能的目标函数进行优化可以提供问题的解。本章提出了一种将多智能体携杆问题转化为优化问题的新方式。在携杆问题[10]中,两智能体联合将杆从初始位置搬运到目的地,要求搬运过程中智能体和杆不能与环境中的障碍物碰撞,且两智能体间的距离保持恒定(等于杆长)。优化问题的输入变量是杆到障碍及工作区边界的距离,由传感器提供,输出变量是搬运杆过程中智能体对杆旋转和平移的次数。杆搬运优化问题的首要目标是最小化智能体在完成规划路径的所需时间(或智能体走过的路程长度)。即希望智能体通过局部路径规划将杆以时间最优的方式从一个位置移动到下一位置(子目标),同时避免与障碍或边界碰撞。在执行每一步局部规划时,运行优化算法将杆搬运一小段距离。通过一系列局部规划最终将杆搬运至指定地点。

在过去的几十年里,数值优化领域涌现出众多算法。传统基于导数的优化方法包括牛顿迭代法、准牛顿法、最速下降法等,这些算法的搜索方向完全由导数信息决定。当目标函数为全局凹函数时,这些算法具有较好的效果。但在真实问题中,目标函数形态可能不规则,包含有多个局部最优、鞍点及间断。在这些不可微函数中,传统基于梯度的算法难以找到全局最优解。

20世纪90年代初学术界提出了EA算法,EA算法是一种无梯度全局随机优化算法,有望解决实际问题中不可微函数的优化问题。EA算法用实数向量表示复杂物理系统的可能解,由于在高维问题中的搜索策略灵活、简单,在动态环境中表现稳定,EA算法广受欢迎。EA算法首先选取一系列测试点,计算这些点的函数值(适应值)评估这些点是最优解的可能性,然后通过种群进化得到新的可能解,最后根据达尔文适者生存的原则进行贪婪选择,将候选池中较好的可能解保留到下一代。

近些年,随着计算机能力的提升以及对复杂问题求解需求的增加,要求发展更加成熟的启发式算法。EA种群进化的动力包括多样化和聚集,其中多样化用来探索空间的不同区域,而聚集用来搜索已知的空间。需根据EA算法在不同搜索空间中计算精度和运行复杂度表现平衡算法的探索和搜索能力。

EA算法在不同优化问题中的表现遵循"天下没有免费午餐"定理(NFLT)[11]。根据NFLT,任意两种经典EA算法在所有可能优化问题中效果的期望是相同的。由NFLT可以推出,一种EA算法在一类优化问题中超越另一种EA算法意味着他们在另一类问题中将有相反的表现,因此很难开发一种适用于所有问题

第5章　改进帝国竞争算法及在智能体携杆问题中的应用

的 EA 算法。针对这一问题,研究人员将 EA 算法与其他优化算法、机器学习技术和启发式方法混合。在进化优化领域,混合(hybridization)[12]是将两种或多种 EA 算法的优势结合以形成新的 EA 方法。在特定问题或标准算例中,混合得到的 EA 在精度及复杂度上优于原始算法。通过混合方法对 EA 进行融合是突破算法各自局限的关键。

本章提出了一种简单但有效的 EA 混合方法,将两种全局算法——传统 ICA 算法[13-14]和传统 FA 算法[15]结合在一起。ICA 是一种根据社会政治特征提出的种群启发式算法,在多种优化问题中均有优异表现。ICA 种群中的个体与国家对应,基于目标函数值将个体分为殖民国家(强的国家)和殖民地国家(弱的国家)。整个种群被分为若干个子群,称为帝国,每个子群包括一个殖民国家和若干个殖民地国家(根据每个殖民国家的权力随机选取)。ICA 有三个基本操作:①同化,殖民地向各自的殖民国家的趋同(增强局部搜索);②革命,国家社会观点的突然变革(避免 ICA 过早收敛);③殖民竞争,较强帝国瓦解最弱的帝国(提高较强帝国的统治权力)。对 ICA 的改进和应用已开展大量研究,以下一些研究需要特殊关注。

文献[16]提出了 ICA、差分进化(DE)[17]、K-means 聚类方法的混合算法。文献[18]提出了 ICA 与 EA 的混合算法;文献[19]提出了 ICA 与遗传算法(GA)的混合算法。文献[20]提出的一种将 ICA 作为局部搜索策略的文化基因算法。文献[21]通过增强殖民国家间的相互作用提出一种新 ICA 算法。文献[22]基于帝国中国家间的吸引和排斥情况对 ICA 进行了改进,并将其应用在无刷直流车轮马达的设计中。文献[23]将 ICA 与人工神经网络混合,将反向传播算法的局部搜索能力和 ICA 的全局探索能力结合,并应用在石油流量预测中。文献[24]采用了 7 种混沌映射提高传统 ICA 的收敛特性。文献[25]也采用了混沌来改变 ICA 中殖民地的运动角度。文献[26]提出了自适应殖民地半径选择方法优化了 ICA 的同化策略。文献[27]将 ICA 与经典罚函数方法结合,将 ICA 扩展到带约束优化问题的求解中。

文献[28]将 ICA 应用在动态经济调度问题中。文献[29]将 ICA 应用在变压器简化 R-C-L-M 模型的参数识别中。文献[30]研究了 ICA 有效控制大都市中交通的能力。文献[31]将 ICA 应用在新型螺旋桨布局设计中。文献[32]将 ICA 应用在无刷双馈感应发电机的最优设计中,并取得优秀结果。ICA 也被成功应用在聚类[33]、玻璃纤维的环氧树脂黏性层的优化[34]、骨骼结构优化[35]、产品生产、外包策略优化[36]问题中。ICA 的有效性也在模板匹配[37]、IIR

过滤器设计[38]、非线性多重相应[39]、图着色问题[40]、ID 控制器调参[41]和流水线调度[42]问题中得到证明。文献[43]对比了 ICA 和粒子群算法（PSO），证明了 ICA 在求解涡流无损评价反问题中的优越性。

FA 是一种群启发式优化搜索算法，FA 的灵感来源于萤火虫的集体行为和生物化学特性。萤火虫的运动学模型基于移动智能体社会活动的四个特点：跟随、分散、聚集和返回。文献[44]采用模糊控制器自适应调整 FA 的参数来得到更好的表现。文献[45]针对机组安装的多目标问题，在 FA 引入了一种基于最优偏差的模糊隶属函数。文献[46]采用贝塔分布自适应调整控制参数，提出了 FA 的一种多目标改进。文献[47]采用基于高斯概率分布的萤火虫位置更新方法，提高了收敛速度。FA 被广泛应用于多种优化问题，包括作物种植规划问题[48]、复杂和非线性问题[49]、数据挖掘[50]、数字图像处理[51]、结构尺寸及形状优化[52]、混合流水车间调度问题[53]、QAP 问题[54]、排队系统优化[55]、环境经济符合调度问题[56]、目标跟踪问题[57]、旅行商问题[58]等。根据文献[59]，FA 在存在噪声的非线性连续数学模型寻优问题的表现优于 PSO。文献[60]采用混合 FA 预测了未来电价。文献[61]将 FA 与元胞自动机混合。文献[62]将基于种群的 FA 求解应用在动态优化问题中。文献[63]研究了 FA 与自动学习机、GA 和基于方向的搜索算法的混合策略。

本书将 FA 算法中萤火虫的觅食行为引入到 ICA 算法中的殖民地同化策略。提出的同化方法增强了殖民地国家向所有其他优秀的国家（包括同一帝国中的殖民地国家）学习的能力，从而提高殖民地国家的探索能力。为进一步提高混合算法的表现，根据萤火虫在搜索空间的相对位置自适应调整随机移动步长，使较差的个体倾向探索，而将较好的解限制在附近搜索空间中。为提高算法收敛速度，本章也提出了一种计算帝国合并阈值的新方法。仿真结果表明，在传统 ICA 的基础上加入 FA 算法运动特征、自适应步长、基于搜索区域的阈值计算方法并不会在传统 ICA 算法基础上增加过多计算量。

由于真实环境不确定、不精确，导致实际问题的优化空间较为复杂，存在多峰、虚假解和孤立解。探索和搜索是 EA 的两大基石，决定了算法在这种病态/多样空间中全局寻优的效率，EA 的表现受全局探索和局部搜索两个矛盾过程的制约。局部搜索将搜索方向指向全局最优来实现局部细化搜索，有利于提高收敛速度；全局探索有助于探索新的、有潜力的搜索空间，避免陷入局部最优。在基于种群的 EA 中，探索能力取决于种群的多样性。一个所有个体都几乎相同的种群具有较差的探索能力。通常来说，EA 算法在早期、多样性较大时对搜索空间进行充分的探索。随着进化代数的增加,种群向全局最优解收敛(通过贪婪选择),多样性逐步降低。早期探索多样性较低可能导致算法早熟,从而收敛到次优解。本书通过分析优化过程中种群差异随优化代数的变化,研究了 ICFA 及组成 ICFA 的两种基础算法的探索能力。仿真结果表明,传统 ICA 和传统 FA 的混合算法(记为 ICFA 算法)在平衡全局探索和局部搜索方面的潜力优于传统 ICA 和 FA 算法。

采用一组由 25 个函数构成的标准算例[64]对提出的混合算法进行测试。将本书提出的 ICFA 算法与以下算法进行对比,包括:结合差分进化(DE)的 ICA(ICA – DE)[16]、人工帝国主义交互增强的 ICA 算法(Interaction Enhanced ICA using Artificial Imperialists, ICAAI)[21]、文化基因 ICA 算法(Memetic ICA)[20]、自适应殖民地移动半径 ICA 算法(ICA with Adaptive Radius of Colonies Movement, ICAR)[26]、基于社交的算法(Social – Based Algorithm, SBA)[65]、混合进化 ICA(Hybrid Envolutionary ICA, HEICA)[18]、混沌 ICA(Chaotic ICA, CICA)、K – means 改进的 ICA 算法(Modified ICA with K – means, K – MICA)[33]、递归 ICA、GA(Recursive ICA with GA, R – ICA – GA)[19]、传统人工蜂群算法(Artificial Bee Colony, ABC)[66]、传统 FA[15]、传统 ICA[13]、传统全局最优 PSO[67]。实验结果表明提出的算法在计算精度和效率方面均优于其他智能算法。

最后,采用多机器人智能体携杆问题对提出算法的效率进行验证。结果表明,本书提出的算法优于其他前沿算法。规划携杆问题的时间最优路径,采用两种评价指标[37]对比了基于 ICFA 和基于粒子群算法/EA 的表现,结果表明基于 ICFA 的路径规划方法优于其他方法。

本章分为 5 个部分。5.2 节描述了多智能体携杆问题。5.3 节与 5.4 节分别介绍了传统 ICA 算法和 FA 算法,5.5 节提出了一种混合算法,5.6 节介绍了标准算例及仿真方法。5.7 节给出了多机器人智能体携杆问题电脑仿真和 Khepera – Ⅱ 智能体的实验结果。5.8 节对本章进行了总结并展望了未来的研究方向。

5.2　多智能体携杆问题

在多智能体携杆问题中,两个相同的智能体合作将杆(通过移动特定角度和距离)从初始位置搬运到目的地,同时避免碰撞工作空间中的障碍。杆搬运问题可以用两种不同的规划方法求解:局部规划和全局规划。全局规划需要考虑智能体携杆从初始位置到目的地的整个路径。而在局部规划中,智能体(带有杆的智能体)通过选取局部最优运动小步向目标移动。局部规划比全局规划更加灵活,主要有以下几个原因:第一,局部规划可以考虑动态障碍;第二,局部规划只需要确定杆的下一位置,而不用计算智能体携杆的整个路径,时间花费较少。本书从时间效率的角度出发采用局部规划。

携杆问题的目标是最小化智能体在杆搬运过程中执行每一局部规划的时间。本书采用最小化智能体下一位置与目标之间的距离实现,通过确保智能体采用最短路径来最小化执行计划所需的时间。为使得下一位置不紧贴障碍,引入惩罚措施。当下一位置足够接近(或足够远离)任意障碍时,给出较大(或较小)罚值。

携杆问题数学模型的输入变量为杆及机器人智能体 R1、R2 与工作区侧边的距离(图5.1),输出(估计)变量为机器人智能体的下一位置。携杆问题的数学模型是目标函数的最小化问题,即最优化携杆智能体的下一位置,同时避免执行局部计划时碰撞障碍。提出的混合进化算法用于计算满足目标的杆的下一位置。距离的测量方式如图 5.1 所示,式(5.1)将这些距离组合为一个值[68]。

$$d = \min(d_{w1}, d_{w2}) + \min(d_{l1}, d_{l2}) + \min(d_{w3}, d_{w4}) \quad (5.1)$$

式(5.1)的右端项为图 5.1 中的距离,R1 和 R2 为搬运杆的两个智能体的质心。

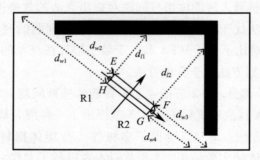

图 5.1　d 计算方法示意图

在携杆问题中引入以下规则:

(1)智能体在决定下一位置时,首先通过局部运动使自己与目的地处于同一直线上,在当前位置进行局部规划得到下一位置。

(2)若计算得到的智能体或杆的下一位置有静态障碍,那么共线可能导致与静态障碍的碰撞。此时,智能体左右旋转一定角度后重新计算新的下一位置。

(3) 进行局部规划时,需要关注的是两智能体之间的距离。若两者的距离大于杆长,那么杆将掉落。

(4) 若两智能体可以与目的地共线,且不会碰到任意障碍,满足之间的距离约束,那么执行局部动作。

分别记 (x_i, y_i) 和 (x_i', y_i') 为智能体 R_i 的当前和下一位置; θ_i 为旋转角度; $(x_{i\text{-goal}}, y_{i\text{-goal}})$ 为 R_i 的目标位置, $i = (1, 2)$。对于单位时间步长有

$$x_i' = x_i + v_i \cos\theta_i$$
$$y_i' = y_i + v_i \sin\theta_i \tag{5.2}$$

式中:θ_i 为智能体 R_i 的速度。

为确保智能体沿最短路径运动,需要最小化①智能体当前位置 (x_i, y_i) 到下一位置 (x_i', y_i') 的欧几里得距离;②下一位置 (x_i', y_i') 到目的地 $(x_{i\text{-goal}}, y_{i\text{-goal}})$ 的期望欧几里得距离,计算方式为

$$f = \sum_{i=1}^{2} \sqrt{(x_i - x_i')^2 + (y_i - y_i')^2} + \sqrt{(x_i' - x_{i\text{-goal}})^2 + (y_i' - y_{i\text{-goal}})^2} \tag{5.3}$$

结合式(5.2)和式(5.3)得到最小化问题的主要目标函数,则

$$f = \sum_{i=1}^{2} v_i + \sqrt{(x_i + v_i\cos\theta_i - x_{i\text{-goal}})^2 + (y_i + v_i\sin\theta_i - y_{i\text{-goal}})^2} \tag{5.4}$$

同时,为成功执行整个任务中的每一局部计划,智能体需要满足式(5.5)的等式约束。

$$d_{1,2} = l \tag{5.5}$$

式中:$d_{1,2}$ 为两智能体之间的距离;l 为杆长。

总而言之,优化问题包括一个目标函数 f,即最小化智能体当前位置与各自目标位置的欧几里得距离,避免与障碍碰撞,并满足式(5.5)给出的等式约束。因此,优化问题的目标函数可以写成

$$\begin{aligned}f = \sum_{i=1}^{2} v_i &+ \sqrt{(x_i + v_i\cos\theta_i - x_{i\text{-goal}})^2 + (y_i + v_i\sin\theta_i - y_{i\text{-goal}})^2} \\ &- \lambda(d_{1,2} - l) + 2^{-d} \times K \end{aligned} \tag{5.6}$$

式中:λ 为拉格朗日乘子,需要计算以满足式(5.5);式(5.6)中最后一项为惩罚项,其中 K 为常数。当下一位置接近(远离)工作区的任意障碍时,最后一项取得较大(较小)值。

5.3 帝国竞争算法

首先了解一下帝国竞争算法,如下文所述。

ICA 的灵感来源于社会进化和殖民国家拓展影响范围的竞争策略,是一种基于种群的随机算法,由于其在获得高质量解方面优秀的表现而广受欢迎[13]。与其他 EA 相似,ICA 也需要创建初始种群,称为国家。根据统治权力大小(与目标函数值成反比)将国家分为两组——殖民国家和殖民地国家。殖民地国家(较弱的国家)和其宗主殖民国家(较强的国家)组成帝国。在每个帝国中,殖民国家通过同化政策增强殖民地国家的经济、文化和政治地位来获取殖民地国家的忠诚。同时,帝国之间进行殖民竞争获取殖民地。在 ICA 中,经过殖民地被各自殖民国家的同化和帝国之间的竞争,最终将只剩下一个帝国,其他国家都成为该帝国的殖民地。下面给出了 ICA 的主要步骤。

5.3.1 初始化

在 $[\boldsymbol{X}^{\min},\boldsymbol{X}^{\max}]$ 中随机生成初始种群 P_t 作为当前代 $t=0$ 的解,初始种群包括 NP 个 D 维的国家,$\boldsymbol{X}_i(t)=\{x_{i,1}(t),x_{i,2}(t),x_{i,3}(t),\cdots,x_{i,D}(t)\}$,$i=[1,NP]$。其中 $\boldsymbol{X}^{\min}=\{x_1^{\min},x_2^{\min},\cdots,x_D^{\min}\}$,$\boldsymbol{X}^{\max}=\{x_1^{\max},x_2^{\max},\cdots,x_D^{\max}\}$。在 $t=0$ 时,第 i 个国家的第 d 维元素的计算方式为

$$x_{i,d}(0)=x_d^{\min}+\mathrm{rand}(0,1)\times(x_d^{\max}-x_d^{\min}),d=[1,D] \tag{5.7}$$

式中:rand$(0,1)$ 为 0 和 1 之间的随机数。评估国家 $X_i(0)$ 的目标函数值 $f(X_i(0))$,$i=[1,NP]$。

5.3.2 选择殖民国家和殖民地国家

对于最小化问题,将种群 P_0 的 $f(\boldsymbol{X}_i(0))$,$i=[1,NP]$ 按照升序排序。适应值最小的 N 个国家沦被选为殖民国家,剩余 $M=NP-N$ 个国家沦为殖民地国家。由此将种群分为殖民国家和殖民地国家两组。

5.3.3 建立帝国

第 j 个殖民国家根据统治权力建立帝国。首先通过式(5.8)评估第 j 个殖民国家的归一化统治权力 p_j,其中 $f(\boldsymbol{X}_{NP}(0))$ 为排序后种群 P_0 中最弱国家的目

标值。

$$p_j = \frac{f(\mathbf{X}_{NP}(0)) - f(\mathbf{X}_j(0))}{\sum_{l=1}^{N} f(\mathbf{X}_{NP}(0)) - f(\mathbf{X}_l(0))} \quad (5.8)$$

由式(5.8)易知,第j个殖民国家强大(即对于最小化问题,目标函数$f(\mathbf{X}_i(0))$越小),$f(\mathbf{X}_{NP}(0)) - f(\mathbf{X}_j(0))$的值越大,统治权力$p_j$越大。第$j$个帝国统治的初始殖民地数量$n_j$由式(5.9)计算:

$$n_j = \lfloor M \times p_j \rfloor \quad (5.9)$$

$$\sum_{j=1}^{N} n_j = M \quad (5.10)$$

式中:$\lfloor \ \rfloor$为下取整函数。根据式(5.9),较强的殖民国家具有较大统治权力和较大帝国。p_j为第j个殖民国家统治的殖民地在总殖民地的占比。随后,从M个殖民地国家中随机选择n_j个国家隶属于第j个帝国的殖民地,要求不同帝国不能有相同的殖民地。因此,将殖民国家考虑在内,第j个帝国包含的国家数量为n_j+1。记属于第j个帝国的第k个国家为$\mathbf{X}_k^j(t)$,$k=[1,n_j+1]$(在$t=0$代)。将第j个帝国中的国家根据目标函数值进行升序排序,殖民国家$\mathbf{X}_1^j(t)$在第j个帝国中排第一。对$j=[1,N]$重复这一过程。

5.3.4 殖民地同化

殖民国家试图通过增强对殖民地的影响提升自己的帝国。为达到此目的,第j个帝国中的殖民地国家$\mathbf{X}_k^j(t)$,$k=[2,n_j+1]$根据式(5.11)改变自身特征向殖民国家$\mathbf{X}_1^j(t)$靠近。

$$\mathbf{X}_k^j(t+1) = \mathbf{X}_k^j(t) + \beta \times \mathrm{rand}(0,1) \times (\mathbf{X}_1^j(t) - \mathbf{X}_k^j(t)) \quad (5.11)$$

式中:$\mathrm{rand}(0,1)$为0和1之间的随机数;β为同化系数。计算同化后殖民地的目标函数值$f(\mathbf{X}_k^j(t+1))$,$k=[2,n_j+1]$。同化结束后,对第j个帝国中的国家按目标函数值重新升序排列,排名第一的国家为下一代(即$t=t+1$)的殖民国家$\mathbf{X}_k^j(t+1)$。对$j=[1,N]$重复这一过程。

5.3.5 殖民地革命

殖民地革命导致帝国中的国家在经济、文化和政治上发生剧变。此时,殖民国家及其所辖的殖民地国家可以随机改变社会政治属性,而非被其殖民国家同化。这一过程类似于传统EA算法中的变异算子。算法中的革命比例参数η

代表每个帝国中进行革命的殖民地比例。较高的革命比例会增强算法的全局探索能力,降低局部搜索能力。最好采用中等取值的革命比例参数。革命的具体实现过程为,在第 j 个帝国($j=[1,N]$)中随机选择 $\eta \times n_j$ 个国家(包括殖民国家),其中 η 为一个随机因子随机初始化这些国家的社会政治特征。革命结束后,对帝国中的所有国家根据目标函数值进行升序排列,使殖民国家排在首位。对所有帝国重复这一过程。

5.3.6 帝国竞争

所有帝国(N 个)进行帝国竞争,根据权力获取较弱帝国的殖民地。较弱帝国的殖民地会摆脱当前殖民国家的统治,被其他较强帝国控制。因此,较弱的帝国会逐渐失去权力,最终退出竞争。殖民竞争与帝国瓦解机制的共同作用将导致较强帝国的权力逐渐增加,较弱帝国的权力逐渐降低。殖民竞争包括以下几步。

1. 帝国权力评估

第 j 个殖民国家 $\boldsymbol{X}_1^j(t+1)$ 所在帝国的权力由 $\boldsymbol{X}_1^j(t+1)$ 及殖民地 $\boldsymbol{X}_k^j(t+1)$,$k=[2,n_j+1]$(同化后)的目标函数值共同决定。第 j 个帝国的帝国权力评估方法为

$$tc_j = f(\boldsymbol{X}_1^j(t+1)) + \xi \frac{1}{n_j} \sum_{k=2}^{n_j+1} \boldsymbol{X}_k^j(t+1) \tag{5.12}$$

式中:$0<\xi<1$,用来归一化帝国中殖民地对帝国权力的影响。当 ξ 值很小时,第 j 个帝国的权力由殖民国家 $\boldsymbol{X}_1^j(t+1)$ 决定,随着 ξ 的增大,殖民地对帝国权力的影响增加。对 N 个帝国根据 tc_j,$j=[1,N]$ 升序排序。第 j 个帝国的标准化权力 pp_j 采用式(5.13)计算,其中 tc_N 为当前种群 P_t 中权力最低帝国的权力值。

$$pp_j = \frac{tc_N - tc_j}{\sum_{l=1}^{N} tc_N - tc_l} \tag{5.13}$$

由式(5.13)易知,第 j 个帝国越强(对于最小化问题 tc_j 越小),标准化权力 pp_j 越高,从较弱帝国中获取殖民地的概率越大。对 $j=[1,N]$ 重复这一过程。

2. 殖民地再分配及帝国瓦解

认为权力最小的帝国在竞争中失败。记最弱帝国中的最弱殖民地为 $\boldsymbol{X}_{\text{worst}}$,将其从当前殖民国家的统治中移除,根据捕获概率重新分配给较强的帝国。注意到 $\boldsymbol{X}_{\text{worst}}$ 不一定会被最强的帝国获取,而是被某一较强的帝国获得。为实现此

目的,第 j 个帝国 $j=[1,N]$ 的捕获概率为

$$\mathrm{prob}_j = pp_j - \mathrm{rand}(0,1) \tag{5.14}$$

现在 X_{worst} 成为捕获概率 prob_j 最高帝国的新殖民地。若在帝国瓦解操作前,最差的殖民地是帝国中唯一的国家(即 X_{worst} 是最弱帝国的殖民国家),移除 X_{worst} 将导致最弱帝国的消亡。

3. 帝国合并

根据社会政治特征评估两帝国间的差异。采用式(5.15)计算两帝国的殖民国家 $X_1^j(t+1)$ 和 $X_1^l(t+1)$ 间的欧几里得距离以评估两帝国 j 和 l 之间的差异,$j,l=[1,N]$。

$$\mathrm{Dist}_{j,l} = \| X_1^j(t+1) - X_1^l(t+1) \| \tag{5.15}$$

若 $\mathrm{Dist}_{j,l}$ 小于预先给出的阈值 Th,则将两个帝国合并为一个帝国。取 $X_1^j(t+1)$ 和 $X_1^l(t+1)$ 中较强的国家为新帝国的殖民国家。

每次评估后,重复以上几个步骤,直到满足任意一种收敛条件:达到迭代次数上限、满足误差要求或只剩下一个帝国集团。

5.4　萤火虫算法

在 FA[15] 中,萤火虫在搜索空间中的位置代表优化问题的可能解,光的强度代表解的适应值。每个萤火虫通过飞向亮度更大萤火虫所在的位置来迭代更新自己的位置,从而最终得到最优结果。

5.4.1　初始化

FA 的初始种群 P_t 具有 NP 个 D 维萤火虫,在搜索区间 $[X^{\min}, X^{\max}]$ 随机初始化萤火虫位置 $X_i(t) = \{x_{i,1}(t), x_{i,2}(t), x_{i,3}(t), \cdots, x_{i,D}(t)\}$, $i=[1,NP]$。在 $t=0$ 时有 $X^{\min} = \{x_1^{\min}, x_2^{\min}, \cdots, x_D^{\min}\}$, $X^{\max} = \{x_1^{\max}, x_2^{\max}, \cdots, x_D^{\max}\}$。因此,在 $t=0$ 时第 i 个萤火虫第 d 维值的计算方法为

$$x_{i,d}(0) = x_d^{\min} + \mathrm{rand}(0,1) \times (x_d^{\max} - x_d^{\min}) \tag{5.16}$$

式中:$\mathrm{rand}(0,1)$ 为在 0 和 1 之间均匀分布的随机数;$d=(1,D)$。评估第 i 个萤火虫的目标函数值 $f(X_i(0))$,$i=[1,NP]$(最小化问题中该函数值与亮度成反比)。

5.4.2 较亮萤火虫的吸引

萤火虫 $X_i(t)$ 被更亮的萤火虫 $X_j(t)$ 吸引,$i,j=[1,NP]$,$i\neq j$。对于最小化问题有 $f(X_j(t))<f(X_i(t))$。$X_i(t)$ 对 $X_j(t)$ 的吸引力 $\beta_{i,j}$ 与 $X_j(t)$ 看到 $X_i(t)$ 的亮度成正比,但吸引力 $\beta_{i,j}$ 随距离 $r_{i,j}$ 的增加指数降低,$\beta_{i,j}$ 的计算方式为

$$\beta_{i,j}=\beta_0\exp(-\gamma\times r_{i,j}^m),m\geq 1 \tag{5.17}$$

式中:β_0 为第 i 个萤火虫在其位置受到的最大吸引(即 $r_{i,j}=r_{i,i}=0$ 时);γ 为亮度吸收系数,用来控制 $\beta_{i,j}$ 随 r_{ij} 的变化方式,与 FA 的收敛速度有关。当 $\gamma=0$ 时吸引力为常数,当 γ 趋于无穷时与完全的随机搜索等价[15]。在式(5.17)中,m 为一正数常量,为非线性幂指数。采用欧几里得距离度量 $X_i(t)$ 和 $X_j(t)$ 之间的距离为

$$r_{i,j}=\|X_i(t)-X_j(t)\| \tag{5.18}$$

对 $i,j=[1,N]$ 重复该步。

5.4.3 萤火虫运动

在 $X_i(t)$ 的萤火虫根据式(5.19)移动到另一萤火虫占据的更具有吸引力的位置 $X_j(t)$(即 $f(X_j(t))<f(X_i(t))$),$i,j=[1,NP]$,$i\neq j$。

$$X_i(t+1)=X_i(t)+\beta_{i,j}\times(X_j(t)-X_i(t))+\alpha\times(\mathrm{rand}(0,1)-0.5) \tag{5.19}$$

位置更新式(5.19)右端的第一项为第 i 个萤火虫的当前位置,右端第二项代表在 $X_i(t)$ 的萤火虫受到 $X_j(t)$ 的吸引导致的位置变化。对于种群 P_t 中最亮的萤火虫,不存在更具吸引力的萤火虫,因此最亮的萤火虫不会因为式(5.19)的右端第二项产生运动,而会被困在局部最优中。为避免该问题,式(5.19)右端在最后一项引入萤火虫的随机运动,随机运动步长 $\alpha\in(0,1)$。其中 rand(0,1)是介于 0 和 1 之间的均匀分布的随机数。对 $i=[1,NP]$ 重复这一过程。

每次评估后,重复 5.4.2 节和 5.4.3 节的过程直到达到最大迭代次数或满足误差阈值。

5.5 帝国竞争萤火虫算法

在我们提出的混合算法中,将基于亮度强度吸引、排斥的萤火虫运动引入

到 ICA 中,从而结合两种基本算法在全局探索和局部搜索中的优势。ICA 基于适应值的殖民行为提供了局部最优附近的局部搜索能力。而帝国竞争最终帮助算法收敛到全局最优。另外,FA 算法受萤火虫自组织行为的启发,具有全局探索的潜力。搜索空间中更亮萤火虫的更优位置信息通过动力学模型(式(5.19))传播到其他个体。这些特征促使我们提出一种混合算法,即 ICFA 算法。在 ICFA 算法中,聚集过程由 ICA 算法中帝国(群落)的建立和革命控制,而分散过程主要受萤火虫运动影响。

在改进后的 ICA 算法中,每个殖民地通过新提出的同化方法提升自身社会属性进而提升所在帝国的统治权力。这与传统的 ICA 不同,在传统 ICA 中,殖民地国家的同化只受当前帝国中的殖民国家影响,而不受同一帝国中其他较强殖民地国家的影响。受到传统 FA 算法中萤火虫自组织动态运动(式(5.19))的启发,新算法解决了这一问题。在新算法的在殖民地同化中(式(5.20)),殖民地国家 $X_k^j(t)$ 的社会属性不仅会受到帝国中殖民国家的影响,也受到同一帝国中其他所有较强殖民地国家的影响。假设第 j 个帝国中的国家已根据目标函数值升序排列使殖民国家 $X_1^j(t)$ 占据首位,$X_k^j(t)$ 为第 j 个帝国的第 k 个殖民地国家,$k=[2,n_j+1]$,其更新表达式为

$$X_k^j(t+1) = X_k^j(t) + \beta_{k,l}^j \times (X_l^j(t) - X_k^j(t)) + \alpha \times (\mathrm{rand}(0,1) - 0.5),$$
$$f(X_l^j(t)) < f(X_k^j(t)) \tag{5.20}$$

式(5.20)表明殖民地国家 $X_k^j(t)$ 向第 j 个帝国中的殖民国家 $X_l^j(t)$ 与其他较强殖民地国家 $X_l^j(t)$ 学习,$f(X_l^j(t)) < f(X_k^j(t))$。记更新后的第 k 个殖民地国家为 $X_k^j(t+1)$。

传统 FA 算法中萤火虫(或殖民地国家)以步长 α 随机运动(如式(5.19)或式(5.20)所示),这一过程有助于获得较好的探索能力,从而避免陷入局部最优。特别地,萤火虫向全局最优的收敛很大程度上依赖于 α 的取值。在传统 FA 中,所有萤火虫的 α 都为常数,即 α 对萤火虫探索行为的影响与其适应值无关。因此,当 α 大于所需值时,在全局最优附近的萤火虫可能被驱离全局最优,而被困在局部最优中。而当 α 小于所需值时,远离全局最优的萤火虫可能无法被吸引到全局最优附近。针对这一问题,控制萤火虫随机运动的 α 需受到当前萤火虫位置与最优萤火虫位置相对关系的调控,从而保证适应值较好的解用较小的步长进行局部搜索以避免错过最优解,而适应值较差的解进行全局探索以发现设计空间中具有潜力的区域。在提出的方法中(式(5.21)),第 i 个萤火虫在 $X_i(t)$ 的第 d 个维

度，$d=(1,D)$ 的步长 $\alpha_{i,d}$ 和该萤火虫与最优萤火虫的空间距离有关，而非保持常数。显然，排序后的种群中 $X_1(t)$ 为最亮萤火虫的位置。

$$\alpha_{i,d} = \alpha_{\min} + (1 - \alpha_{\min}) \times \text{rand}(0,1) \times \frac{|X_{1,d}(t) - X_{i,d}(t)|}{X_d^{\max} - X_d^{\min}} \quad (5.21)$$

式中：$|\cdot|$ 为绝对值；$\text{rand}(0,1)$ 为 0 和 1 之间的随机数。由式(5.21)易知，若 $X_{i,d}(t)$ 靠近 $X_{1,d}(t)$，$\alpha_{i,d}$ 趋近于最小值 $\alpha_{\min}$，从而将 $X_{i,d}(t)$ 限制在较小的附近搜索区域。若 $|X_{i,d}(t) - X_{1,d}(t)|$ 较大，趋近于 $X_d^{\max}(t) - X_d^{\min}(t)$，则 $\alpha_{i,d}$ 趋近于 1，从而给 $X_{i,d}(t)$ 一个较大的扰动量。显然，在改进后的算法中，步长 $\boldsymbol{\alpha}_i = \{\alpha_{i,1}, \alpha_{i,2}, \cdots, \alpha_{i,D}\}$ 为一个 D 维的向量，其中第 d 个值 $\alpha_{i,d} \in (\alpha_{\min}, 1)$。

传统 ICA 中帝国合并时的相似度阈值 Th 是一个预先给定的常数，与搜索空间维度无关。帝国合并阈值的选取决定了 ICA 的表现。本书提出了一个新的经验公式计算合并阈值，如式(5.22)所示。其中 $[X^{\min}, X^{\max}]$，D 和 N 分别为搜索空间的维度和帝国数量。

$$Th = \frac{\|X^{\max} - X^{\min}\|}{N \times D} \quad (5.22)$$

受这些现象的驱动，我们采用混合方法改进了传统 ICA，引入考虑 α 调制的 FA 和归一化的阈值 Th 选择方法。记改进后的 ICA 为 ICFA，除下面给出的殖民地同化和帝国合并的计算外，ICFA 与传统 ICA 较为相似。

帝国同化过程如下所述。

排序后第 j 个帝国（由殖民国家 $X_1^j(t)$ 领导）中第 k 个殖民地国家 $X_k^j(t)$ 的同化由以下两步完成，其中 $k = [1, n_j + 1]$，$j = [1, N]$。

1. 较强殖民地吸引

第 j 个帝国中的第 k 个殖民地国家 $X_k^j(t)$ 与第 l 个国家 $X_l^j(t)$ 的距离采用欧几里得距离计算：

$$r_{k,l}^j = \|X_k^j(t) - X_l^j(t)\| \quad (5.23)$$

在 FA 中，殖民地国家 $X_k^j(t)$ 受同一帝国中更加强大的国家 $X_l^j(t)$（包括殖民国家）吸引，即 $f(X_l^j(t)) < f(X_k^j(t))$，吸引因子为 $\beta_{k,l}^j$，$k, l = [1, n_j + 1]$，$k \neq l$。吸引因子为

$$\beta_{k,l}^j = \beta_0 \exp(-\gamma \times (r_{k,l}^j)^m), \quad m \geq 1 \quad (5.24)$$

式中：β_0 和 γ 的定义与式(5.17)相同。

2. 修改后的帝国行为

根据式(5.25)更新社会特征以反映同一帝国中更强国家 $X_l^j(t)$ 对殖民地国

家 $X_k^j(t)$ 的影响，其中 $k,l=[1,n_j+1]$，$k\neq l$，满足 $f(X_l^j(t))<f(X_k^j(t))$。

$$X_k^j(t+1) = X_k^j(t) + \beta_{k,l}^j \times (X_l^j(t) - X_k^j(t)) + \alpha_k^j \times (\mathrm{rand}(0,1) - 0.5) \tag{5.25}$$

式(5.25)中随机运动采用的 D 维步长向量 α_k^j 受殖民地国家 X_k^j 和殖民国家 X_1^j 的相对社会特征影响，如式(5.26)所示，$d=[1,D]$。

$$\alpha_{k,d}^j = \alpha_{\min} + (1-\alpha_{\min}) \times \mathrm{rand}(0,1) \times \frac{|X_{1,d}^j(t) - X_{k,d}^j(t)|}{X_d^{\max} - X_d^{\min}} \tag{5.26}$$

式中：$\mathrm{rand}(0,1)$ 为 0 和 1 之间均匀分布随机数。由式(5.26)易知，殖民国家 X_1^j 在所有维度都取到 $\alpha_{\min}$。每次国家移动后，第 j 个帝国根据目标函数值的升序对包含的国家重新进行排序，确保殖民国家始终为 X_1^j，对 $k=[1,n_j+1]$ 重复这一过程。当这一步结束时，更新后的国家记为 $X_k^j(t+1)$，$k=[1,n_j+1]$。

3. 帝国合并

帝国 j 和 l，$j,l=[1,N]$ 间的相似度 $\mathrm{Dist}_{j,l}$ 由帝国中殖民国家 $X_1^j(t+1)$ 和 $X_1^l(t+1)$ 的欧几里得距离度量。根据式(5.22)，若 $\mathrm{Dist}_{j,l}$ 小于阈值 Th，则两帝国合并为一个帝国。$X_1^j(t+1)$ 和 $X_1^l(t+1)$ 中较强的国家成为新帝国的殖民国家，另一个成为新帝国的殖民地国家。ICFA算法的具体过程如算法5.1所示。

算法5.1 帝国竞争萤火虫算法(ICFA)

开始

(1) 初始化种群，根据式(5.7)生成 $t=0$ 时的 NP 个 D 维国家 $X_i(t)$，并评估 $f(X_i(t))$，$i=[1,NP]$；

(2) 根据适应值对 P_t 升序排列，选择前 N 个国家作为殖民国家，剩余 $M=NP-N$ 个作为殖民地国家；

(3) 基于式(5.9)和式(5.8)计算得到的统治权力 p_j 随机选择 n_j 个国家作为第 j 个殖民国家的殖民地，$j=[1,N]$；

(4) While 未达到停止条件 do

开始

① For 国家 $j=1$ 到 N do begin

  根据适应值对第 j 个帝国中的国家升序排列，殖民国家 X_1^j 排第一；

  For 第 j 个帝国中的国家 $k=1$ 到 n_j+1 do begin

    For 第 j 个帝国中的国家 $l=1$ 到 n_l+1 do begin

      If $f(X_l^j(t))<f(X_k^j(t))$ do begin

        (a) 分别采用式(5.23)和式(5.24)计算 $X_k^j(t)$ 和 $X_l^j(t)$ 之间的距离 $r_{k,l}$ 和吸引因子 $\beta_{k,l}^j$；

        (b) 使用式(5.26)计算 $X_k^j(t)$ 随机运动步长；

(c)使用式(5.25)更新 $X_k^j(t)$ 的社会特征;

(d)根据适应值对第 j 个帝国中的国家进行升序排列,帝国中的殖民国家 X_1^j 排在第一;

End If

End For

记更新后的国家为 $X_k^j(t+1)$;

End For

②For 帝国 $j=1$ 到 N do begin

(a)从第 j 个帝国中随机选择 $\eta \times n_j$ 个国家重新初始化完成革命操作;

(b)对第 j 个帝国中的国家根据适应值升序排列,排序第一的为殖民国家;

End For

③根据式(5.13)和式(5.14)评估第 j 个帝国的捕获能力 pp_j 和捕获概率 $prob_j, j=[1,N]$;

④根据捕获能力 pp_j 对帝国进行排序, $j=[1,N]$。找到最差帝国 $X_N(t+1)$ 中的最差国家 X_{worst},将 X_{worst} 重新分配给具有最大捕获概率 $prob_j$ 的帝国 $j, j=[1,N]$;

⑤If X_{worst} 是第 N 个帝国唯一的国家,那么第 N 个国家消失,令 $N \leftarrow N-1$;

End If

⑥分别采用式(5.22)和式(5.15)评估两个殖民国家 $X_j(t+1)$ 和 $X_l(t+1)$ 的差异阈值 Th 和不相似距离 $Dist_{j,l}$。若第 j 个和第 l 个帝国之间有 $Dist_{j,l}<Th$。那么 $X_j(t+1)$ 和 $X_l(t+1)$ 中较强的作为新帝国的殖民国家,剩下的一个作为其殖民地。对 $j,l=[1,N]$ 减少殖民地数量,令 $N \leftarrow N-1$;

⑦令 $t \leftarrow t+1$;

End While

End

5.6 仿真结果

采用最小化问题的 25 个标准函数算例[64]对提出的 ICFA 算法进行测试。

5.6.1 算法比较方式

参与比较的对照算法包括:ICA 和 DE 的混合算法(ICA-DE)[16]、人工帝国主义交互增强的 ICA(ICAAI)[21]、文化基因 ICA[20]、自适应殖民地运动半径的 ICA(ICAR)[26]、社会算法(SBA)[65]、混合进化 ICA(HEICA)[18]、混沌 ICA(CICA)[24]、K-means(K-MICA)的修正 ICA[33]、GA 递归的 ICA(R-ICA-GA)[19]、传统人工蜂群算法(ABC)[66]、传统 FA[15]、传统 ICA[67]、传统

PSO[54]。上述传统进化/群优化算法在求解单目标优化问题中受到广泛欢迎与应用。

5.6.2 参数设置

为公平比较算法性能,所有算法(在所有测试问题中)采用相同随机种子进行初始化,种群数量为50。采用这些算法源文献中推荐的参数设置。在提出的 ICFA 中,初始帝国数量 $N = \sqrt{NP}$,即 $NP = 50$ 时 $N = 7$;取 $\alpha_{\min} = 0.3$,$\alpha_{\max} = 1$。最大吸引因子 β_0 和光吸收系数 γ 取 1,根据文献[69],取非线性幂指数 $m = \sqrt{D \times \max\limits_{j=1}^{D}(|X_j^{\max} - X_j^{\min}|)}$。

5.6.3 ICFA 探索能力分析

算法的探索能力和搜索能力可以用种群方差进行描述。记 $X_i(t)$ 为第 t 代种群 P_t 中第 i 个 D 维解。种群 P_t 所有解(NP 个)的方差如式(5.27)所示。

$$V(P_t) = \frac{1}{D}\sum_{j=1}^{D}\left(\frac{1}{NP}\sum_{i=1}^{NP}x_{i,j}^2 - \left(\frac{1}{NP}\sum_{i=1}^{NP}x_{i,j}\right)^2\right) \quad (5.27)$$

图 5.2 所示为求解 f15 中 50-D 问题时种群方差随函数评估次数 FEs 的变化。受空间限制不展示其他函数的收敛过程。图 5.2 表明,ICA 算法在初始阶段具有较高的局部搜索能力,而 FA 具有更好的全局探索能力,种群方差在收敛

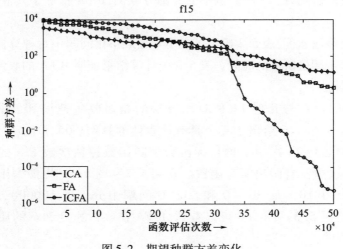

图 5.2 期望种群方差变化

过程中逐渐减少。显然，ICFA 比这两种基本算法更好地平衡对前期全局探索和后期局部搜索的要求。因此，可以说明 ICA 与 FA 的混合使 ICFA 具有更好的全局探索和局部搜索能力。

5.6.4　收敛解质量比较

我们采用 25 个标准函数[64]的 10、30、50 维算例对算法的性能进行测试。独立运行实验 50 次。受空间限制，表 5.1 仅展示了 14 种算法 25 次计算 30 维标准算例的均值和标准差，未展示的结果与表 5.1 的结果趋势相似。在 30 维问题中，最大函数评估次数（Maximum number of Function Evaluations，Max_FEs）取 300000。

表 5.1 的最后一列展示了最优秀的两种算法不同均值的统计显著水平，对 25 个样本采用 t 检验。在这里"+"表示 49 个自由度 t 值在 0.05 显著，而"-"为均值差异不统计显著，"NA"为 t 检验不适用，认为两种或多种算法达到了相同的精度。

5.6.5　表现分析

对表 5.1 的分析表明 ICFA 通常优于其他算法。注意到，在 25 个标准算例中的 21 个算例中，ICFA 与最优竞争者相比具有显著的统计优越性。ICA-DE 是第二优秀的算法，它在 2 个算例中（f10 和 f19）在平均精度上超过了 ICFA。从表 5.1 可以看到，在 25 个算例中的大部分算例，ICFA 都优于其他算法，优势十分明显。

为对比算法速度，表 5.2 给出了在 100 维最小化问题中每种算法目标函数值收敛到给定阈值所需的时间。表 5.2 的计算结果证明 ICFA 的收敛速度优于其他 13 种算法。

为比较 ICFA 与其他 13 种对比算法的相对收敛速度和解的质量（精度），图 5.3～图 5.6 给出了 4 个具有代表性的算例（f05，f07，f17 和 f20）在不同维度中运行 25 次中平均目标函数值随函数评估次数 FEs 的变化。受空间所限，这里没有画出所有函数。在图 5.3～图 5.6 中，最大函数评估次数 Max_FEs 在 10-D、30-D 和 50-D 问题中分别取 100000、300000 和 500000。由图 5.3～图 5.6 可以看到，ICFA 在收敛速度和解的质量上优于其他所有算法。

第 5 章 改进帝国竞争算法及在智能体携杆问题中的应用

表 5.1 f01~f25 中 ICFA 算法与其他算法解质量对比

函数	ICFA	ICA–DE	ICAAI	文化基因 ICA	ICAR	SBA	HEICA	CICA	K–MICA	R–ICA–GA	ABC	FA	ICA	PSO	统计显著水平
f01	**0.00** (0.00)	2.88×10^{-29} (1.99×10^{-27})	1.10×10^{-26} (2.74×10^{-26})	1.94×10^{-23} (2.95×10^{-25})	3.39×10^{-22} (4.59×10^{-24})	3.82×10^{-21} (4.75×10^{-23})	4.42×10^{-21} (5.20×10^{-20})	5.70×10^{-20} (5.30×10^{-18})	6.34×10^{-17} (5.54×10^{-17})	6.39×10^{-16} (5.60×10^{-17})	6.70×10^{-14} (5.94×10^{-15})	6.70×10^{-14} (6.41×10^{-15})	7.75×10^{-10} (6.53×10^{-11})	7.79×10^{-10} (6.71×10^{-10})	+
f02	1.22×10^{-4} (8.31×10^{-4})	3.24×10^{-4} (1.13×10^{-3})	2.32×10^{-3} (1.30×10^{-3})	2.67×10^{-3} (1.93×10^{-3})	1.19×10^{-2} (3.11×10^{-1})	1.93×10^{-1} (3.42×10^{-1})	2.21×10^{-1} (3.48)	2.67×10^{-1} (4.52×10^{2})	3.07×10^{-1} (4.58×10^{2})	4.58×10^{-1} (4.75×10^{2})	4.86×10^{-1} (4.96×10^{2})	4.94×10^{-1} (5.28×10^{2})	5.76×10^{-1} (5.35×10^{2})	7.65×10^{-1} (5.56×10^{2})	+
f03	1.97×10^{-1} (1.37)	1.04 (1.50)	1.56 (1.75)	1.78×10 (1.77)	1.80×10 (2.44×10)	2.38×10 (2.46×10)	3.54×10 (3.31×10)	3.83×10^{2} (3.84×10)	4.09×10^{3} (4.09×10)	4.89×10^{3} (4.31×10^{2})	5.25×10^{3} (5.69×10^{2})	6.23×10^{3} (5.81×10^{2})	6.71×10^{4} (5.50×10^{2})	6.71×10^{4} (5.88×10^{2})	+
f04	1.37×10^{-5} (3.67×10^{-4})	1.53×10^{-4} (4.58×10^{-4})	1.90×10^{-4} (1.13×10^{-4})	2.00×10^{-4} (1.15×10^{-3})	2.66×10^{-3} (1.84×10^{-3})	3.28×10^{-3} (2.17×10^{-20})	3.71×10^{-3} (2.35×10^{-16})	3.97×10^{-3} (3.15×10^{-16})	3.98×10^{-2} (3.69×10^{-16})	5.27×10^{-2} (4.21×10^{-14})	5.30×10^{-2} (4.57×10^{-14})	5.45×10^{-2} (4.82×10^{-14})	6.53×10 (5.55×10^{-1})	6.42×10^{-1} (5.23×10^{-1})	+
f05	1.03×10^{-11} (4.59×10^{-10})	2.54×10^{-10} (6.95×10^{-10})	3.74×10^{-10} (1.01×10^{-9})	1.06×10^{-9} (1.01×10^{-9})	1.60×10^{-9} (1.27×10^{-9})	3.09×10^{-8} (1.81×10^{-7})	3.76×10^{-8} (1.84×10^{-7})	5.42×10^{-7} (2.79×10^{-5})	5.72×10^{-7} (3.01×10^{-5})	5.78×10^{-3} (3.84×10^{-3})	6.08×10^{-3} (4.05×10^{-3})	6.39×10^{-3} (5.60×10^{-3})	6.97×10^{-3} (7.37×10^{-3})	6.73×10^{-3} (6.08×10^{-3})	+
f06	7.34×10^{-1}	9.53×10^{-1}	1.06	1.28	1.67	2.45	2.81	2.92	3.59	4.35	5.97	6.61	6.31			
		(5.77×10^{-1})	(1.69×10^{-1})	(1.92×10^{-1})	(2.36×10^{-1})	(2.58×10^{-1})	(2.72×10^{-1})	(2.82×10^{-1})	(3.43)	(5.46)	(6.30)	(6.69 \times 10)	(6.59 \times 10)	
f07	1.10×10^{-5} (8.56×10^{-1})	1.30×10^{-5} (1.28)	1.41×10^{-5} (1.32)	1.18×10^{-5} (2.14)	1.64×10^{-4} (2.57)	2.07×10^{-4} (3.05)	2.47×10^{-4} (3.12)	3.15×10^{-3} (3.40)	3.82×10^{-3} (4.37)	4.02×10^{-3} (4.80)	4.53×10^{-2} (5.21)	4.54×10^{2} (5.42)	5.74×10^{-1} (6.50)	5.12×10^{-1} (5.46)	+
f08	2.45×10 (1.19×10^{-4})	2.65×10 (1.29×10^{-3})	3.55×10 (1.36×10^{-3})	3.57×10 (1.45×10^{-3})	3.72×10 (1.58×10^{-3})	3.85×10 (1.59×10^{-3})	4.10×10 (1.61×10^{-3})	4.35×10 (2.10×10^{-1})	4.51×10 (2.17×10^{-1})	5.56×10 (3.01)	5.68×10^{-2} (3.04)	5.72×10 (3.29 \times 10)	7.57×10 (5.96×10)	6.13×10 (5.91×10)	+
f09	**0.00** (2.20×10^{-28})	4.82×10^{-24} (3.59×10^{-26})	1.55×10^{-23} (1.66×10^{-25})	1.80×10^{-23} (1.83×10^{-23})	1.83×10^{-22} (2.96×10^{-22})	2.07×10^{-22} (3.21×10^{-18})	2.23×10^{-12} (3.42×10^{-12})	2.86×10^{-12} (3.55×10^{-12})	3.07×10^{-12} (3.82×10^{-12})	4.16×10^{-10} (4.04×10^{-12})	4.21×10^{-10} (5.11×10^{-10})	4.97×10^{-10} (5.00×10^{-10})	8.85×10^{-9} (7.74×10^{-9})	6.33×10^{-9} (6.50×10^{-9})	+
f10	1.59×10 (5.95×10)	**1.26×10** (2.74×10^{-1})	1.62×10 (1.38×10^{-1})	1.83×10 (3.33×10^{-1})	2.57×10 (4.34×10^{-1})	2.76×10 (4.45×10^{-1})	3.42×10 (5.57×10^{-1})	3.64×10 (5.75×10^{-1})	4.36×10 (5.89×10^{-1})	4.75×10 (6.00×10^{-1})	5.57×10 (6.04)	6.19×10 (6.45)	6.39×10 (7.23)	7.91×10 (8.32)	−
f11	2.07×10^{-3} (1.29×10^{-3})	1.21×10^{-2} (3.41×10^{-12})	1.28×10^{-1} (4.50×10^{-12})	1.67×10^{-1} (2.67×10^{-3})	3.35×10^{-1} (1.17×10^{-10})	3.50×10^{-1} (3.29×10^{-10})	4.03×10^{-1} (3.42×10^{-10})	4.26×10^{-1} (3.50×10^{-10})	4.32 (3.65×10^{-9})	4.77×10^{-9} (4.39×10^{-9})	5.63 (4.98×10^{-8})	6.01 (5.72×10^{-8})	6.20 (5.72×10^{-8})	6.33 (5.85×10^{-8})	+
f12	2.58×10^{-4} (6.10×10^{-5})	7.93×10^{-4} (1.42×10^{-4})	1.04×10^{-3} (1.74×10^{-4})	1.21×10^{-3} (1.87×10^{-4})	2.73×10^{-3} (2.04×10^{-4})	3.02×10^{-3} (2.79×10^{-4})	3.17×10^{-3} (2.91×10^{-4})	3.63×10^{-3} (3.02×10^{-4})	4.54×10^{-2} (3.68×10^{-4})	4.61×10^{-2} (4.39×10^{-4})	5.05×10^{-2} (4.59×10^{-3})	5.60×10^{-2} (5.62×10^{-3})	5.77×10^{-2} (5.81×10^{-3})	6.81×10^{-2} (5.88×10^{-3})	+
f13	1.26×10^{-1} (0.00)	1.58×10^{-1} (1.89×10^{-18})	1.88×10^{-1} (1.19×10^{-18})	2.37×10^{-1} (1.24×10^{-18})	2.60×10^{-1} (2.11×10^{-18})	2.92×10^{-1} (3.77×10^{-16})	2.95×10^{-1} (3.92×10^{-13})	3.42×10^{-1} (4.66×10^{-13})	3.83×10^{-1} (4.66×10^{-11})	5.16×10^{-1} (4.68×10^{-3})	6.44×10^{-1} (4.88×10^{-3})	6.51×10^{-1} (4.90×10^{-3})	6.66×10^{-1} (6.17×10^{-3})	6.88×10^{-1} (7.99×10^{-3})	+

续表

函数	ICFA	ICA-DE	ICAAI	文化基因ICA	ICAR	SBA	HEICA	CICA	K-MICA	R-ICA-GA	ABC	FA	ICA	PSO	统计显著水平
f14	**1.09** (1.76×10^{-1}) (1.23×10^{-3})	**1.09** (1.76×10^{-1}) (3.48×10^{-3})	1.33 (1.85×10^{-1})	1.33 (2.03×10^{-1})	1.58 (2.40×10^{-1})	2.58 (2.69×10^{-1})	2.63 (4.08×10^{-1})	2.99 (4.08×10^{-1})	3.22 (4.31×10^{-1})	3.37 (5.11×10^{-1})	4.12 (5.77×10^{-1})	4.51 (6.15×10^{-1})	5.98 (6.34×10^{-1})	7.87 (8.87×10^{-1})	NA
f15	9.15×10^{-2} (1.23×10^{-3})	1.11×10^{-1} (6.73×10^{-3})	1.13×10^{-1} (6.73×10^{-3})	1.25×10^{-1} (2.23×10^{-3})	1.82×10^{-1} (2.27×10^{-3})	2.18×10^{-1} (2.85×10^{-3})	2.96 (3.71×10^{-2})	2.97 (3.71×10^{-2})	3.29 (4.27×10^{-1})	4.16 (4.46×10^{-2})	4.18 (4.58×10^{-1})	4.87 (5.02×10^{-1})	4.89 (5.73×10^{-1})	5.72 (5.78×10^{-1})	+
f16	4.63×10 (1.04×10^{-4})	1.07×10^{2} (1.47×10^{-1})	1.86×10^{2} (1.56×10^{-1})	1.96×10^{2} (1.68×10^{-1})	2.96×10^{2} (1.78×10^{-1})	3.08×10^{2} (2.02×10^{-1})	3.20×10^{2} (2.41×10^{-1})	3.62×10^{2} (4.67×10^{-2})	3.68×10^{2} (4.70×10^{-3})	4.46×10^{2} (4.72×10^{-1})	5.45×10^{2} (4.73×10^{-1})	6.12×10^{2} (4.86×10^{-1})	6.60×10^{2} (5.46)	6.70×10^{2} (5.91)	+
f17	**0.00** (7.63×10^{-7})	0.25 (1.06×10^{-1})	1.23 (1.32×10^{-1})	2.25 (1.34×10^{-1})	2.70 (1.69×10^{-1})	2.97 (1.88×10^{-1})	3.22 (2.01×10^{-1})	3.23 (2.38×10^{-1})	3.29 (3.31×10^{-1})	4.21 (4.03×10^{-1})	5.05 (4.25×10^{-1})	5.39 (5.16×10^{-1})	5.49×10^{2} (5.35×10^{-1})	6.41×10^{2} (6.42×10)	−
f18	1.27×10^{2} (1.79×10^{-5})	1.46×10^{2} (1.85×10^{-1})	1.65×10^{2} (2.45×10^{-5})	2.98×10^{2} (2.91×10^{-1})	3.15×10^{2} (3.21×10^{-1})	3.82×10^{2} (3.78×10^{-1})	4.25×10^{2} (4.07×10^{-1})	4.45×10^{2} (4.29×10^{-1})	4.51×10^{2} (4.63×10^{-4})	4.53×10^{2} (4.63×10^{-1})	4.75×10^{2} (5.39×10^{-1})	4.78×10^{2} (5.83×10^{-1})	4.96×10^{2} (5.89×10^{-1})	5.61×10^{2} (6.08×10^{-3})	+
f19	1.33×10^{2} (1.08×10^{-6})	1.04×10^{2} (4.44×10^{-2})	1.53×10^{2} (1.15×10^{-1})	2.22×10^{2} (1.27×10^{-1})	3.35×10^{2} (1.34×10^{-1})	3.65×10^{2} (2.56×10^{-1})	3.80×10^{2} (2.83×10^{-1})	3.81×10^{2} (3.13×10^{-1})	4.47×10^{2} (4.39×10^{-1})	4.51×10^{2} (4.87×10^{-1})	4.53×10^{2} (5.34×10^{-1})	5.04×10^{2} (5.40×10^{-1})	6.57×10^{2} (6.52×10^{-1})	6.95×10^{2} (7.08×10^{-4})	+
f20	3.31×10^{2} (1.13×10^{-1})	1.04×10^{-2} (1.37×10^{-1})	1.83×10^{2} (1.69×10^{-1})	2.43×10^{2} (1.89×10^{-1})	2.75 (2.31×10^{-1})	3.39 (2.51×10^{-1})	3.64 (2.76×10^{-1})	3.67×10 (2.97×10^{-1})	3.71×10 (3.09)	4.10×10^{2} (3.09)	4.70×10^{2} (4.78)	5.18×10^{2} (4.81)	5.28×10^{2} (4.92×10)	5.82×10^{2} (5.15×10)	+
f21	2.51×10^{2} (1.08)	3.29×10^{2} (1.17)	3.64×10^{2} (1.39)	4.73×10^{2} (2.84)	4.77×10^{2} (3.07)	4.00×10^{2} (3.60)	5.69×10^{2} (4.11)	5.28×10^{2} (5.24)	6.38×10^{2} (5.38×10)	7.53×10^{2} (5.77×10)	7.65×10^{2} (5.83×10)	7.75×10^{2} (5.97×10)	8.21×10^{3} (6.18×10)	8.64×10^{3} (6.92×10)	+
f22	1.08×10^{2} (0.00)	1.52×10^{2} (1.59)	1.78×10^{2} (3.35)	1.95×10^{2} (3.69)	2.03×10^{2} (4.07)	2.32×10^{2} (4.28)	3.22×10^{2} (4.87)	3.46×10^{2} (5.60)	3.46×10^{2} (5.70)	3.73×10^{2} (6.05)	3.92×10^{2} (6.15)	4.75×10^{2} (6.50)	5.52×10^{2} (6.92)	5.95×10^{2} (6.92)	−
f23	3.38×10^{2} (0.00)	4.72×10^{2} (5.22×10^{-18})	4.48×10^{2} (1.84×10^{-14})	5.02×10^{2} (1.46×10^{-14})	5.10×10^{2} (3.39×10^{-13})	5.38×10^{2} (3.86×10^{-9})	5.62×10^{3} (4.06×10^{-8})	5.66×10^{3} (4.07×10^{-6})	6.10×10^{3} (4.30×10^{-5})	6.17×10^{3} (4.40×10^{-4})	6.91×10^{3} (5.38×10^{-1})	7.23×10^{3} (5.91×10^{-1})	7.30×10^{3} (6.03×10^{-1})	7.87×10^{3} (6.49×10^{-2})	+
f24	1.29×10^{2} (3.57×10^{-21})	1.29×10^{2} (3.57×10^{-21})	1.46×10^{2} (1.44×10^{-16})	1.62×10^{2} (1.45×10^{-15})	1.78×10^{2} (1.89×10^{-12})	1.84×10^{3} (2.91×10^{-11})	1.93×10^{3} (3.11×10^{-10})	1.97×10^{3} (3.43×10^{-10})	2.53×10^{3} (3.75×10^{-8})	3.42×10^{3} (3.95×10^{-1})	3.49×10^{3} (4.48×10^{-1})	3.77×10^{3} (5.97×10^{-1})	4.44×10^{3} (6.11×10^{-1})	4.86×10^{3} (6.63×10)	NA
f25	1.36×10^{2} (1.17)	2.44×10^{2} (1.21)	2.73×10^{2} (1.93)	2.99×10^{2} (1.94)	3.16×10^{2} (2.06)	4.01×10^{2} (2.10)	4.34×10^{2} (2.33)	5.10×10^{2} (2.79)	5.16×10^{2} (3.26)	6.01×10^{2} (3.59×10)	6.02×10^{2} (4.53×10)	6.51×10^{2} (5.49×10)	6.54×10^{2} (5.89×10)	6.89×10^{2} (6.57×10)	+

*最优结果采用粗体表示

第 5 章 改进帝国竞争算法及在智能体携杆问题中的应用

表 5.2 问题 f01 到 f25 中 ICFA 与其他算法收敛时间对比/s

函数	误差	ICFA	ICA-DE	ICAAI	文化基因ICA	ICAR	SBA	HEICA	CICA	K-MICA	R-ICA-GA	ABC	FA	ICA	PSO
f01	1.00×10^{-18}	24.742	27.809	108.375	137.003	213.684	278.096	412.032	468.265	524.497	565.394	566.416	577.663	627.761	645.142
f02	2.00×10^{-14}	31.957	42.212	190.793	204.307	228.951	256.775	276.649	298.114	330.707	356.942	377.611	437.234	441.208	454.723
f03	4.00×10^{-2}	35.716	54.877	85.719	86.560	86.560	151.270	223.543	232.788	241.192	289.094	414.312	426.918	1554.722	489.107
f04	2.00×10^{-4}	44.991	46.230	222.895	280.683	359.109	404.514	584.069	693.453	864.752	899.838	1190.840	1197.032	1203.223	1271.330
f05	1.00×10^{-10}	56.435	66.432	354.738	570.807	738.502	964.245	980.369	1206.112	1241.586	1354.457	1699.522	1886.566	2438.024	2028.461
f06	4.00×10^{-2}	65.785	74.136	368.645	509.179	606.941	729.145	800.430	975.587	1120.194	1242.397	1317.756	1323.866	1751.577	1344.233
f07	3.00×10^{-5}	71.749	72.299	224.046	259.784	384.8657	412.356	426.101	501.700	531.939	607.538	716.125	801.345	874.195	1213.701
f08	2.00×10^{-1}	80.550	85.743	195.016	225.752	289.344	393.212	463.163	474.822	518.277	519.337	526.756	549.013	594.587	552.193
f09	2.00×10^{-2}	82.757	108.455	452.986	879.839	1520.119	1568.031	2060.219	2068.930	2121.198	2386.892	2700.498	2748.410	2883.435	2974.904
f10	3.00×10^{-4}	83.044	87.470	299.377	416.525	609.168	632.598	991.851	1239.163	1473.458	1496.888	3358.236	5987.554	12183.370	6430.112
f11	2.00×10^{-10}	87.984	136.390	335.992	410.024	586.563	879.845	936.792	1059.230	1104.789	1261.396	1312.649	1383.833	1765.384	2007.413
f12	8.00×10^{-2}	103.247	116.073	1154.319	1346.705	1513.440	2103.425	2218.857	2622.869	3078.184	3283.396	3341.112	3347.525	3629.692	3719.472
f13	9.00×10^{-2}	103.916	104.565	184.451	223.420	326.037	357.212	462.427	467.623	474.118	494.901	567.643	618.302	758.589	775.475
f14	7.00×10^{-4}	113.784	146.048	431.003	679.753	684.679	756.102	758.565	770.880	844.766	898.949	943.281	1098.442	1155.088	1293.009
f15	7.00×10^{-1}	117.032	144.925	312.086	374.504	2145.597	2360.156	3881.580	6807.394	8406.839	8874.969	9577.1651	1157.105	11332.653	12795.561
f16	9.00×10^{-2}	120.138	177.510	81.890	87.284	622.757	2049.704	2093.837	2407.667	2505.739	2540.064	2785.244	2795.051	2834.280	3442.327
f17	1.00×10^{-10}	120.310	131.810	293.698	302.544	337.929	360.930	375.084	461.778	470.624	485.663	5051.256	5316.646	6015.507	6227.819
f18	2.00×10^{-2}	123.131	123.131	574.288	622.956	958.769	1065.840	1241.046	1620.661	1990.541	2710.835	3022.314	3178.053	3650.137	4263.361
f19	3.00×10^{-2}	128.413	168.148	327.428	185.883	325.722	3871.156	4280.442	5184.280	5798.208	6633.832	8339.188	8782.580	9925.168	11801.059
f20	2.00	152.039	164.528	323.989	360.189	427.159	428.969	477.839	765.629	948.439	1035.319	1076.949	1136.679	1174.689	1230.799
f21	4.00×10	152.635	201.814	250.264	324.213	743.142	863.356	1366.070	1653.855	1690.283	1850.569	2032.712	2112.854	2549.997	3398.782
f22	2.00	156.405	184.566	1869.495	2129.448	2166.275	2751.169	4180.911	7603.627	9639.926	9661.589	10983.017	25995.306	34443.781	60439.088
f23	7.00×10	165.270	207.414	224.767	243.773	269.390	329.714	428.049	437.966	444.576	454.493	472.672	545.391	2247.674	4016.065
f24	2.00×10^{2}	180.090	266.919	543.129	571.715	618.167	1032.661	1386.410	1486.460	1650.828	1915.2471	19581.26	6860.587	7432.303	8254.144
f25	2.00×10^{2}	182.976	365.211	1437.141	1659.379	2266.831	2718.715	3296.535	4178.080	4259.568	11852.711	12000.870	12371.267	20445.927	28965.063

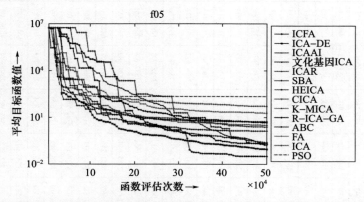

图 5.3　f05 问题中不同算法最优解均值随评估次数的变化曲线（Max_FEs = 500000）（见彩图）

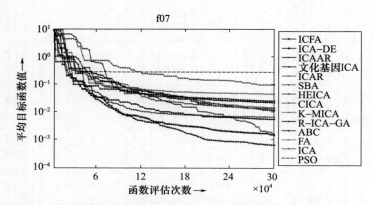

图 5.4　f07 问题中不同算法最优解均值随评估次数的变化曲线（Max_FEs = 300000）（见彩图）

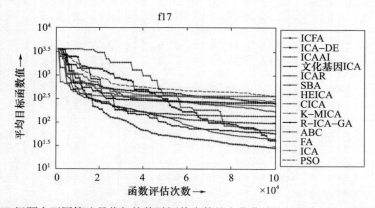

图 5.5　f17 问题中不同算法最优解均值随评估次数的变化曲线（Max_FEs = 100000）（见彩图）

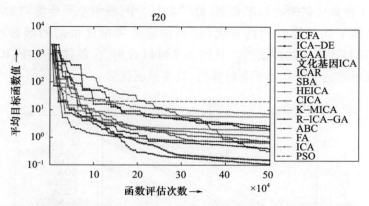

图 5.6 f20 问题中不同算法最优解均值随评估次数的变化曲线(Max_FEs = 500000)(见彩图)

图 5.7 展示了 14 种算法在 f25 基准问题中精度随函数评估次数的变化,其中 50 维问题的 Max_FEs 为 500000。这里,精度的定义为运行过程中的最优解 $f(X_{best})$(算法结束后得到)和目标函数理论最优 f^* 的距离,即 $|f(X_{best}) - f^*|$。这提供了一种可视化各算法在精度和函数评估次数 FEs/运行时间表现的方法。为统一量级,对 x、y 坐标进行缩放,用图中点到原点的距离描述该表现。该值越小则算法的表现越好。用"$\geqslant$"描述两种算法的相对表现。采用这一记法,由图 5.4 可以得到 ICFA$\geqslant$ICA $-$ DE$\geqslant$ICAAI$\geqslant$文化基因 ICA$\geqslant$ICAR$\geqslant$SBA$\geqslant$HEICA$\geqslant$CICA$\geqslant$K $-$ MICA$\geqslant$R $-$ ICA $-$ GA$\geqslant$ABC$\geqslant$FA$\geqslant$ICA$\geqslant$PSO。

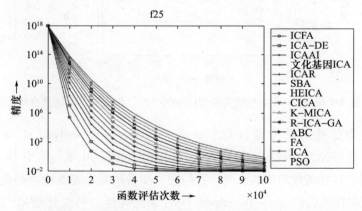

图 5.7 f25 问题中不同算法精度随评估次数的变化曲线(Max_FEs $= 5 \times 10^6$)

算法的伸缩性描述了问题维度增加时算法表现的一致性。维度的增加将带来搜索超空间快速增加,导致大部分全局搜索算法收敛速度的降低。图 5.8

展示了14种算法在两种标准算例(f04与f11)中,搜索空间维度增加时找到全局最优所需平均计算代价的变化(达到给定收敛精度所需的函数评估次数FEs),用以描述算法的伸缩性。从图5.8可以看到,在各种维度中,ICFA达到给定精度所需的FEs均小于其他算法,具有显著优势。

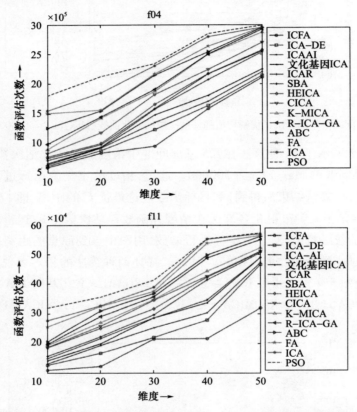

图5.8 问题f04和f11中收敛到给定精度(1.00×10^{-8})所需的FEs随维度增加的关系曲线

弗里德曼双向秩方差分析(Friedman Two – way analysis of variances by ranks)[51]是一种无参数统计检验方式,将其用于分析50维问题中14个算法在50次运行中目标函数均值的表现。我们进一步采用弗里德曼检验的变体——伊曼–达文波特检验(Iman – Davenport Test)来更好地分析统计结果[52]。表5.3给出了弗里德曼检验给出的排序,结果证明了ICFA是最优的算法,因此令IC-FA作为控制算法开展事后分析(Post Hoc Analysis)[40]。当显著程度$\alpha = 0.05$时,弗里德曼检验和伊曼–达文波特检验均认为算法有显著区别,测试值分别为 275.7054 和 20591.88，$p < 0.001$（当检验假设为真，但原假设（H_0）被错误地拒绝的概率）。

表 5.3　弗里德曼检验排序结果

算法	排序
ICFA	1.117
ICA – DE	1.883
ICAAI	3.000
文化基因 ICA	4.000
ICAR	5.000
SBA	6.000
HEICA	7.000
CICA	8.000
K – MICA	9.000
R – ICA – GA	10.00
ABC	11.00
FA	12.00
ICA	13.00
PSO	14.00
临界差 $\alpha = 0.05$	2.639

在事后分析中，在弗里德曼检验结果的基础上进一步进行邦费罗尼－邓恩检验（Bonferroni – Dunm Test）[53]。分析比较了控制算法优于其他算法的显著程度（即无效假设被拒绝时）。邦费罗尼－邓恩检验计算得到这些数据的临界差（Critical Difference, CD）[53] 为 2.639，即只有当两个算法的平均弗里德曼指数相差 CD 以上时，才能说明两个算法的表现具有显著区别。图 5.9 给出了相关结果，从图中可以看到只有 ICA – DE 和 ICAAI 在 $\alpha = 0.05$ 时不能拒绝无效假设。其他 11 种算法在本书的测试中都可以认为明显劣于 ICFA。

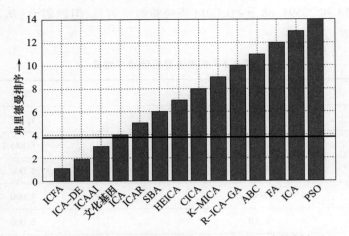

图5.9 邦费罗尼-邓恩过程的图像化展示（ICFA 为控制方法）

5.7 计算仿真及实验

将提出的算法应用在多智能体携杆问题的仿真和实验中。为分析算法在多智能体携杆问题中的表现,采用以下表现评估标准[68]。

5.7.1 总路径偏差均值

记 P_{ik} 为第 i 个智能体在第 k 次运行算法时从初始点 S_i 到目标点 G_i 的轨迹。若 $P_{i,1},P_{i,2},\cdots,P_{i,k}$ 为 k 次运行得到的轨迹,则第 i 个智能体的遍历总路径均值 (Average Total Path Traversed,ATPT) 为 $\sum_{j=1}^{k} P_{i,j}/k$, 平均路径偏差 (Average Path Deviation,APD) 为 ATPT 与 S_i、G_i 之间最短路径的差。若记工作空间中的最短路为 $P_{i-\text{ideal}}$, 那么 APD 为 $P_{i-\text{ideal}} - \sum_{j=1}^{k} P_{i,j}/k$。因此,工作空间中两个智能体的总路径偏差均值 (Average Total Path Deviation,ATPD) 为 $\sum_{i=1}^{2} P_{i=\text{ideal}} - \sum_{j=1}^{k} P_{i,j}/k$。

5.7.2 未覆盖目标距离均值

给定二维工作空间中智能体的目标位置 G_i 和当前位置 C_i, 其中 G_i 和 C_i 为二维向量,智能体 i 的未覆盖目标距离 (Uncovered Target Distance,UTD) 为 $\| G_i -$

$C_i \|$,其中 $\| \cdot \|$ 表示欧几里得距离。对于两个智能体,未覆盖目标距离为 $UTD = \sum_{i=1}^{2} \| G_i - C_i \|$。运行 k 次程序,计算平均 UTD 得到未覆盖目标距离均值(Avearage Uncovered Target Distance,AUTD)。本章所有试验中均取 $k = 10$。

5.7.3 仿真实验环境

在 Pentium 处理器上测试多机器人智能体携杆问题。实验采用两个半径为 6 像素的智能体,环境中加入 10 个不同形状的障碍。在实验过程中,保留工作区旧障碍,加入新障碍。同一次运行程序时两智能体速度相同;对不同次程序运行的速度进行归一化。图 5.10 给出了采用不同进化算法时智能体的运行情况。可以看到,在基于 ICFA 的实验中,智能体成功找到了最短路径,并且具有最小路径偏差。

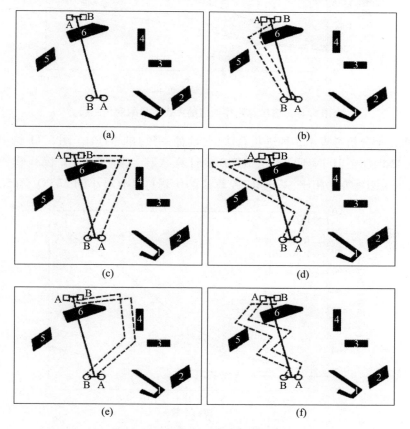

图 5.10 存在 5 个障碍的初始地图
(a)算法经过 23,29,32,34 步运行的结果;(b)ICFA;(c)ICA – DE;(d)ICAAI;(e)FA;(f)ICA。

5.7.4 仿真实验结果

首先绘制了障碍从 2 增加到 10 时,不同算法的 ATPT,参与比较的算法包括 ICFA、ICA–DE、ICAAI、FA 和 ICA。注意到在图 5.11 中,无论障碍数量多少,ICFA 总具有最小的 ATPT。

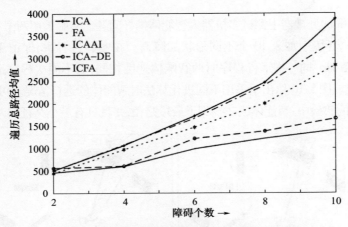

图 5.11 遍历总路径均值随障碍数量的变化曲线

第二个分析考查了 5 种进化算法(与前面一致)的 ATPD。图 5.11 给出了当障碍从 2 增加至 10 时不同算法 ATPD 的计算结果。注意到,无论障碍物数量多少,与剩余四种算法相比,基于 ICFA 算法的仿真总具有最小的 ATPD(图 5.12)。

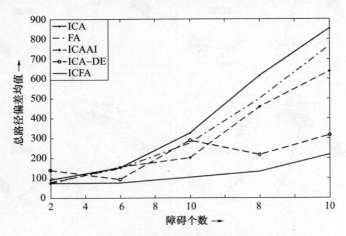

图 5.12 总路径偏差均值随障碍数量的变化曲线

第5章 改进帝国竞争算法及在智能体携杆问题中的应用

最后一个分析比较了算法的 AUTD 与运行步数的关系。图 5.13 给出了当障碍为 5 个时,采用上述 5 种算法进行路径规划时的 AUTD。由图 5.13 易知,不管运行步数是多少,ICFA 的 AUTD 总是最小的。总而言之,三种常用评估手段均表明基于本书提出的 ICFA 优于其他算法。

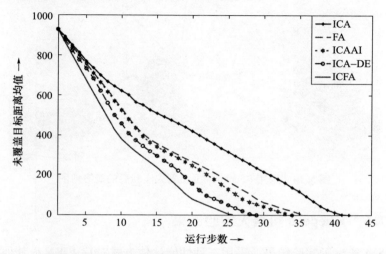

图 5.13 未覆盖目标距离均值随运行步数的变化曲线(障碍数为 5 保持不变)

5.7.5 Khepera 机器人实验

采用两个相同的 Khepera - Ⅱ 机器人[70-71](直径 7cm)在 8×6 等距网格真实环境进行实验。每个机器人安装有 8 个红外传感器,轮子中安装 2 个马达,一个脚轮,512KB 闪存和 Motorola68331,25MHz 处理器。采用固定角度安装的距离传感器限制了距离探测的能力。智能体测距的范围为[0,1023]。当障碍与传感器的距离超过 5cm 时取 0,距离为 2cm 左右时取 1023。

将机器人与两个 Pentium - Ⅳ 个人电脑相连进行控制。在 Pentium 电脑上运行基于优化的控制算法,计算每个机器人从当前位置出发的下一位置,距离数据由机器人的传感器给出。控制马达运动的指令由电脑传输给智能体。图 5.14 是采用 Khepera - Ⅱ 机器人运行携杆问题的例子。在 20 个具有不同网格数的地图中进行实验,其中每个地图包括 5 种不同障碍放置方式,在这 100 个环境中,机器人均可以成功找到最短路径并避免与障碍物碰撞。

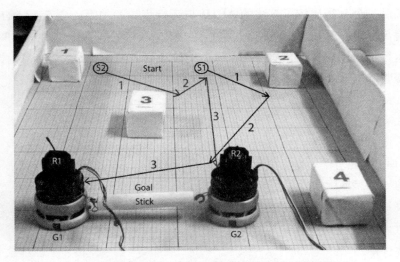

图 5.14　采用 Khepera-Ⅱ机器人实验后的最终地图

5.7.6　Khepera 机器人实验结果

表 5.4 给出了实验结果。采用三种性能评估方式对比 ICFA 和其他算法的表现:完成目标所需的总步数、ATPT 和 ATPD。表 5.4 表明 ICFA 在三种评估方式中均优于其他四种算法。

表 5.4　Khepera 机器人的总运行步数、遍历总路径均值、总路径偏差均值对比

算法	总运行步数	遍历总路径均值/in	总路径偏差均值/in
ICFA	**10**	**41.2**	**7.5**
ICA-DE	13	44.2	9.5
ICAAI	16	45.7	12.1
FA	18	48.3	13.7
ICA	22	52.0	16.4

* 最优结果采用粗体表示。

5.8　结论

本章最有趣的工作是将多机器人智能体携杆问题转化为优化问题进行求解,在智能体携杆问题中证明了所提出方法的可靠性。智能体携杆问题通过一

系列局部规划从初始位置移动到目标位置,并避免碰撞工作空间的障碍。本章采用提出的混合进化算法对携杆优化问题进行了高效求解。

本章提出了一种混合策略将 ICA 和 FA 结合起来,从而实现对两种算法在全局探索和局部搜索上优势的利用。利用传统 ICA 中殖民国家(代表搜索空间中局部最优)对周围殖民地国家的殖民行为保持局部搜索能力。利用 FA 算法中萤火虫(代表可能解)基于亮度(适应值)的自组织行为进行全局探索。在混合算法中,设计了两种方法将两种基础算法的优点结合在一起:①将基于亮度(适应值)的萤火虫动力学模型与传统 ICA 结合;②根据搜索空间(已探索)的最优位置调整萤火虫随机运动的步长。此外,本章还提出了一种基于空间维度的殖民地(可能解)合并阈值的新计算方法。

萤火虫(可能解)之间具有高效的信息交换机制,通过与较亮萤火虫交流可以迅速传播潜力较大区域的信息,因此,将 FA 算法中萤火虫运动引入传统 ICA 具有显著效果。这一策略允许 ICA 中的每个国家(可能解)通过学习更加优秀的国家(具有更好适应值的解)提高自身的社会特征,而不是仅受到自身所属殖民国家(局部最优)的引导,从而避免搜索陷入局部最优。

第二个策略提供了一种基于当前位置与最优位置之间相对关系的萤火虫随机搜索步长计算方法。在传统方法中,所有萤火虫的随机搜索步长相同,与适应值无关,该方式在大部分实际问题中收敛速度较差。在本章提出的方法中,减小较亮萤火虫(具有较好适应值的解)随机运动的搜索步长,将其搜索限制在当前最优附近,从而提高局部搜索能力。增大距当前最优位置较远的萤火虫的随机搜索步长,从而促进全局探索。

实验证明了混合算法在平衡全局探索和局部搜索上的有效性。ICFA 在探索初期具有较大种群方差,确保了种群的多样性,在搜索后期通过减小种群多样性将搜索限制在局部区域。我们比较了提出的 ICFA 算法和现有的 13 种混合/传统进化算法。采用 CEC 2005 提供的 25 个标准算例测试 14 种算法的效果,对比了所有算法在解的质量和收敛时间上的表现。计算结果证明了 ICFA 的优势。实验结果显著表明,无论问题维度是多少,ICFA 在计算精度和收敛用时上均优于其他对比算法。

采用三种无参数检验,包括弗里德曼检验、伊曼－达文波特检验和邦费罗尼－邓恩后验分析验证计算结果的统计显著性。弗里德曼和伊曼－达文波特检验的结果均拒绝了所有算法具有相同表现的假设,而且 ICFA 得到了最高的平均弗里德曼值。邦费罗尼－邓恩检验的结果进一步证明,除 ICA－DE 和

ICAAI 外,ICFA 显著优于其他 11 种算法。

最后,将提出的 ICFA 算法应用在多机器人智能体携杆问题中。实验结果表明,基于 ICFA 算法的程序在 AUTD 和 ATPD 参数上优于所有其他算法。采用 Khepera-Ⅱ 移动机器人进行的实验也表明 ICFA 在真实环境中的表现优于其他算法,因此证明了提出算法的有效性。

在未来的工作中,可以通过考虑智能体传感器中的噪声污染对多机器人智能体携杆问题进行扩展。在真实问题中,智能体传感器的数据常受到由于传感器老化、环境噪声及错误的测量过程产生的噪声污染。传统/混合进化算法可能无法求解真实环境的多智能体协同问题。已有的算法在进化过程中偏向选择具有较好适应值的解。但在有噪声的环境中,传统基于适应值选择可能解的方法可能导致搜索指向局部最优解或虚假区域。因此,在传统/混合进化算法中,应引入新的稳健选择策略以应对智能体传感器中的数据噪声。尽管 ICFA 在不同复杂环境的表现都很突出,但仍可以进一步改进以提高其在真实多峰解空间中定位全局最优的能力,如通过机器学习方法在线训练算法的控制参数以学习目标空间特征。

5.9 本章小结

本章将 FA 和 ICA 算法进行混合得到 ICFA 算法,并将 ICFA 算法应用在存在障碍的多机器人智能体携杆路径规划问题中。将 FA 算法中萤火虫的运动特征应用在基于社会进化的启发式算法 ICA 中。同时,通过基于解在设计空间位置修改随机运动步长来平衡算法的全局探索和局部搜索能力。实验运行时间和计算精度均证明了 ICFA 算法的优越性。最后,在真实的多机器人智能体携杆问题中对提出的算法进行验证。

附录 5.A ICFA 的进一步比较

为比较 5.6.1 节所考虑算法的运行速度,我们记录了最小化问题中算法达到给定目标精度阈值时的 FE 值。较小的 FE 值对应较快的算法。表 5.A.1 详细给出了 25 次运行中成功找到最优解(在给定的精度阈值内)的次数及算法能够得到的最优值。表 5.A.1 表明在大多数标准问题中,ICFA 成功收敛到给定阈值以下的次数更多,说明该算法与其他 13 种算法相比具有更好的稳健性。

第 5 章　改进帝国竞争算法及在智能体携杆问题中的应用

表 5.A.1　25 次运行问题 f01~f25 中成功运行次数及成功表现（成功表现 = 成功运行时的最优结果均值 * 总运行次数 / 成功运行次数）

算法	误差	ICFA	ICA-DE	ICAAI	Memetic ICA	ICAR	SBA	HEICA	CICA	K-MICA	R-ICA-GA	ABC	FA	ICA	PSO
f01	1.00×10^{-18}	**25** (2.42×10^3)	25 (2.72×10^3)	25 (1.06×10^4)	24 (1.34×10^4)	24 (2.09×10^4)	24 (2.72×10^4)	23 (4.03×10^4)	23 (4.58×10^4)	22 (5.13×10^3)	21 (5.53×10^3)	21 (5.54×10^4)	21 (5.65×10^4)	21 (6.14×10^4)	20 (6.31×10^4)
f02	2.00×10^{-14}	**24** (4.02×10^3)	24 (5.31×10^3)	23 (2.40×10^4)	23 (2.57×10^4)	22 (2.88×10^4)	22 (3.23×10^4)	22 (3.48×10^4)	21 (3.75×10^4)	21 (4.16×10^4)	21 (4.49×10^4)	21 (4.75×10^4)	20 (5.50×10^4)	19 (5.55×10^4)	18 (5.72×10^4)
f03	4.00×10^{-2}	**25** (4.25×10^3)	24 (6.53×10^3)	24 (1.02×10^4)	24 (1.03×10^4)	24 (1.03×10^4)	24 (1.80×10^4)	23 (2.66×10^4)	23 (2.77×10^4)	22 (2.87×10^4)	21 (3.44×10^4)	21 (4.93×10^4)	21 (5.08×10^4)	21 (1.85×10^4)	21 (5.82×10^4)
f04	2.00×10^{-4}	**25** (2.18×10^3)	24 (2.24×10^4)	23 (1.08×10^4)	23 (1.36×10^4)	23 (1.74×10^4)	23 (1.96×10^4)	23 (2.83×10^4)	23 (3.36×10^4)	21 (4.19×10^4)	21 (4.36×10^4)	21 (5.77×10^4)	19 (5.80×10^4)	19 (5.83×10^4)	18 (6.16×10^4)
f05	1.00×10^{-10}	**25** (1.75×10^3)	25 (2.06×10^3)	24 (1.10×10^4)	24 (1.77×10^4)	23 (2.29×10^4)	23 (2.99×10^4)	22 (3.04×10^4)	21 (3.74×10^4)	22 (3.85×10^4)	22 (4.20×10^4)	21 (5.27×10^4)	20 (5.85×10^4)	21 (7.56×10^3)	21 (6.29×10^4)
f06	4.00×10^{-2}	**25** (3.23×10^4)	24 (3.64×10^3)	24 (1.81×10^4)	24 (2.50×10^4)	24 (2.98×10^4)	23 (3.58×10^4)	23 (3.93×10^4)	22 (4.79×10^4)	22 (5.50×10^4)	22 (6.10×10^4)	22 (6.47×10^4)	21 (6.50×10^4)	20 (8.60×10^4)	19 (6.60×10^4)
f07	3.00×10^{-5}	**25** (5.22×10^3)	24 (5.26×10^4)	25 (1.63×10^3)	25 (1.89×10^4)	25 (2.80×10^4)	23 (3.00×10^4)	23 (3.10×10^4)	21 (3.65×10^4)	22 (3.87×10^4)	22 (4.42×10^4)	21 (5.21×10^4)	20 (5.83×10^4)	20 (6.36×10^4)	18 (8.83×10^4)
f08	2.00×10^{-2}	**24** (7.60×10^3)	24 (8.09×10^3)	24 (1.84×10^4)	25 (2.13×10^4)	25 (2.73×10^4)	23 (3.71×10^4)	21 (4.37×10^4)	22 (4.48×10^4)	22 (4.89×10^4)	22 (4.90×10^4)	20 (4.97×10^4)	20 (5.18×10^4)	20 (5.61×10^4)	19 (5.21×10^4)
f09	2.00×10^{-2}	**24** (1.90×10^3)	23 (2.49×10^4)	23 (1.04×10^4)	23 (2.02×10^4)	23 (3.49×10^4)	22 (3.60×10^4)	22 (4.73×10^4)	22 (4.75×10^4)	22 (4.87×10^4)	20 (5.48×10^4)	20 (6.20×10^3)	19 (6.31×10^4)	19 (6.62×10^4)	19 (6.83×10^4)
f10	3.00×10^{-2}	**24** (3.19×10^3)	24 (3.36×10^3)	24 (1.15×10^4)	24 (1.60×10^4)	24 (2.34×10^3)	23 (2.43×10^4)	23 (3.81×10^4)	21 (4.76×10^3)	21 (5.66×10^3)	20 (5.75×10^3)	19 (1.29×10^4)	19 (2.30×10^4)	18 (4.68×10^4)	19 (2.47×10^4)
f11	1.00×10^{-10}	**25** (3.09×10^3)	25 (4.79×10^3)	25 (1.18×10^4)	25 (1.44×10^4)	24 (2.06×10^4)	24 (3.09×10^4)	22 (3.29×10^4)	22 (3.72×10^4)	22 (3.88×10^4)	21 (4.43×10^4)	21 (4.61×10^4)	21 (4.86×10^4)	20 (6.20×10^4)	20 (7.05×10^4)
f12	8.00×10^{-2}	**25** (1.61×10^3)	25 (1.81×10^3)	25 (1.80×10^3)	24 (2.10×10^4)	24 (2.36×10^4)	23 (3.28×10^4)	22 (3.46×10^4)	21 (4.09×10^4)	20 (4.80×10^4)	21 (5.12×10^4)	21 (5.21×10^4)	21 (5.22×10^4)	20 (5.66×10^4)	20 (5.80×10^4)
f13	9.00×10^{-2}	**25**	25	23	22	21	21	20	20	20	19	19	19	19	19

续表

算法	误差	ICFA	ICA-DE	ICAAI	Memetic ICA	ICAR	SBA	HEICA	CICA	K-MICA	R-ICA-GA	ABC	FA	ICA	PSO
f14	7.00×10^{-4}	**(8.00×10³)** 25	(8.05×10³) 25	(1.42×10⁴) 24	(1.72×10⁴) 24	(2.51×10⁴) 24	(2.75×10⁴) 23	(3.56×10⁴) 23	(3.60×10⁴) 23	(3.65×10⁴) 22	(3.81×10⁴) 22	(4.37×10⁴) 21	(4.76×10⁴) 20	(5.84×10⁴) 20	(5.97×10⁴) 18
f15	7.00×10^{-1}	**(4.62×10³)** 25	(5.93×10³) 25	(1.75×10³) 25	(2.76×10³) 25	(2.78×10³) 24	(3.07×10³) 24	(3.08×10³) 24	(3.13×10³) 23	(3.43×10³) 22	(3.65×10³) 22	(3.83×10³) 22	(4.46×10³) 21	(4.69×10³) 21	(5.25×10³) 21
f16	9.00×10^{-3}	**(6.00×10³)** 24	(7.43×10³) 24	(1.60×10⁴) 25	(1.92×10⁴) 25	(1.10×10⁴) 24	(1.21×10⁴) 24	(1.99×10⁴) 24	(3.49×10⁴) 23	(4.31×10⁴) 22	(4.55×10⁴) 20	(4.91×10⁴) 22	(5.72×10⁴) 20	(5.81×10⁴) 21	(6.56×10⁴) 21
f17	1.00×10^{-1}	**(2.45×10³)** 24	(3.62×10³) 24	(1.67×10³) 23	(1.78×10³) 23	(1.27×10⁴) 22	(4.18+04) 21	(4.27×10⁴) 21	(4.91×10⁴) 21	(5.11×10⁴) 21	(5.18×10⁴) 20	(5.68×10⁴) 20	(5.70×10⁴) 20	(5.78×10⁴) 19	(7.02×10⁴) 19
f18	2.00×10^{-1}	**(1.36×10³)** 25	(1.49×10³) 25	(3.32×10³) 23	(3.42×10³) 23	(3.82×10³) 22	(4.08×10³) 23	(4.24×10⁴) 21	(5.22×10³) 20	(5.32×10³) 20	(5.49×10³) 19	(5.71×10⁴) 18	(6.01×10⁴) 18	(6.80×10⁴) 18	(7.04×10⁴) 17
f19	3.00×10^{-2}	**(2.53×10³)** 24	(2.53×10³) 24	(1.18×10⁴) 23	(1.28×10⁴) 23	(1.97×10⁴) 22	(2.19×10⁴) 22	(2.55×10⁴) 22	(3.33×10⁴) 21	(4.09×10⁴) 20	(5.57×10⁴) 19	(6.21×10⁴) 19	(6.53×10⁴) 19	(7.50×10⁴) 18	(8.76×10⁴) 17
f20	2.00	**(7.53×10³)** 25	(9.86×10³) 24	(1.92×10³) 23	(1.09×10⁴) 23	(1.91×10⁴) 23	(2.27×10⁴) 22	(2.51×10⁴) 21	(3.04×10⁴) 21	(3.40×10⁴) 20	(3.89×10⁴) 19	(4.89×10⁴) 19	(5.15×10⁴) 19	(5.82×10⁴) 19	(6.92×10⁴) 18
f21	4.00×10	**(8.40×10³)** 25	(9.09×10³) 24	(1.79×10⁴) 23	(1.99×10⁴) 22	(2.36×10⁴) 22	(2.37×10⁴) 22	(2.64×10⁴) 21	(4.23×10⁴) 22	(5.24×10⁴) 20	(5.72×10⁴) 20	(5.95×10⁴) 20	(6.28×10⁴) 20	(6.49×10⁴) 19	(6.80×10⁴) 18
f22	2.00	**(4.19×10³)** 24	(5.54×10³) 25	(6.87×10⁴) 24	(8.90×10⁴) 24	(2.04×10⁴) 24	(2.37×10⁴) 22	(3.75×10⁴) 22	(4.54×10⁴) 21	(4.64×10⁴) 21	(5.08×10⁴) 19	(5.58×10⁴) 19	(5.80×10⁴) 21	(7.00×10⁴) 18	(9.33×10⁴) 18
f23	2.00	**(7.22×10³)** 24	(8.52×10³) 24	(8.63×10³) 23	(9.83×10³) 23	(1.00×10⁴) 23	(1.27×10⁴) 22	(1.93×10⁴) 22	(3.51×10⁴) 21	(4.45×10⁴) 20	(4.46×10⁴) 20	(5.07×10⁴) 20	(1.20×10⁴) 19	(1.59×10⁴) 18	(2.79×10⁴) 18
f24	7.00×10	**(2.00×10³)** 25	(2.51×10³) 23	(2.72×10³) 23	(2.95×10³) 23	(3.26×10³) 23	(3.99×10³) 22	(5.18×10²) 22	(5.30×10²) 20	(5.38×10³) 20	(5.50×10³) 20	(5.72×10³) 20	(6.60×10³) 20	(2.72×10³) 20	(4.86×10³) 19
f25	2.00×10^{2}	**(5.04×10³)** 24	(7.47×10³) 23	(1.52×10³) 23	(1.60×10³) 23	(1.73×10³) 23	(2.89×10³) 22	(3.67×10³) 22	(4.16×10³) 22	(4.62×10³) 21	(5.36×10³) 20	(5.48×10³) 19	(1.92×10⁴) 20	(2.08×10⁴) 17	(2.31×10⁴) 17
f26	2.00×10^{2}	**(2.47×10³)** 24	(4.93×10³) 23	(1.94×10³) 23	(2.24×10³) 23	(3.06×10³) 22	(3.67×10³) 22	(4.45×10³) 22	(5.64×10³) 22	(5.75×10³) 21	(1.60×10³) 21	(1.62×10³) 19	(1.67×10³) 17	(2.76×10³) 17	(3.91×10³) 17

*最优结果采用粗体表示。

第5章 改进帝国竞争算法及在智能体携杆问题中的应用

参考文献

［1］Fong,T. ,Nourbakhsh,I. ,and Dautenhahn,K. (2003). A survey of socially interactive robots. Robotics and Autonomous Systems 42(3):143 – 166.

［2］Luna,R. and Bekris,K. E. (2011). Efficient and complete centralized multi – robot path planning. International Conference on Intelligent Robots and Systems(IROS),IEEE/RSJ,San Francisco,CA(25 – 30 September 2011),pp. 3268 – 3275.

［3］Bhattacharya,P. and Gavrilova,M. L. (2008). Roadmap – based path planning – using the Voronoi diagram for a clearance – based shortest path. IEEE Robotics and Automation Magazine 15(2):58 – 66.

［4］Gayle,R. ,Moss,W. ,Lin,M. C. ,and Manocha,D. (2009). Multi – robot coordination using generalized social potential fields. IEEE International Conference on Robotics and Automation,Kobe,Japan(12 – 17 May 2009),pp. 106 – 113.

［5］Yamada,S. and Saito,J. Y. (2001). Adaptive action selection without explicit communication for multirobot box – pushing. IEEE Transactions on Systems,Man,and Cybernetics,Part C:Applications and Reviews 31 (3):398 – 404.

［6］Sugie,H. ,Inagaki,Y. ,Ono,S. et al. (1995). Placing objects with multiple mobile robots – mutual help using intention inference. IEEE International Conference on Robotics and Automation,Proceedings 2:2181 – 2186.

［7］Yamauchi,Y. ,Ishikawa,S. ,Uemura,N. ,and Kato,K. (1993). On cooperative conveyance by two mobile robots. IEEE International Conference on Industrial Electronics,Control,and Instrumentation,Proceedings of the IECON'93,Piscataway,NJ(15 – 18 November 1993),pp. 1478 – 1481.

［8］Kube,C. R. and Zhang,H. (1996). The use of perceptual cues in multi – robot boxpushing. IEEE International Conference on Robotics and Automation,Proceedings 3:2085 – 2090.

［9］Rakshit,P. ,Konar,A. ,Das,S. et al. (2014). Uncertainty management in differential evolution induced multi – objective optimization in presence of measurement noise. IEEE Transactions on Systems,Man,and Cybernetics:Systems 44(7):922 – 937.

［10］Das,P. ,Sadhu,A. K. ,Vyas,R. R. et al. (2015). Arduino based multi – robot stickcarrying by artificial bee colony optimization algorithm. Third International Conference on Computer,Communication,Control and Information Technology(C3IT),IEEE,Adisaptagram,Hoogly,West Bengal(7 – 8 February 2015),pp. 1 – 6.

［11］Wolpert,D. H. and Macready,W. G. (1997). No free lunch theorems for optimization. IEEE Transactions on Evolutionary Computation 1(1):67 – 82.

［12］Pugalendhi,G. K. ,Chellasamy,R. ,Durairaj,D. ,and Aruldoss Albert Victoire,T. (2014). Hybrid ant bee algorithm for fuzzy expert system based sample classification. IEEE/ACM Transactions on Computational Biology and Bioinformatics 11(2):347 – 360.

［13］Gargari,E. A. and Lucas,C. (2007). Imperialist competitive algorithm:an algorithm for optimization inspired by imperialistic competition. IEEE Congress in Evolutionary Computation,CEC,Singapore(25 – 28 September 2007),pp. 4661 – 4667.

[14] Kamkarian, P. and Hexmoor, H. (2013). Exploiting the imperialist competition algorithm to determine exit door efficacy for public buildings. Simulation: Transactions of The Society for Modeling and Simulation International 89(12):24–51, Sage Pub.

[15] Yang, X. S. (2009). Firefly algorithms for multimodal optimization, Stochastic Algorithms: foundations and Applications. SAGA, Lecture Notes in Computer Sciences 5792:169–178.

[16] Narimani, R. and Narimani, A. (2013). A new hybrid optimization model based on imperialistic competition and differential evolution meta-heuristic and clustering algorithms. Applied Mathematics in Engineering, Management and Technology 1(2):1–9.

[17] Subudhi, B. and Jena, D. (2011). A differential evolution based neural network approach to nonlinear system identification. Applied Soft Computing 11(1):861–871.

[18] Ramezani, F., Lotfi, S., and Soltani-Sarvestani, M. A. (2012). A hybrid evolutionary imperialist competitive algorithm (HEICA). In: Intelligent Information and Database Systems, Part I, LNAI, vol. 7196 (eds. N. T. Nguyen, K. Jearanaitanakij, A. Semalat, et al.), 359–368. Berlin, Heidelberg: Springer.

[19] Khorani, V., Razavi, F., and Ghoncheh, A. (2010). A new hybrid evolutionary algorithm based on ICA and GA: recursive-ICA-GA. Proceedings of the International Conference on Artificial Intelligence, Las Vegas, NV(12–15 July, 2010), pp. 131–140.

[20] Nozarian, S. and Jahan, M. V. (2012). A novel memetic algorithm with imperialist competition as local search. International Proceedings of Computer Science & Information Technology, Hong Kong, China (April 2012). Vol. 30.

[21] Lin, J. L., Tsai, Y. H., Yu, C. Y., and Li, M. S. (2012). Interaction enhanced imperialist competitive algorithms. Algorithms 5(4):433–448.

[22] Coelho, L. D. S., Afonso, L. D., and Alotto, P. (2012). A modified imperialis competitive algorithm for optimization in electromagnetic. IEEE Transactions on Magnetics 48(2):579–582.

[23] Ahmadi, M. A., Ebadi, M., Shokrollahi, A., and Majidi, S. M. J. (2013). Evolving artificial neural network and imperialist competitive algorithm for prediction oil flow rate of the reservoir. Applied Soft Computing 13(2):1085–1098, Elsevier.

[24] Talatahari, S., Farahmand Azar, B., Sheikholeslami, R., and Gandomi, A. H. (2012). Imperialist competitive algorithm combined with chaos for global optimization. Communications in Nonlinear Science and Numerical Simulation 17(3):1312–1319, Elsevier.

[25] Bahrami, H., Faez, K., and Abdechiri, M. (2010). Imperialist competitive algorithm using chaos theory for optimization (CICA). Proceedings of the 12th International Conference on Computer Modelling and Simulation (UKSim), IEEE, Cambridge, UK (24–26 March 2010), pp. 98–103.

[26] Bahrami, H., Abdechiri, M., and Meybodi, M. R. (2012). Imperialist competitive algorithm with adaptive colonies movement. International Journal of Intelligent Systems and Applications (IJISA) 4(2):49–57.

[27] Zhang, Y., Wang, Y., and Peng, C. (2009). Improved imperialist competitivealgorithm for constrained optimization. International Forum on Computer ScienceTechnology and Applications, IFCSTA, IEEE 1:204–207.

[28] Mohammadi-ivatloo, B., Rabiee, A., Soroudi, A., and Ehsan, M. (2012). Imperialist competitive algo-

rithm for solving non-convex dynamic economic power dispatch. Energy 44(1):228-240,Elsevier.

[29] Rashtchi,V.,Rahimpour,E.,and Shahrouzi,H.(2012). Model reduction of transformer detailed RCLM model using the imperialist competitive algorithm. IET Electric Power Applications 6(4):233-242.

[30] Khorani,V.,Razavi,F.,and Disfani,V.R.(2011). A mathematical model for urban traffic and traffic optimization using a developed ICA technique. IEEE Transactions on Intelligent Transportation Systems 12(4):1024-1036.

[31] Gorginpour,H.,Jandaghi,B.,and Oraee,H.(2013). A novel rotor configuration for brushless doubly-fed induction generators. IET Electric Power Applications 7(2):106-115.

[32] Gorginpour,H.,Oraee Mirzamani,H.,and McMaho,R.(2014). Electromagneticthermal design optimization of the brushless doubly-fed induction generator. IEEE Transactions on Industrial Electronics 61(4):1710-1721.

[33] Niknam,T.,Taherian,E.F.,Pourjafarian,N.,and Rousta,A.(2011). An efficient hybrid algorithm based on modified imperialist competitive algorithm and Kmeans for data clustering. Engineering Applications of Artificial Intelligence 24(2):306-317.

[34] Mozafari,H.,Abdi,B.,and Ayob,A.(2012). Optimization of adhesive-bonded fiber glass strip using imperialist competitive algorithm. Procedia Technology 1:194-198,Elsevier.

[35] Kaveh,A. and Talatahari,S.(2010). Optimum design of skeletal structures using imperialist competitive algorithm. Computers and Structures 88(21):1220-1229,Elsevier.

[36] Nazari-Shirkouhi,S.,Eivazy,H.,Ghodsi,R. et al.(2010). Solving the integrated product mix-outsourcing problem using the imperialist competitive algorithm. Expert Systems with Applications 37(12):7615-7626,Elsevier.

[37] Duan,H.,Xu,C.,Liu,S.,and Shao,S.(2010). Template matching using chaotic imperialist competitive algorithm. Pattern Recognition Letters 31(13):1868-1875,Elsevier.

[38] Sharifi,M. and Mojallali,H.(2013). Design of IIR digital filter using modified chaotic orthogonal imperialist competitive algorithm. Proceedings of the 13th Iranian Conference on Fuzzy Systems(IFSC),IEEE,Qazvin,Iran(27-29 August 2013),pp.1-6.

[39] Bashiri,M. and Bagheri,M.(2013). Using imperialist competitive algorithm in optimization of nonlinear multiple responses. International Journal of Industrial Engineering 24(3):229-235.

[40] Emami,H. and Lotfi,S.(2013). Graph colouring problem based on discreteimperialist competitive algorithm. International Journal of Foundations of Compututer Science and Technology 3(4):1-12.

[41] Lin,J.L.,Cho,C.W.,and Chuan,H.C.(2013). Imperialist competitive algorithms with perturbed moves for global optimization. Applied Mechanics and Materials 284-287:3135-3139.

[42] Karimi,N.,Zandieh,M.,and Najafi,A.A.(2011). Group scheduling in flexible flowshops:a hybridized approach of imperialist competitive algorithm and electromagnetic-like mechanism. International Journal of Production Research 49(16):4965-4977.

[43] Hamel,A.,Mohellebi,H.,and Feliachi,M.(2012). Imperialist competitive algorithm and particle swarm optimization comparison for eddy current nondestructive evaluation. Przegląd Elektrotechniczny 88(9A):

285 - 289.

[44] Bidar, M. and Rashidy, H. K. (2013). Modified firefly algorithm using fuzzy tuned parameters. Proceedings of the 13th Iranian Conference on Fuzzy Systems(IFSC), IEEE, Qazvin, Iran(27 - 29 August 2013), pp. 1 - 4.

[45] Chandrasekaran, K. and Simon, S. P. (2013). Optimal deviation based firefly algorithm tuned fuzzy design for multi - objective UCP. IEEE Transactions on Power Systems 28(1):460 - 471.

[46] Coelho, L. D. S., Bora, T. C., Schauenburg, F., and Alotto, P. (2013). A multiobjective firefly approach using beta probability distribution for electromagnetic optimization problems. IEEE Transactions on Magnetics 49(5):2085 - 2088.

[47] Farahani, S. M., Abshouri, A. A., Nasiri, B., and Meybodi, M. R. (2011). A Gaussian firefly algorithm. International Journal of Machine Learning and Computing 1(5):448 - 453.

[48] Chetty, S. and Adewumi, A. O. (2014). Comparison study of swarm intelligence techniques for the annual crop planning problem. IEEE Transactions on Evolutionary Computation 18(2):258 - 268.

[49] Abdullah, A., Deris, S., Mohamad, M. S., and Hashim, S. Z. M. (2012). A new hybrid firefly algorithm for complex and nonlinear problem. Distributed Computing and Artificial Intelligence, Springer, AISC 151, Salamanca, Spain(22 - 24 May 2013), pp. 673 - 680.

[50] Banati, H. and Bajaj, M. (2011). Fire fly based feature selection approach. International Journal of Computer Science Issues 8, issue 4, no. 2:473 - 480.

[51] Horng, M. H. and Jiang, T. W. (2010). The codebook design of image vectorquantization based on the firefly algorithm. International Conference on Computer Communication and the Internet, Kaohsiung, Taiwan(10 - 12 November 2010), pp. 438 - 447.

[52] Abidin, Z. Z., Arshad, M. R., and Ngah, U. K. (2011). A simulation based flyoptimization algorithm for swarms of mini - autonomous surface vehicles application. Indian Journal of Geo - Marine Sciences 40(2):250 - 266.

[53] Huang, S. J., Liu, X. Z., Su, W. F., and Yang, S. H. (2013). Application of hybrid firefly algorithm for sheath loss reduction of underground transmission systems. IEEE Transactions on Power Delivery 28(4):2085 - 2092.

[54] Durkota, K. (2011). Implementation of a discrete firefly algorithm for the QAP problem within the sage framework. Bachelor Thesis. Czech Technical University.

[55] Kwiecien, J. and Filipowicz, B. (2012). Firefly algorithm in optimization of queueing systems. Bulletin of the Polish Academy of Sciences Technical Sciences 60(2):363 - 368.

[56] Apostolopoulos, T. and Vlachos, A. (2011). Application of the firefly algorithm for solving the economic emissions load dispatch problem. International Journal of Combinatorics 2011:523806, 23 pages.

[57] Gao, M. L., He, X. H., Luo, D. S. et al. (2013). Object tracking using firefly algorithm. IET Computer Vision 7(4):227 - 237.

[58] Jati, G. K. (2011). Evolutionary discrete firefly algorithm for travelling salesman problem. International conference on adaptive and intelligent systems, Klagenfurt, Austria(6 - 8 September 2011), pp. 393 - 403. Springer, Berlin, Heidelberg.

[59] Pal, S. K., Rai, C. S., and Singh, A. P. (2012). Comparative study of firefly algorithm and particle swarm optimization for noisy non – linear optimization problems. International Journal of Intelligent Systems and Applications 4(10):50 – 57.

[60] Mandal, P., Haque, A. U., Meng, J. et al. (2013). A novel hybrid approach using wavelet, firefly algorithm, and fuzzy ARTMAP for day – ahead electricity price forecasting. IEEE Transactions on Power Systems 28(2):1041 – 1051.

[61] Hassanzadeh, T. and Meybodi, M. R. (2012). A new hybrid algorithm based on firefly algorithm and cellular learning automata. Proceedings of the 20th Iranian Conference on Electrical Engineering (ICEE), IEEE, Tehran, Iran(15 – 17 May 2012), pp. 628 – 633.

[62] Nasiri, B. and Meybodi, M. R. (2012). Speciation based firefly algorithm foroptimization in dynamic environments. International Journal Artificial Intelligence 8(12):118 – 132.

[63] Farahani, S. M., Abshouri, A. A., Nasiri, B., and Meybodi, M. R. (2012). Some hybrid models to improve firefly algorithm performance. International Journal Artificial Intelligence 8(S12):97 – 117.

[64] Suganthan, P. N., Hansen, N., Liang, J. J. et al. (2005). Problem Definitions and Evaluation Criteria for the CEC 2005 Special Session on Real – Parameter Optimization. KanGAL Report 2005005.

[65] Ramezani, F. and Lotfi, S. (2013). Social – based algorithm (SBA). Applied Soft Computing 13(5):2837 – 2856, Elsevier.

[66] Karaboga, D. (2005). An Idea Based on Honey Bee Swarm for Numerical Optimization. Technical Report – TR06. Erciyes University.

[67] Chakraborty, J. and Konar, A. (2008). A distributed multi – robot path planning using particle swarm optimization. Proceedings of the 2nd National Conference on Recent Trends in Information Systems, Kolkata, India(7 – 9 February 2008), pp. 216 – 221.

[68] Rakshit, P., Konar, A., Bhowmik, P. et al. (2013). Realization of an adaptive memetic algorithm using differential evolution and Q – learning: a case study in multirobot path planning. IEEE Transactions on Systems, Man, and Cybernetics: Systems 43(4):814 – 831.

[69] Yan, X., Zhu, Y., Wu, J., and Chen, H. (2012). An improved firefly algorithm with adaptive strategies. Advanced Science Letters 16(1):249 – 254.

[70] Franzi, E. (1998). Khepera BIOS 5.0 Reference Manual. K – Team, SA.

[71] K. U. M. Version(1999). Khepera User Manual 5.02. Lausanne: K – Team, SA.

第6章 总结与展望

本章对全书的工作进行了总结,概述了本书的创新点并对未来的研究方向进行了展望。

6.1 全书总结

本书分析了多智能体协同中的几个基本问题,通过对传统进化算法(EA)和多智能体Q学习方法(MAQL)进行扩展,提出了解决这些问题的新方法。第1章以多智能体协同问题为应用背景,概述了强化学习(RL)和EA的基本原理。第2章提出了两种在团队目标探索和联合动作选择中非常有用的性质。将第一个性质与传统MAQL(TMAQL)结合,通过智能体异步或同步的多阶段转换最终达成团队目标,从而给予目标实现前的状态到目标状态之间的转换较高奖励。第二个性质帮助寻找团队所有成员均偏好的联合动作,从而避免对同一状态相同联合动作的重复计算,有利于提高智能体的学习速度。将提出的快速协同多智能体Q学习算法(FCMQL)计算得到的联合状态-动作空间Q表与多智能体规划算法结合,使其根据Q表中奖励值的高低自动选择能够实现团队目标的状态转换方式。因为TMAQL得到的Q表中缺少利用FCMQL中性质2.1的相应动作而导致的这种状态转换信息,基于TMAQL的规划算法在某些情况无法达到团队目标。定理2.1表明,本书提出的FCMQL算法的收敛时间的期望小于TMAQL算法。复杂度分析也表明FCMQL算法优于TMAQL算法。

第3章针对多智能体合作规划,提出了一种一致性Q学习算法(CoQL)。提出的CoQL算法通过求解当前状态的一致性点(联合动作)解决了存在多个均衡点时的均衡选择问题。分析表明联合状态的一致性既是纯策略NE,又是纯策略CE。CoQL算法的主要创新在于在一致性点更新联合Q值的方法。对比CoQL算法与其他算法平均奖励的平均值(AAR)随学习过程变化的结果,证明了CoQL算法的优势。除此之外,提出了基于一致性的多智能体合作规划算法,以路径长度和力矩需求为比较标准,证明了该算法相对于其他算法的优势。

第4章研究了相关Q学习(CQL)及相应的多智能体规划方法,提出了算法I

和算法Ⅱ两种新算法。新算法的核心思想是在联合状态－动作空间中生成一个单一的 Q 表,本书提出的多智能体规划算法可以根据该表包含的信息进行规划。算法Ⅰ和算法Ⅱ的 Q 表计算时间均小于传统 CQL,舍去联合 Q 表中的不可行状态－动作对可以进一步降低算法的复杂度。与传统 CQL 不同,在提出的方法中,对 CE 的计算一部分在学习阶段进行,另一部分是在规划阶段完成,因此总计只需要一次 CE 计算。定理证明,本书提出模型计算得到的 CE 与传统 CQL 算法得到的 CE 一致。

第 5 章介绍了一种将帝国竞争算法(ICA)和萤火虫算法(FA)高效结合起来的方法,混合算法综合了两种基本算法在全局探索和局部搜索的优势。其中,局部搜索的能力由传统 ICA 算法中殖民国家(局部最优)周围殖民地国家(可能解)的行为提供,而全局探索能力由 FA 算法中萤火虫(可能解)基于亮度(适应值)的自组织行为提供。通过两种方法将两种基本算法的优点进行结合:①在传统 ICA 中引入萤火虫基于亮度(适应值)的随机运动模式;②根据已找到的最优位置调整萤火虫随机运动的步长。本章还提出了一种基于搜索空间维度计算殖民地(可能解)合并阈值的新方法。

最后,在仿真和基于 Khepera 机器人的实时规划平台中对提出的学习和规划算法进行验证。将提出的基于学习的规划和 ICFA 算法应用在多机器人智能体携杆问题中。基于 Khepera 机器人的实验表明,提出算法在真实环境的表现优于其他算法,从而证明了提出算法的优越性。

6.2　未来研究展望

多智能体协同技术在柔性制造系统及自动化工厂中应用广泛,在这些场景中,机器人智能体从传送带上拾取物品,进行操作,操作结束后再放下物品。在国防领域,合作型机器人被用于地雷/水雷的清除。在建筑修建/维修领域中,多机器人智能体团队可以代替工人在摩天大楼开展高风险工作。我们更希望在未来可以有机器人外科医生和护士,机器人医生可以在机器人护士的协助下进行手术,从而进一步解放与发展人类的生产力。

在本书工作的基础上进一步开展以下几个方面的研究,上面的梦想将不再遥远:①多智能体模糊 Q 学习;②引入函数近似技术的多智能体强化学习;③针对部分可观马尔可夫决策问题,发展基于分布式 Q 学习的多智能体强化学习;④将基于偏好评价的强化学习应用于存在动态障碍的最优路径生成问题;⑤发展混合协同的有效策略;⑥深度强化学习。

内容简介

本书介绍了基于强化学习的多智能体协同技术，涉及进化算法、纳什均衡等相关主题，讨论了基于强化学习的多智能体协同理论、一致性学习算法、基于协同Q学习算法的多智能体规划技术等，并给出了针对多机器人协同任务问题的应用实例。本书不仅包含多智能体强化学习协同研究的最新进展，而且提供了一种相对于传统方法更加高效的技术路线，发展了可加速多智能体协同学习算法收敛性的技术手段。

本书具有较高的学术水平和应用价值，能给从事多智能体技术研究的科研人员与工程人员提供有益参考。

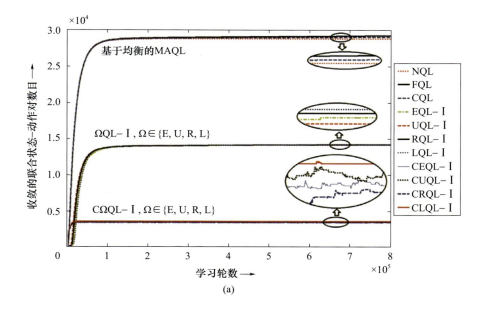

(a)

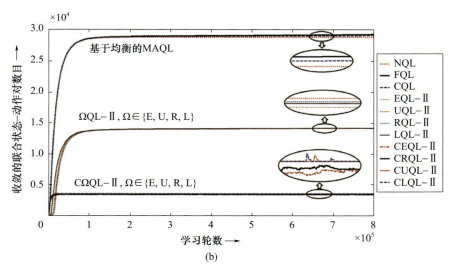

(b)

图 4.3　双智能体五动作问题中 ΩQL 算法、CΩQL 算法、NQL 算法、FQL 算法、CQL 算法收敛性对比，$\Omega \in \{UE, EE, RE, LE\}$
(a) 算法 I；(b) 算法 II。

彩 1

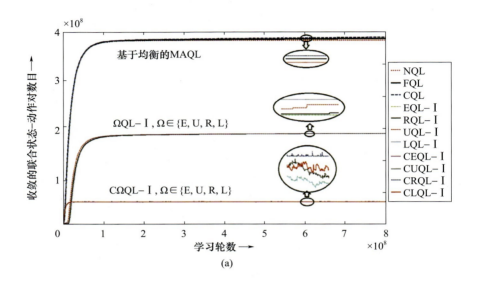

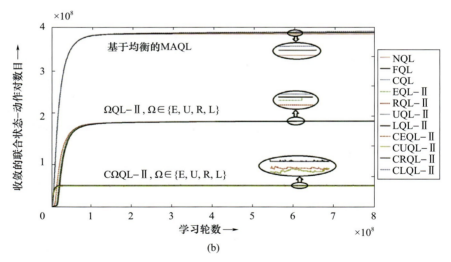

图4.4 三智能体五动作问题中 ΩQL 算法、CΩQL 算法、NQL 算法、FQL 算法、CQL 算法收敛性对比，$\Omega \in \{UE, EE, RE, LE\}$

(a)算法Ⅰ；(b)算法Ⅱ。

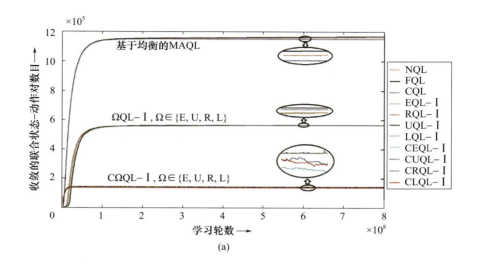

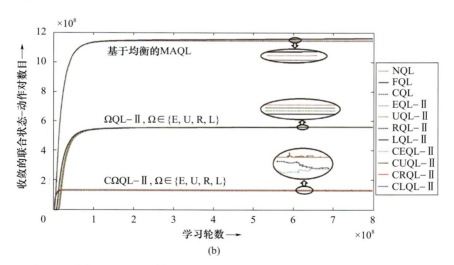

图 4.5 双智能体八动作问题中 ΩQL 算法、CΩQL 算法、NQL 算法、FQL 算法、CQL 算法收敛性对比，$\Omega \in \{UE, EE, RE, LE\}$
(a) 算法 I；(b) 算法 II。

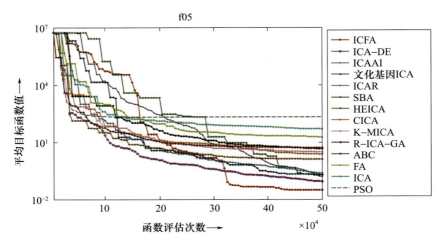

图 5.3 f05 问题中不同算法最优解均值随评估次数的变化曲线（Max_FEs = 500000）

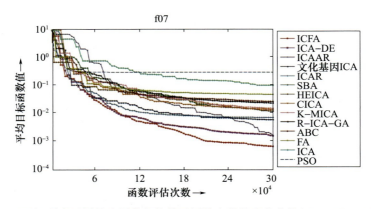

图 5.4 f07 问题中不同算法最优解均值随评估次数的变化曲线（Max_FEs = 300000）

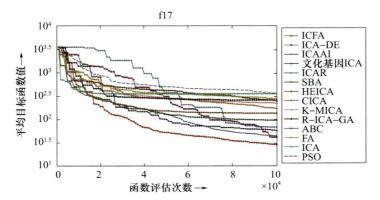

图 5.5 f17 问题中不同算法最优解均值随评估次数的变化曲线（Max_FEs = 100000）

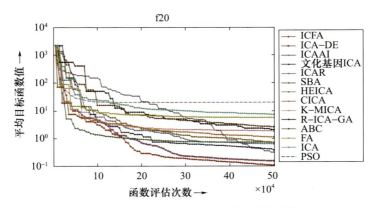

图 5.6 f20 问题中不同算法最优解均值随评估次数的变化曲线（Max_FEs = 500000）